6-29-02-11 国家职业技能培训教材

电力电缆安装运维工 题库与解析

国网江苏省电力有限公司技能培训中心 组编

电子工业出版社
Publishing House of Electronics Industry
北京·BEIJING

内 容 简 介

为满足电力行业人才评价需求，国网江苏省电力有限公司技能培训中心根据国家职业技能标准以及相关培训规范，结合生产实际，组织编写了本书。

本书严格遵循国家职业技能标准，紧扣电力电缆安装运维工的工作，内容分为鉴定试题库理论知识和技能操作两大部分，内容涵盖识图与设计、电缆敷设、电缆附件安装、电缆运行维护与检修等方面，内容按职业技能等级进行划分，以满足电力电缆安装运维工不同级别的考级需求。

本书适用于技能评价与考核，为从业者提供帮助，也可供院校师生参考，有力推动电力电缆运维领域的人才培养，为行业高质量发展奠定坚实基础。

未经许可，不得以任何方式复制或抄袭本书之部分或全部内容。
版权所有，侵权必究。

图书在版编目（CIP）数据

电力电缆安装运维工题库与解析 / 国网江苏省电力有限公司技能培训中心组编 . -- 北京：电子工业出版社，2025. 7. -- ISBN 978-7-121-50562-1
Ⅰ . TM757-44
中国国家版本馆 CIP 数据核字第 20251FS391 号

责任编辑：白雪纯
印　　刷：北京雁林吉兆印刷有限公司
装　　订：北京雁林吉兆印刷有限公司
出版发行：电子工业出版社
　　　　　北京市海淀区万寿路 173 信箱　邮编　100036
开　　本：787×1092　1/16　印张：17.75　字数：454.4 千字
版　　次：2025 年 7 月第 1 版
印　　次：2025 年 7 月第 1 次印刷
定　　价：88.00 元

凡所购买电子工业出版社图书有缺损问题，请向购买书店调换。若书店售缺，请与本社发行部联系，联系及邮购电话：(010) 88254888，88258888。
质量投诉请发邮件至 zlts@phei.com.cn，盗版侵权举报请发邮件至 dbqq@phei.com.cn。
本书咨询联系方式：(010) 88254590。

本书编写组

主　　编	郭玉威　周一峰
副 主 编	王德海　高　超　田丰伟　蔡昱宽　柏　仓
编写人员	陈朝阳　何光华　张志坚　吕立翔　张　梁
	齐金龙　马　骏　刘朋跃　王　超　吴　科
	王彦力　殷业成　赵玉谦　焦承锋　魏华勇
	陈颖康　孙钦章　杨　帅　陈　杰　李陈莹
	张　伟　卢艺贝　黄泽华　袁　欣　王　冉
	邵　九　李冰然　刘雨菲

前言

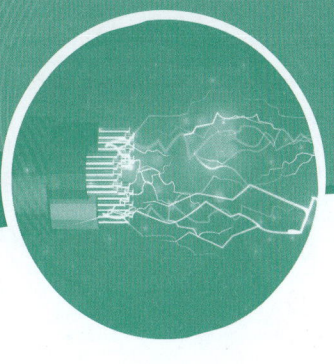

当今时代,电力行业正以前所未有的速度蓬勃发展,已然成为国家经济社会稳健前行的强劲动力引擎。在这一宏大的发展格局中,电缆作为电力传输的核心载体,其安装与运维工作的重要性不言而喻。每一条电缆的精准敷设与高效维护,都直接关系到电力系统能否安全、稳定、持续地运行,进而深刻影响着社会生产生活的各个方面。为紧密贴合电力行业的发展需求,全面提升电力电缆安装运维工的职业技能水平,国网江苏省电力有限公司技能培训中心根据国家职业技能标准以及相关培训规范,结合生产实际,组织编写了本书。

本书的编写工作严格遵循国家职业技能标准,密切结合电力电缆安装运维现场的实际操作流程与技术规范细则,对全部内容进行了全面、系统且深入的梳理与整合。本书涵盖了各个等级的电力电缆安装运维工所应具备的理论知识要点和实践技能关键考点,精准指引着从业者的能力提升方向。我们秉持科学、严谨的态度进行题目设计,每一道题目都经过反复斟酌与打磨,力求能精准、客观地评估电力电缆安装运维工的真实职业能力,从而为技能鉴定工作提供坚实可靠的评判依据,为专业培训学习活动指明清晰的目标路径,也为企业精准选拔优秀电力人才搭建起公平、公正的平台。

在本书的编写过程中,我们邀请到了行业内的资深专家、实战经验丰富的技术骨干以及在教学领域深耕多年、成果斐然的教师,共同组建了一支实践经验丰富且教学理念先进的编写团队。该团队充分考虑电缆技术领域的前沿发展趋势,将最新的技术理念与方法融入其中,确保本书的内容既严格符合国家标准的权威性要求,又能与行业实际紧密相连,展现出实用性与指导性。

题库中的题目类型丰富,包括单选题、多选题、填空题、判断题等多种形式。这些题目从不同的视角深入考查读者对电力电缆安装运维知识体系的理解程度,以及技能操作的熟练程度。同时,针对不同等级的职业技能标准所设定的差异化要求,本书科学构建了层次分明、梯度合理的题目难度等级,各等级之间既实现了有机衔接与过渡,又具备显著的区分特征,能精准有效地衡量读者在职业生涯不同阶段的技能水平,为读者的职业成长提供清晰明确的指引。

  鉴于编写工作的复杂性与艰巨性，加之编写团队在知识储备和实践经验上的局限性，本书难免有疏漏之处，恳请各位读者提出宝贵意见和建议，我们会不断进行完善。

编　者

参考答案

目 录

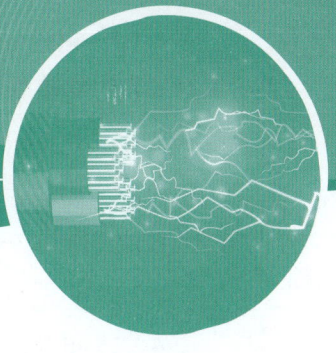

第1章 职业概况 ··· 1
   1.1 职业名称 ·· 2
   1.2 职业编码 ·· 2
   1.3 职业定义 ·· 2
   1.4 职业技能等级 ··· 2
   1.5 职业环境条件 ··· 2
   1.6 职业能力特征 ··· 2
   1.7 普通受教育程度 ·· 2

第2章 职业技能培训 ··· 3
   2.1 培训期限 ·· 4
   2.2 培训教师资格 ··· 4
   2.3 培训场地 ·· 4
   2.4 培训目的与重点 ·· 4
   2.5 培训大纲 ·· 5

第3章 职业技能鉴定 ··· 15
   3.1 职业技能鉴定要求 ·· 16
      3.1.1 申报条件 ·· 16
      3.1.2 鉴定方式 ·· 17
      3.1.3 鉴定时间 ·· 17
      3.1.4 鉴定场所设备 ·· 17
   3.2 监考人员、考评人员与考生配比 ·· 17

第4章 鉴定试题库 ·· 18
   4.1 理论知识 ··· 19

  4.1.1 识图与设计 ·· 19

  4.1.2 电缆敷设 ·· 41

  4.1.3 电缆附件安装 ··· 85

  4.1.4 电缆运行维护与检修 ··· 138

4.2 **技能操作** ·· 237

  4.2.1 识图与设计 ··· 237

  4.2.2 电缆敷设 ··· 241

  4.2.3 电缆附件安装 ··· 248

  4.2.4 电缆运行维护与检修 ··· 261

第 1 章
职业概况

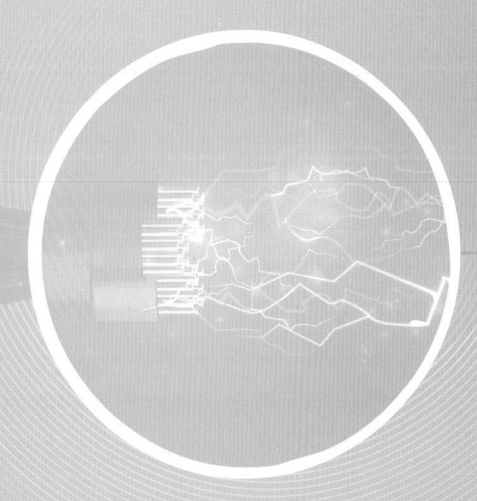

1.1 职业名称

电力电缆安装运维工。

1.2 职业编码

6-29-02-11。

1.3 职业定义

使用专用设备和工具,进行电力电缆安装、检修、调试、运行及维护的人员。

1.4 职业技能等级

本职业共设五个等级,分别为五级/初级工、四级/中级工、三级/高级工、二级/技师、一级/高级技师。

1.5 职业环境条件

室内、室外及有限空间作业,在不同温度和不同湿度下作业,有一定噪声及尘土,部分工作接触有害有毒物质和气体,部分工作需高空作业和水域作业。

1.6 职业能力特征

本职业应具有健康的身体;具备一定的学习能力,能分析、判断设备运行异常情况,处理设备故障;具有用精练语言进行联系、交流工作的能力;具有准确而有目的地运用数字进行运算的能力;具有想象几何形体和识绘图的能力;具有觉察物体、图画或图形资料中有关细节部分的能力;具有准确、灵活地运用手指完成既定操作的能力;具有熟练、准确、稳定地运用手臂完成既定操作的能力;能根据视觉信息协调眼、手、足及身体其他部位,迅速、准确、协调地作出反应,完成既定操作。

1.7 普通受教育程度

高中毕业(或同等学历)及以上。

第 2 章
职业技能培训

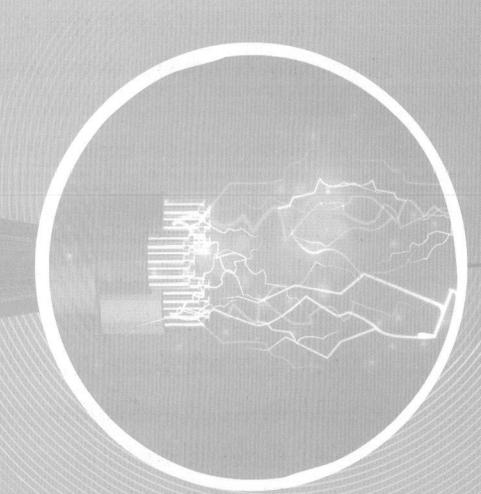

2.1　培训期限

五级/初级工：累计不少于 80 学时。
四级/中级工：在取得初级职业资格的基础上累计不少于 80 学时。
三级/高级工：在取得中级职业资格的基础上累计不少于 100 学时。
二级/技师：在取得高级职业资格的基础上累计不少于 120 学时。
一级/高级技师：在取得技师职业资格的基础上累计不少于 120 学时。

2.2　培训教师资格

应具备电力电缆专业理论知识、安装操作技能和一定的培训教学经验。

具有三级/高级工以上专业技术职称的技术人员，并经师资培训取得资格证书，可担任五级/初级工和四级/中级工的培训教师。具有二级/技师以上专业技术职称的技术人员，并经师资培训取得资格证书，可担任三级/高级工的培训教师。具有一级/高级技师专业技术职称的技术人员，并经师资培训取得资格证书，可担任二级/技师、一级/高级技师的培训教师。

2.3　培训场地

理论知识考试在标准教室进行。技能考核在光线充足、安全措施完备的场所进行，考试场地应满足电缆敷设、安装、测试等场地要求。

2.4　培训目的与重点

通过培训，学员达到国家职业技能标准对本职业的知识和技能要求，以自学和脱产相结合的方式，进行基础知识培训和技能训练。培训重点如下。

（1）电工原理基础知识。
（2）电力系统基础知识。
（3）高电压技术基础知识。
（4）机械制图基础知识。
（5）钳工基本知识。
（6）工程力学基础知识。
（7）电力电缆专业知识。
（8）电缆绝缘材料专业知识。
（9）现场文明生产要求。
（10）安全操作与劳动保护知识。
（11）环境保护知识。
（12）消防安全知识。
（13）触电急救知识。

（14）相关法律、法规知识。

2.5 培训大纲

培训大纲如表 2-1 所示。

表 2-1　培训大纲

模块序号	模块名称	单元序号	单元名称	学习目标	学习方式	参考学时
MU1	图纸识读	LE1	识读电缆路径平面图、敷设方式断面图	熟悉电缆路径平面图、敷设方式断面图的基本组成； 掌握电缆路径平面图、敷设方式断面图的符号和标识； 学会识读电缆路径平面图、敷设方式断面图中的错误和问题； 掌握电缆路径平面图、敷设方式断面图的检查方法	讲解	2
MU1	图纸识读	LE2	识别电力系统一次接线图、变电站一次接线图	理解电力系统的基本概念； 掌握电力系统一次接线图、变电站一次接线图的符号和标记； 掌握电力系统一次接线图、变电站一次接线图的读取方法； 能理解线路运行、检修、热备用、冷备用等基本概念； 能分析电网风险	讲解	3
MU1	图纸识读	LE3	识别并绘制电缆金属护套接地方式图，并按图纸复核电缆路径走向	熟悉电缆金属护套接地方式图的基本组成； 掌握电缆金属护套接地方式图的符号和标识； 学会识读电缆金属护套接地方式图中的错误和问题； 掌握电缆金属护套接地方式图的绘制方法和电缆路径复核的方法	讲解	3
MU2	工器具、材料准备及使用	LE4	选用常用电缆附件安装、电缆巡视作业的工器具及材料	了解电缆附件安装的基本流程； 熟悉常用工器具，并能正确选择和使用适当的工器具； 熟悉材料种类，并能根据要求选择合适的材料	讲解	4
MU2	工器具、材料准备及使用	LE5	备齐、使用常规试验、电缆故障抢修、电缆敷设的工器具	了解常规试验的项目及内容； 了解电缆故障抢修的基本流程； 了解电缆敷设的基本知识； 熟悉常用工器具及材料，并能正确选择适当的工器具及材料； 能正确检查工器具	讲解	4
MU3	电缆附件安装工艺图识读、辨别、纠正	LE6	识别 10kV 及以下电缆终端、中间接头安装工艺图	掌握 10kV 及以下电缆附件安装工艺； 掌握 10kV 及以下电缆终端、中间接头结构知识； 能识读及测量电缆附件各部分尺寸	讲解	1
MU3	电缆附件安装工艺图识读、辨别、纠正	LE7	识别 10kV 以上电缆终端、中间接头安装工艺图	能识读电缆附件安装工艺图； 掌握中间接头的各部分结构	讲解	1

续表

模块序号	模块名称	单元序号	单元名称	学习目标	学习方式	参考学时
MU3	电缆附件安装工艺图识读、辨别、纠正	LE8	辨别电缆终端、中间接头安装工艺图的错误	熟悉110kV电缆终端、中间接头安装工艺图的基本组成； 掌握各部件的名称及配置； 熟悉各部件的结构装配关联； 学会发现电缆终端、中间接头安装工艺图中的错误及问题	讲解	1
MU3	电缆附件安装工艺图识读、辨别、纠正	LE9	纠正电缆终端、中间接头安装工艺图的错误	熟悉220kV电缆终端、中间接头安装工艺图的基本组成； 掌握各部件的名称及配置； 熟悉各部件的结构装配关联； 学会发现和纠正电缆终端、中间接头安装工艺图中的错误及问题	讲解	1
MU4	电缆附件安装工艺说明书识读、辨别、纠正	LE10	识读10kV及以下电缆终端、中间接头安装工艺说明书	掌握10kV及以下电缆附件安装工艺； 认识10kV电缆附件安装所需材料； 能开展10kV及以下电缆附件开箱验收工作	讲解	1
MU4	电缆附件安装工艺说明书识读、辨别、纠正	LE11	识读10kV以上电缆终端、中间接头安装工艺说明书	能识读电缆附件安装工艺说明书； 掌握电缆附件安装的工序和关键点	讲解	1
MU4	电缆附件安装工艺说明书识读、辨别、纠正	LE12	辨别电缆终端、中间接头安装工艺说明书的错误	熟悉110kV电缆附件安装工艺说明书的编写要素； 熟悉电缆终端安装基本条件、安装工序流程及工艺要求； 学会发现电缆附件安装工艺说明书中的错误及问题	讲解	1
MU4	电缆附件安装工艺说明书识读、辨别、纠正	LE13	纠正电缆终端、中间接头安装工艺说明书的错误	熟悉220kV电缆附件安装工艺说明书的编写要素； 熟悉电缆终端安装基本条件、安装工序流程及工艺要求； 学会发现和纠正电缆附件安装工艺说明书中的错误及问题	讲解	1
MU5	电缆质量检查	LE14	检查电缆外观完整性、结构和尺寸	掌握电缆外观完整性检查方法； 熟悉电缆结构，能检测电缆尺寸并确定规格型号是否符合技术标准	讲解	1
MU5	电缆质量检查	LE15	测量电缆弯曲半径，进行电缆验潮	了解测量电缆弯曲半径原理； 掌握测量工作要求、弯曲半径合格标准； 熟悉计算公式及安全注意事项； 了解电缆验潮原理； 掌握工作要求、合格标准，熟悉操作方法及安全注意事项	讲解	1
MU5	电缆质量检查	LE16	测量电缆敷设牵引力，并进行电缆外护层试验	了解电缆质量检查的内容和原理； 学会正确使用张力计测量电缆牵引力； 学会电缆敷设牵引力相关规定； 学会外护层试验方法及标准； 能进行电缆外护层试验； 正确使用仪表及安全注意事项	讲解	2

续表

模块序号	模块名称	单元序号	单元名称	学习目标	学习方式	参考学时
MU6	电缆通道检查	LE17	根据图纸识别电缆通道的结构、形式及附属设施	熟悉机械制图的一般原理和画法； 能阅读电缆施工图纸，识别电缆通道的结构、形式； 熟练掌握设计图、竣工图（土建部分）基础知识； 识别电缆通道的附属设施、掌握电缆通道附属设施的图画画法	讲解	4
		LE18	验收电缆槽盒、电缆沟、电缆排管土建施工质量	掌握电缆土建工程知识、验收工作要求、合格标准； 熟悉安全注意事项； 能验收电缆槽盒、电缆沟、排管土建施工质量	讲解	4
MU7	敷设场地布置	LE19	根据电缆直埋敷设、电缆沟敷设、排管敷设的形式布置工器具	了解电缆敷设场地布置内容和原理； 学会电缆直埋敷设、电缆沟敷设、排管敷设施工方法； 能根据电缆直埋敷设、电缆沟敷设、排管敷设的形式布置工器具	讲解	1
		LE20	安装电缆敷设架、电缆敷设滑轮、电缆输送机、牵引机械	学会电缆敷设牵引工器具的使用方法； 能安装电缆敷设滚轮、牵引机械	讲解	1
		LE21	根据电缆隧道、电缆桥架敷设形式布置工器具	了解电缆隧道敷设和桥架敷设形式工器具布置方式和相关知识； 掌握电缆隧道敷设和桥架敷设施工方法； 能完成敷设场地工器具布置； 掌握工器具操作方法	讲解	1
		LE22	根据高落差电缆竖井、斜井敷设形式布置工器具	了解电缆质量检查的内容和原理； 学会高落差电缆竖井敷设形式工器具布置正确方法及竖井敷设相关规定	讲解	1
		LE23	进行5个及以上直角转弯，多种敷设形式的电缆牵引工器具布置	了解电缆敷设场地布置内容和原理； 学会电缆牵引作业工器具布置	讲解	1
MU8	电缆敷设安装	LE24	绑扎各种常用绳结，安装电缆夹具	熟悉各种电缆施工常用绳结及其应用场景； 能正确绑扎电缆施工常用绳结； 熟悉电缆夹具种类和应用场景； 能正确安装电缆夹具	讲解	1
		LE25	安装电缆牵引网套，布置转弯滑轮	掌握电缆牵引网套的结构和安装方法、合格标准； 熟悉安全注意事项； 能安装电缆牵引网套； 掌握电缆转弯侧压力知识、合格标准； 能布置转弯滑轮	讲解+实操	1
		LE26	计算电缆敷设牵引力，进行电缆蛇形敷设	了解电缆敷设牵引力计算的方法； 能计算电缆敷设牵引力及熟悉电缆敷设牵引力相关规定； 了解电缆蛇形敷设原理及施工方法； 能进行蛇形敷设（水平蛇形）	讲解	2

续表

模块序号	模块名称	单元序号	单元名称	学习目标	学习方式	参考学时
MU8	电缆敷设安装	LE27	制作单芯电缆牵引头,并编制电缆敷设施工方案	了解电缆牵引头制作原理; 掌握电缆牵引头制作工艺与操作安全注意事项; 掌握电缆敷设施工方案编制的基础知识; 掌握电缆敷设施工方案编制范围和内容	讲解	2
		LE28	分析、处理电缆敷设造成的金属护套变形缺陷	了解电缆质量检查的内容和原理; 学会高落差电缆竖井敷设的正确方法及竖井敷设相关规定; 学会电缆敷设造成金属护套变形缺陷的判断与缺陷程度分析	讲解	2
MU9	电缆附件检查	LE29	根据电缆附件工艺图纸检查附件尺寸,根据附件材料清单核对附件材料	了解电缆附件的结构和原理; 学习电缆附件的零部件和辅材并根据装箱清单核对材料; 学会测量电缆附件零部件尺寸; 正确使用测量工具及知晓安全注意事项	讲解	4
MU10	接地系统安装	LE30	安装电缆金属护层接地线、直接接地箱	学习接地知识与直接接地箱的结构和原理; 掌握接地线和直接接地箱的安装; 正确使用安装工具与安全注意事项	讲解	8
MU11	电缆终端和中间接头安装	LE31	安装 10kV 及以下电缆终端和中间接头,安装 10kV 避雷器	了解 10kV 及以下电缆终端和中间接头的结构; 学习附件安装的流程、方法及注意事项	讲解	20
		LE32	安装 10kV 以上电缆终端、避雷器	了解电缆终端安装需要具备的条件和安装过程中的注意事项; 掌握零部件的安装顺序和关键工序的操作方法; 具备电缆终端的安装能力	讲解	20
		LE33	安装电缆中间接头、交叉互联接地系统	了解电缆中间接头安装需要具备的条件和安装过程中的注意事项; 掌握零部件的安装顺序和关键工序的操作方法; 具备电缆中间接头和交叉接地箱的安装能力	讲解	24
MU12	110kV 及以上电缆预处理	LE34	进行 110kV 及以上电缆加热校直、电缆剥切及打磨	学习并掌握 110kV 及以上电缆剥切、加热校直、打磨的作业流程、方法和工艺要求; 正确使用安装工具及知晓安全注意事项	讲解	48
MU13	电缆巡视	LE35	分辨定期巡视、特殊巡视和故障巡视的作业内容,并判断电缆保护区的范围及管线交叉距离	学会巡视工作要求和规定,能分辨定期巡视、特殊巡视和故障巡视的作业内容; 掌握电缆保护区的范围及管线交叉距离,按巡视要求组织开展各类巡视工作,做好电缆外力破坏防护的基本知识储备	讲解	6
		LE36	检查终端设备、电缆通道缺陷	学会检查电缆设备及通道缺陷,及时发现设备及通道的缺陷	讲解	6
MU14	电缆检测	LE37	进行红外热像仪测温	了解红外热像仪的结构和原理; 学会红外测量的工作要求和规定、仪表的正确使用及安全注意事项	讲解	6

续表

模块序号	模块名称	单元序号	单元名称	学习目标	学习方式	参考学时
MU14	电缆检测	LE38	测量电缆金属护套接地环流	了解钳表的结构和原理； 学会电缆金属护套接地环流测量的工作要求和规定、仪表的正确使用及安全注意事项	讲解	6
		LE39	使用万用表测量电压、电阻、电流	了解万用表的结构和原理； 学会使用万用表测量电压、电阻、电流的工作要求和规定，了解仪表的正确使用及安全注意事项	讲解	6
		LE40	进行交叉互联系统试验	了解电缆线路交叉互联系统的结构和原理，正确使用仪器仪表； 掌握试验工作要求及安全注意事项； 学会判断和分析试验结果	讲解	6
		LE41	进行电缆绝缘电阻、接地电阻测量	了解兆欧表、万用表的结构和原理； 学会电缆绝缘电阻测量的工作要求、仪器仪表的正确使用方法及安全注意事项； 了解接地电阻测试仪的结构和原理； 学会测量工作要求和规定； 掌握仪器仪表的使用方法及安全注意事项	讲解	6
		LE42	判断电缆设备缺陷等级	依据电缆设备缺陷等级定义，能分辨一般缺陷、严重缺陷、危急缺陷，明晰缺陷管理流程，对缺陷的上报、定性、处理和验收等环节实行闭环管理	讲解	6
		LE43	进行电缆路径探测	学会电缆路径探测，能使用电缆路径探测仪探测出地下电缆的具体位置	讲解	6
		LE44	进行避雷器试验、电缆线路耐压试验	了解接避雷器和直流高压发生器的结构和原理，学会测量工作要求和规定； 正确使用仪表及安全注意事项； 了解电缆耐压试验仪器的结构和原理，学会测量工作要求和规定	讲解	6
		LE45	进行电缆金属护套环流异常原因分析	掌握电缆金属护套接地方式及原理； 能根据环流数值大小及变化规律分析电缆金属护套环流异常的可能原因	讲解	8
		LE46	进行电缆局部放电检测及分析	掌握电缆局部放电检测原理、检测和分析方法； 学会测量工作要求和规定； 正确使用测试仪器； 熟悉安全注意事项	讲解	8
MU15	电缆缺陷检修	LE47	进行电缆塑料外护套破损修复	了解电缆塑料外护套的主要功能及相关要求、电缆塑料外护套破损的可能原因及危害； 学会电缆塑料外护套破损修复的工艺步骤； 掌握安全注意事项及工艺细节注意事项	讲解	2
		LE48	处理交叉互联箱、直接接地箱铜排发热缺陷	了解交叉互联箱、直接接地箱的结构及特点； 学会处理交叉互联箱、直接接地箱铜排发热缺陷的工艺步骤； 掌握安全注意事项及工艺细节注意事项	讲解	2

续表

模块序号	模块名称	单元序号	单元名称	学习目标	学习方式	参考学时
MU15	电缆缺陷检修	LE49	使用验电器和接地线进行验电和接地	了解未按规定验电和接地的危害； 掌握使用验电器和接地线进行验电和接地的方法； 掌握安全注意事项及工艺细节注意事项	讲解	2
		LE50	处理线夹发热缺陷，更换护层保护器，进行同轴电缆驳接	了解线夹发热缺陷的原理； 学会处理线夹发热缺陷的方法流程； 了解护层保护器的原理及其作用； 学会更换护层保护器的方法与步骤； 掌握相关安全注意事项； 了解同轴电缆的结构和作用； 学会同轴电缆驳接的工艺步骤； 掌握安全注意事项与工艺细节注意事项	讲解	4
		LE51	更换交叉互联箱、接地保护箱	了解交叉互联箱的结构及特点； 学会更换交叉互联箱的工艺步骤； 了解接地保护箱的结构及特点； 学会更换接地保护箱的工艺步骤； 掌握安全注意事项及工艺细节注意事项	讲解	2
		LE52	消除电缆潮气，处理电缆终端尾管发热缺陷，进行金属护套破损修复，在开关柜内更换10kV肘型头	了解引起电缆受潮的原因； 掌握电缆受潮判断的方法，掌握工程现场简便的验潮方法； 了解电缆终端尾管发热的可能原因及危害； 学会电缆终端尾管发热缺陷处理的工艺步骤； 了解电缆金属护套破损的可能原因及危害、金属护套破损修复的原则； 学会电缆金属护套破损修复的工艺步骤； 了解10kV肘型头（可分离连接器、欧式预制前插头）的结构及特点； 学会在开关柜内更换10kV肘型头的工艺步骤； 掌握安全注意事项及工艺细节注意事项	讲解	4
MU16	电缆缺陷处理	LE53	处理电缆终端漏油缺陷，更换电缆GIS终端套管，进行电缆故障案例分析	了解电缆终端漏油的危害； 掌握处理电缆终端漏油缺陷的方法； 了解电缆GIS终端的结构及特点； 学会更换电缆GIS终端套管的工艺步骤； 了解电缆故障典型案例； 掌握电缆故障案例分析的方法； 掌握安全注意事项及工艺细节注意事项	讲解	16
MU17	工作票办理	LE54	办理、审核工作票，进行安全技术交底	掌握工作票填写方法和办理流程； 熟悉工作票相关的安全措施和技术措施； 掌握安全技术交底的流程、方法和注意事项	讲解	8
MU18	方案编写	LE55	审查并修改电缆检修、抢修、保护方案	掌握电缆检修、抢修和保护方案审查及修改的方法和注意要点，用于指导电缆检修工作的开展	讲解	12

续表

模块序号	模块名称	单元序号	单元名称	学习目标	学习方式	参考学时
MU19	电缆故障测寻	LE56	进行电缆故障相序、电缆故障性质判别	了解电缆故障相序判别、电缆故障性质判别的基本原理； 学会绝缘电阻测量工作要求和规定，正确使用兆欧表和万用表，掌握安全注意事项	讲解	12
		LE57	采用跨步电压法、声磁同步法精确定位故障点	了解跨步电压法、声磁同步法精确定位故障点原理； 学会定位工作要求和规定，正确使用仪器及安全注意事项	讲解	12
		LE58	采用电桥法、波反射法预定位电缆故障点	了解电桥法的原理和适用范围； 掌握电桥法预定位的工作要求和相关仪器使用方法及安全注意事项； 了解波反射法的不同类型、适用条件和原理； 掌握波反射法预定位的工作要求和相关仪器使用方法及安全注意事项	讲解	16
MU20	技术管理	LE59	开展电缆缺陷原因分析、电缆抢修演练	掌握电缆缺陷原因分析的流程、方法和注意事项； 掌握电缆抢修演练组织开展的方法和注意要点，具备生产技术管理基本知识	讲解	6
		LE60	研发、改进新技术、新工艺、新设备，组织开展有限空间内的电缆事故应急演练	掌握新技术、新工艺、新设备的研发、改进的方法和要点； 掌握有限空间电缆事故应急演练组织开展的方法和注意要点； 具备生产技术管理基本知识	讲解	6
MU21	技能培训	LE61	编制五级/初级工、四级/中级工、三级/高级工培训计划和讲义课件，并讲授本专业技术理论知识及实操培训	掌握五级/初级工、四级/中级工、三级/高级工培训计划和讲义课件编制的方法和注意要点； 掌握培训教学的基本方法； 掌握电缆专业技术理论知识及实操培训讲授的方法和要点	讲解	6
		LE62	编制二级/技师培训计划和讲义课件，并讲授本专业技术理论知识及实操培训	掌握二级/技师培训计划和讲义课件编制的方法和注意要点； 掌握培训教学的基本方法； 掌握电缆专业技术理论知识及实操培训讲授的方法和要点	讲解	6

职业技能模块及学习单元对照表如表 2-2 所示。

表 2-2 职业技能模块及学习单元对照表

模块	MU1	MU2	MU3	MU4	MU5	MU6	MU7	MU8	MU9	MU10	MU11	MU12	MU13	MU14	MU15	MU16	MU17	MU18	MU19	MU20	MU21
内容	图纸识读	工器具、材料准备及使用	电缆附件安装工艺图识读、辨别、纠正	电缆附件安装工艺说明书识读、辨别、纠正	电缆质量检查	电缆通道检查	敷设场地布置	电缆敷设安装	电缆附件检查	接地系统安装	电缆终端和中间接头安装	110kV及以上电缆预处理	电缆巡视	电缆检测	电缆缺陷检修	电缆缺陷处理	工作票办理	方案编写	电缆故障测寻	技术管理	技能培训
参考学时	8	8	4	4	4	8	5	8	4	8	64	48	12	64	16	16	8	12	40	12	12
适用等级	五级/初级工、四级/中级工、三级/高级工	五级/初级工、四级/中级工、三级/高级工	四级/中级工、三级/高级工、二级/技师、一级/高级技师	四级/中级工、三级/高级工、二级/技师、一级/高级技师	五级/初级工、四级/中级工、三级/高级工	五级/初级工、四级/中级工	三级/高级工、二级/技师、一级/高级技师	五级/初级工、四级/中级工、三级/高级工、二级/技师、一级/高级技师	五级/初级工、四级/中级工	五级/初级工、四级/中级工	四级/中级工	四级/中级工、三级/高级工	五级/初级工、四级/中级工	五级/初级工、四级/中级工、三级/高级工、二级/技师、一级/高级技师	五级/初级工、四级/中级工、三级/高级工、二级/技师	一级/高级技师	三级/高级工	三级/高级工、二级/技师、一级/高级技师	三级/高级工、二级/技师、一级/高级技师	二级/技师、一级/高级技师	二级/技师、一级/高级技师
学习单元选择 五级/初级工	1	4			14	17		24	29	30			35	37、38、39	47、48、49						
学习单元选择 四级/中级工	2	5	6	10	15	18		25			31	32、33	36	40、41	50						
学习单元选择 三级/高级工	3		7	11	16		19、20	26				34		42、43、44	51		54	55	56		
学习单元选择 二级/技师			8	12			21	27						45、46	52				57	59	61
学习单元选择 一级/高级技师			9	13			22、23	28								53			58	60	62

单元序号与单元名称对照表如表 2-3 所示。

表 2-3　单元序号与单元名称对照表

单元序号	单元名称
LE1	识读电缆路径平面图、敷设方式断面图
LE2	识读电力系统一次接线图、变电站一次接线图
LE3	识读并绘制电缆金属护套接地方式图，并按图纸复核电缆路径走向
LE4	选用常用电缆附件安装、电缆巡视作业的工器具及材料
LE5	备齐、使用常规试验、电缆故障抢修、电缆敷设的工器具
LE6	识读 10kV 及以下电缆终端、中间接头安装工艺图
LE7	识读 10kV 以上电缆终端、中间接头安装工艺图
LE8	辨别电缆终端、中间接头安装工艺图的错误
LE9	纠正电缆终端、中间接头安装工艺图的错误
LE10	识读 10kV 及以下电缆终端、中间接头安装工艺说明书
LE11	识读 10kV 以上电缆终端、中间接头安装工艺说明书
LE12	辨别电缆终端、中间接头安装工艺说明书的错误
LE13	纠正电缆终端、中间接头安装工艺说明书的错误
LE14	检查电缆外观完整性、结构和尺寸
LE15	测量电缆弯曲半径，进行电缆验潮
LE16	测量电缆敷设牵引力，并进行电缆外护层试验
LE17	根据图纸识别电缆通道的结构、形式及附属设施
LE18	验收电缆槽盒、电缆沟、电缆排管土建施工质量
LE19	根据电缆直埋敷设、电缆沟敷设、排管敷设的形式布置工器具
LE20	安装电缆敷设架、电缆敷设滑轮、电缆输送机、牵引机械
LE21	根据电缆隧道、电缆桥架敷设形式布置工器具
LE22	根据高落差电缆竖井、斜井敷设形式布置工器具
LE23	进行 5 个及以上直角转弯，多种敷设形式的电缆牵引工器具布置
LE24	绑扎各种常用绳结，安装电缆夹具
LE25	安装电缆牵引网套，布置转弯滑轮
LE26	计算电缆敷设牵引力，进行电缆蛇形敷设
LE27	制作单芯电缆牵引头，并编制电缆敷设施工方案
LE28	分析、处理电缆敷设造成的金属护套变形缺陷
LE29	根据电缆附件工艺图纸检查附件尺寸，根据附件材料清单核对附件材料
LE30	安装电缆金属护层接地线、直接接地箱
LE31	安装 10kV 及以下电缆终端和中间接头，安装 10kV 避雷器

续表

单元序号	单元名称
LE32	安装 10kV 以上电缆终端、避雷器
LE33	安装电缆中间接头、交叉互联接地系统
LE34	进行 110kV 及以上电缆加热校直、电缆剥切及打磨
LE35	分辨定期巡视、特殊巡视和故障巡视的作业内容,并判断电缆保护区的范围及管线交叉距离
LE36	检查终端设备、电缆通道缺陷
LE37	进行红外热像仪测温
LE38	测量电缆金属护套接地环流
LE39	使用万用表测量电压、电阻、电流
LE40	进行交叉互联系统试验
LE41	进行电缆绝缘电阻、接地电阻测量
LE42	判断电缆设备缺陷等级
LE43	进行电缆路径探测
LE44	进行避雷器试验、电缆线路耐压试验
LE45	进行电缆金属护套环流异常原因分析
LE46	进行电缆局部放电检测及分析
LE47	进行电缆塑料外护套破损修复
LE48	处理交叉互联箱、直接接地箱铜排发热缺陷
LE49	使用验电器和接地线进行验电和接地
LE50	处理线夹发热缺陷,更换护层保护器,进行同轴电缆驳接
LE51	更换交叉互联箱、接地保护箱
LE52	消除电缆潮气,处理电缆终端尾管发热缺陷,进行金属护套破损修复,在开关柜内更换 10kV 肘型头
LE53	处理电缆终端漏油缺陷,更换电缆 GIS 终端套管,进行电缆故障案例分析
LE54	办理、审核工作票,进行安全技术交底
LE55	审查并修改电缆检修、抢修、保护方案
LE56	进行电缆故障相序、电缆故障性质判别
LE57	采用跨步电压法、声磁同步法精确定位故障点
LE58	采用电桥法、波反射法预定位电缆故障点
LE59	开展电缆缺陷原因分析、电缆抢修演练
LE60	研发、改进新技术、新工艺、新设备,组织开展有限空间内的电缆事故应急演练
LE61	编制五级/初级工、四级/中级工、三级/高级工培训计划和讲义课件,并讲授本专业技术理论知识及实操培训
LE62	编制二级/技师培训计划和讲义课件,并讲授本专业技术理论知识及实操培训

第 3 章
职业技能鉴定

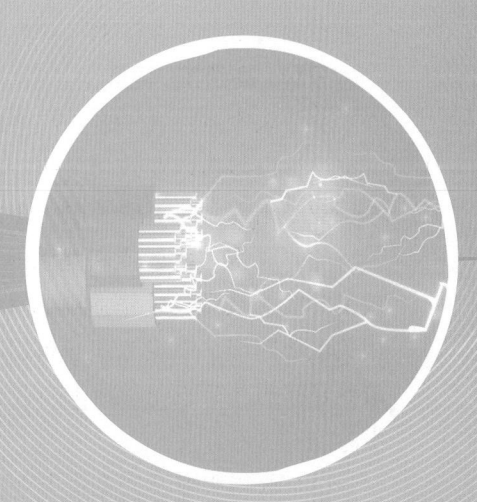

3.1 职业技能鉴定要求

3.1.1 申报条件

五级 / 初级工

具备以下条件之一者，可申报五级 / 初级工：

（1）累计从事本职业或相关职业（电力电缆安装工、电力电缆工、送配电线路工）工作 1 年（含）以上。

（2）本职业或相关职业学徒期已满。

四级 / 中级工

具备以下条件之一者，可申报四级 / 中级工：

（1）取得本职业或相关职业五级 / 初级工职业资格证书（技能等级证书）后，累计从事本职业或相关职业工作 4 年（含）以上。

（2）累计从事本职业或相关职业工作 6 年（含）以上。

（3）取得技工学校本专业或相关专业（高压输配电线路施工运行与维护专业、电气绝缘与电缆专业、输电工程专业、电气工程及其自动化专业等）毕业证书（含尚未取得毕业证书的在校应届毕业生），或取得经评估论证、以中级技能为培养目标的中等及以上职业学校本专业或相关专业毕业证书（含尚未取得毕业证书的在校应届毕业生）。

三级 / 高级工

具备以下条件之一者，可申报三级 / 高级工：

（1）取得本职业或相关职业四级 / 中级工职业资格证书（技能等级证书）后，累计从事本职业或相关职业工作 5 年（含）以上。

（2）取得本职业或相关职业四级 / 中级工职业资格证书（技能等级证书），并具有高级技工学校、技师学院毕业证书（含尚未取得毕业证书的在校应届毕业生）；或取得本职业或相关职业四级 / 中级工职业资格证书（技能等级证书），并具有经评估论证、以高级技能为培养目标的高等职业学校本专业或相关专业毕业证书（含尚未取得毕业证书的在校应届毕业生）。

（3）取得大专及以上本专业或相关专业毕业证书，并取得本职业或相关职业四级 / 中级工职业资格证书（技能等级证书）后，累计从事本职业或相关职业工作 2 年（含）以上。

二级 / 技师

具备以下条件之一者，可申报二级 / 技师：

（1）取得本职业或相关职业三级 / 高级工职业资格证书（技能等级证书）后，累计从事本职业或相关职业工作 4 年（含）以上。

（2）取得本职业或相关职业三级 / 高级工职业资格证书（技能等级证书）的高级技工学校、技师学院毕业生，累计从事本职业或相关职业工作 3 年（含）以上；或取得本职业或相关职业预备技师证书的技师学院毕业生，累计从事本职业或相关职业工作 2 年（含）以上。

一级 / 高级技师

具备以下条件者，可申报一级 / 高级技师：

取得本职业或相关职业二级 / 技师职业资格证书（技能等级证书）后，累计从事本职业或相关职业工作 4 年（含）以上。

3.1.2　鉴定方式

分为理论知识考试、技能考核以及综合评审。理论知识考试以笔试、机考等方式为主，主要考核从业人员从事本职业应掌握的基本要求和相关知识要求；技能考核主要采用现场操作、模拟操作等方式进行，主要考核从业人员从事本职业应具备的技能水平；综合评审主要针对技师和高级技师，通常采取审阅申报材料、答辩等方式进行全面评议和审查。理论知识考试、技能考核和综合评审均实行百分制，成绩皆达 60 分（含）以上者为合格。

3.1.3　鉴定时间

理论知识考试时间不少于 90min，技能考核时间为不少于 1h，综合评审时间不少于 15min。

3.1.4　鉴定场所设备

理论知识考试在标准教室进行。技能考核在光线充足、安全措施完备的场所进行，考试场地应满足电缆敷设、安装、测试等场地要求。

3.2　监考人员、考评人员与考生配比

理论知识考试监考人员与考生配比不低于 1∶15，且每个考场有不少于 2 名监考人员。

技能考核考评人员与考生配比宜为 1∶5，且考评人员为 3 人及以上单数；综合评审委员为 3 人及以上单数。

第 4 章
鉴定试题库

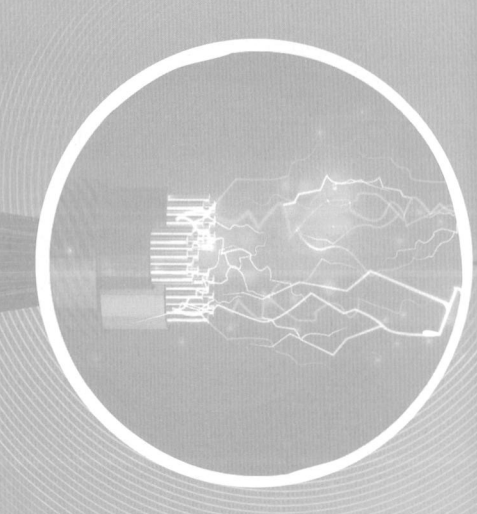

4.1 理论知识

4.1.1 识图与设计

一、单选题

五级 / 初级工

1. 在绘图时，不可见轮廓线一般用（　　）表示。
   A．粗实线　　　　　　B．细实线　　　　　　C．虚线　　　　　　D．点画线
2. 在绘图时，尺寸线、剖面线一般用（　　）表示。
   A．粗实线　　　　　　B．细实线　　　　　　C．虚线　　　　　　D．点画线
3. 在绘图时，中心线、对称线一般用（　　）表示。
   A．细实线　　　　　　B．虚线　　　　　　　C．波浪线　　　　　D．点画线
4. 当图形未完全画出时，折断界线一般用（　　）表示。
   A．细实线　　　　　　B．虚线　　　　　　　C．波浪线　　　　　D．点画线
5. 基准是工件上用于确定点、线、面位置的（　　）。
   A．依据　　　　　　　B．中心　　　　　　　C．尺寸　　　　　　D．中心和尺寸
6. 电缆过路排管应注明（　　）、孔径和埋深。
   A．管材　　　　　　　B．孔距　　　　　　　C．长度　　　　　　D．位置
7. 每种形式的电缆中间接头或终端均应配备的标准化装置设计总图是（　　）。
   A．电缆线路图　　　　B．电缆网络图　　　　C．电缆截面图　　　D．电缆头装配图
8. 根据终端的实际安装位置，在绘制装备图时，一般取（　　）投影方向作为主视图。
   A．上下　　　　　　　B．左右　　　　　　　C．竖直　　　　　　D．水平
9. 为了标注土建施工图所处的方向，在平面图上应绘制（　　）。
   A．指南针　　　　　　B．指北针　　　　　　C．上、下方向　　　D．左、右方向
10. 锯条锯齿的粗细是以锯条（　　）mm 以内的齿数来表示的。
    A．20　　　　　　　　B．25　　　　　　　　C．30　　　　　　　D．50
11. 使用兆欧表测量线路的绝缘电阻时，应采用（　　）。
    A．护套线　　　　　　B．软导线　　　　　　C．屏蔽线　　　　　D．硬导线
12. 使用兆欧表测量绝缘电阻时，正常摇测转速为（　　）r/min。
    A．90　　　　　　　　B．120　　　　　　　C．150　　　　　　D．180
13. 在使用兆欧表测试前必须（　　）。
    A．切断被测设备电源　　　　　　　　　　　B．对设备进行带电测试
    C．无论设备带电与否均可测试　　　　　　　D．配合仪表带电测量
14. 测量 1kV 以下电缆的绝缘电阻时，应使用（　　）兆欧表进行测量。
    A．500V　　　　　　　B．1000V　　　　　　C．2500V　　　　　D．500V 或 1000V

15. 在使用35kV以上的电缆进行敷设前,应用(　　)及以上兆欧表测量绝缘电阻。
   A．500V　　　　　　B．1000V　　　　　C．2500V　　　　　D．5000V

16. 双臂电桥测量仪可以测量电缆线芯导体的(　　)。
   A．电压　　　　　　B．电流　　　　　　C．电阻　　　　　　D．电容

17. 在棒料弯曲后,应采用(　　)法进行矫正。
   A．拍压　　　　　　B．延展　　　　　　C．板正　　　　　　D．锤击

18. 在使用电动砂轮机时,应站在砂轮机的(　　)。
   A．侧面或斜面　　　B．前面　　　　　　C．后面　　　　　　D．任意位置

19. 校平中间凸起的薄板料时,需对薄板料的四周进行锤击,使其(　　)。
   A．收缩　　　　　　B．延展　　　　　　C．变形　　　　　　D．上述三项都不对

20. 平面锉削的方法为(　　)。
   A．交叉锉削法　　　B．顺向锉削法　　　C．推锉法　　　　　D．以上都是

21. 粗锉刀适用于锉削(　　)。
   A．硬材料或狭窄的平面工件
   B．软材料或加工余量大且精度等级低的工件
   C．硬材料或加工余量小且精度等级高的工件
   D．软材料或加工余量小且精度等级高的工件

22. 游标卡尺由主尺和(　　)组成。
   A．分尺　　　　　　B．副尺　　　　　　C．标尺　　　　　　D．定尺

23. 在使用游标卡尺进行测量前,应擦拭干净游标卡尺,并检查游标卡尺的两个测量面和测量刃口是否平直无损,紧密贴合量爪,应无明显的间隙,(　　)和主尺的零位刻线要对准。
   A．标尺　　　　　　B．副尺　　　　　　C．量爪　　　　　　D．游标

24. 红外热像仪用于检测电缆设备中的(　　)隐患现象。
   A．发热　　　　　　B．缺损　　　　　　C．局部放电　　　　D．渗漏

25. 电力电缆的功能主要是传送和分配大功率的(　　)。
   A．电流　　　　　　B．电能　　　　　　C．电压　　　　　　D．电势

四级/中级工

26. 在电力电缆常用的高分子材料中,(　　)表示交联聚乙烯。
   A．Y　　　　　　　 B．YJ　　　　　　　C．YJV　　　　　　 D．YJVV

27. 增大电力电缆的电容有利于提高电力系统的(　　)。
   A．线路电压　　　　B．功率因数　　　　C．传输电流　　　　D．传输容量

28. (　　)电力电缆不属于塑料绝缘类电力电缆。
   A．聚氯乙烯绝缘　　B．聚乙烯绝缘　　　C．硅橡胶绝缘　　　D．交联聚乙烯绝缘

29. 电力电缆绝缘包括(　　)、橡塑绝缘和压力电缆绝缘三种类型。
   A．油纸绝缘　　　　B．塑料绝缘　　　　C．挤包绝缘　　　　D．复合绝缘

30. 在相同电压等级和长度的情况下,电缆线路与架空线路相比,电容(　　)。

A．更小 B．相同 C．更大 D．不一定

31．电力电缆的几何尺寸主要是根据电缆的（　　）决定的。

A．传输容量 B．敷设条件 C．散热条件 D．允许温升

32．在 NH-VV22 型号的电力电缆中，NH 表示（　　）。

A．阻燃 B．耐火 C．隔氧阻燃 D．低卤

33．在 VV43 型号的电力电缆中，4 表示（　　）。

A．外护层为无铠装 B．外护层为钢带铠装
C．外护层为细钢丝铠装 D．外护层为粗钢丝铠装

34．阻燃、交联聚乙烯绝缘、铜芯、聚氯乙烯内护套、钢带铠装、聚氯乙烯外护套电力电缆的型号用（　　）表示。

A．ZR-VV22 B．ZR-YJV22 C．ZR-YJV23 D．ZR-YJV33

35．交联聚乙烯绝缘电力电缆的工作温度最高可以达到（　　）℃。

A．60 B．70 C．90 D．100

36．在导线截面积相同、环境温度相同的条件下，交联聚乙烯绝缘电力电缆与充油电缆相比，载流量（　　）。

A．更大 B．更小 C．相同 D．不一定

37．电缆导体截面积越大（或直径越粗），其电阻（　　）。

A．越小 B．越大 C．不确定 D．不变

38．电力电缆主要由线芯导体、（　　）和保护层组成。

A．衬垫层 B．填充层 C．绝缘层 D．屏蔽层

39．电力电缆导线的截面积是根据（　　）进行选择的。

A．额定电流 B．传输容量
C．短路容量 D．传输容量和短路容量

40．电力电缆外护层用裸钢带铠装时，其型号脚注数字用（　　）表示。

A．2 B．12 C．20 D．30

三级／高级工

41．铠装主要用于减少（　　）对电缆的影响。

A．综合力 B．电磁力 C．机械力 D．摩擦力

42．直流电缆线芯的正极颜色为（　　）色。

A．红 B．赭 C．白 D．黄

43．接地中性线的颜色为（　　）色。

A．黑 B．白 C．紫 D．蓝

44．高压电力电缆的基本结构包括（　　）。

A．线芯（导体）、绝缘层、屏蔽层、保护层
B．线芯（导体）、绝缘层、屏蔽层、铠装层
C．线芯（导体）、绝缘层、防水层、保护层
D．线芯（导体）、绝缘层、缓冲层、保护层

45. 绝缘的电气性能高是指（　　）。

    A．绝缘的机械强度高　　　　　　　　B．绝缘的耐热性能好

    C．绝缘的耐压高　　　　　　　　　　D．绝缘耐受的电场强度高

46. 将三芯电缆做成扇形是为了（　　）。

    A．均匀电场　　　　　　　　　　　　B．缩小外径

    C．加强电缆散热　　　　　　　　　　D．节省材料

47. 铅护套与铝护套相比，弯曲性能（　　）。

    A．强　　　　B．弱　　　　C．相同　　　　D．大致相同

48. 为满足电缆的柔软性和弯曲度要求，电缆一般采用（　　）。

    A．单根导体　　　　　　　　　　　　B．多根导体

    C．多根绞合导体　　　　　　　　　　D．空心导体

49. 在交联聚乙烯电缆中，导体应根据电压等级和标称截面采用适当的结构。标称截面为（　　）及以上的铜芯应采用分割导体结构。

    A．200mm²　　　　B．500mm²　　　　C．800mm²　　　　D．1000mm²

50. 高压交联电缆的构造必须为全封闭干式交联，且内、外半导电层与绝缘层必须采用（　　）共挤。

    A．2层　　　　B．3层　　　　C．4层　　　　D．5层

51. 在制作电缆热缩终端时，剥切安装电缆鼻子的导线长度为端子孔深度+（　　）mm。

    A．8　　　　B．7　　　　C．5　　　　D．6

52. 电力电缆的额定电压 $U_m=U_0/U$，其中 U 为电力系统的额定电压，U_m 为电力系统的最高工作电压。在220kV及以下电力系统中，$U_m=$（　　）U。

    A．1.05　　　　B．1.1　　　　C．1.15　　　　D．1.2

53. 下图为组合体的主视图和俯视图，想象组合体的形状，错误的左视图为（　　）。

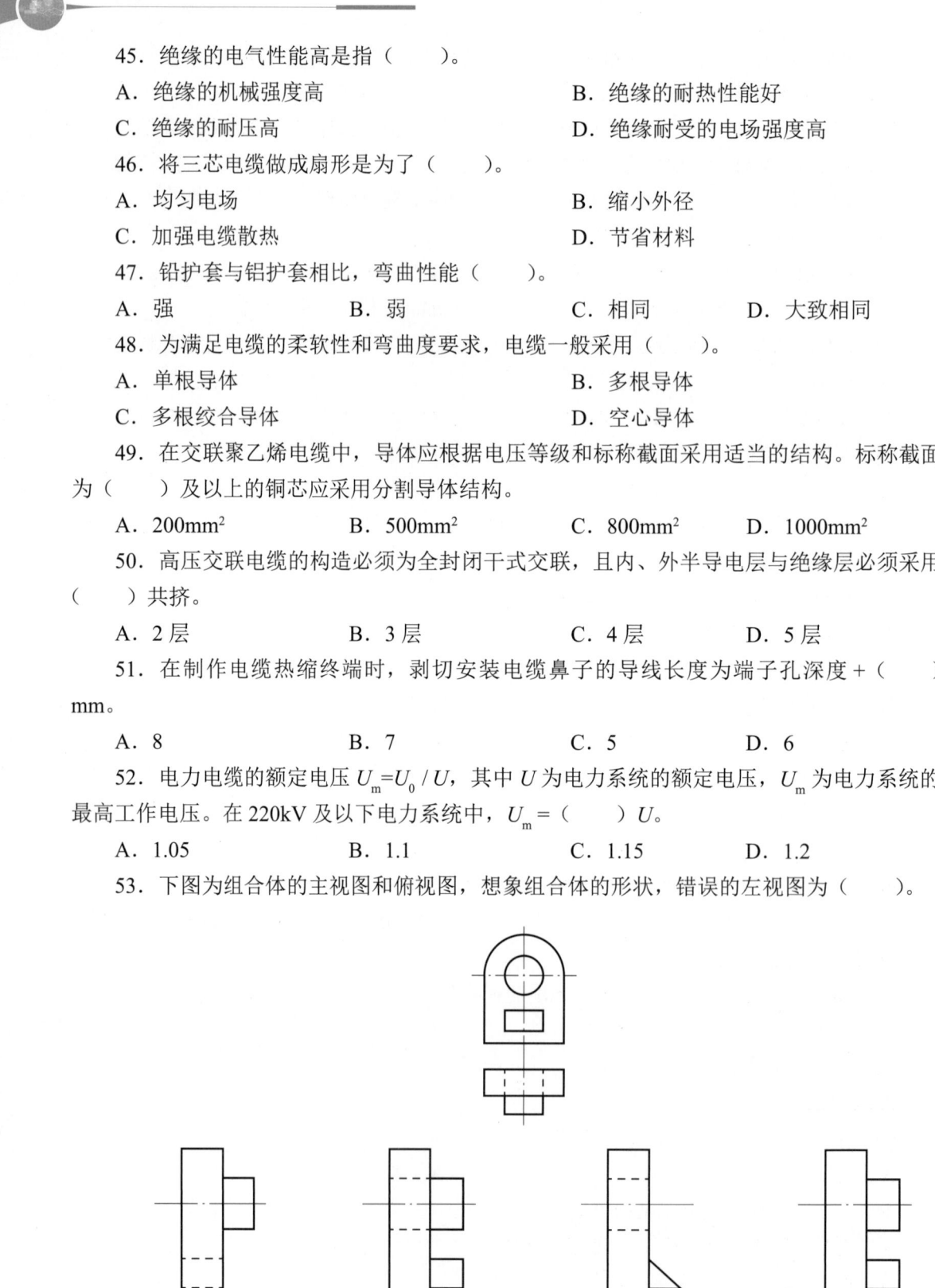

54. （　　）是用于表现各种电气设备和线路安装敷设的图纸。
   A．电气平面图　　　B．电气系统图　　　C．安装接线图　　　D．电气原理图
55. 采用（　　）绘制的电气系统图简单明了，能清楚地注明导线的型号、规格和配线方法。
   A．多线法　　　　　B．单线法　　　　　C．中断法　　　　　D．相对编号法
56. （　　）是表示电气装置、设备或元件连接关系的图纸，也是进行配线、接线、调试不可缺少的图纸。
   A．电气系统图　　　B．电气接线图　　　C．电气原理图　　　D．电气布置图
57. 在TN-C-S系统中，进户配电箱的金属外壳接地称为（　　）。
   A．工作接地　　　　B．保护接地　　　　C．防雷接地　　　　D．重复接地
58. （　　）的优点是使用的开关设备少，有色金属材料少，投资少，且适于发展。
   A．放射形接线　　　B．树干式接线　　　C．环形接线　　　　D．集中式接线
59. 导线终端标记为PE，表示（　　）。
   A．工作接地　　　　B．保护接地　　　　C．防雷接地　　　　D．重复接地
60. 在电力系统中，电源中性点的直接接地属于（　　）。
   A．工作接地　　　　B．保护接地　　　　C．防雷接地　　　　D．重复接地
61. 在电气图中，导线的"十"字形连接点必须用（　　）标注。
   A．实心圆点　　　　B．空心圆点　　　　C．实心箭头　　　　D．"×"符号
62. 图形符号通常由（　　）规定。
   A．国家标准　　　　B．各省标准　　　　C．各地级市　　　　D．电气行业协会
63. 在电缆线路走向图中，（　　）可作为测量的参照物。
   A．临时工房　　　　B．道路指示牌　　　C．消防栓　　　　　D．相邻管线
64. 数字一般注在尺寸线的上方或（　　）。
   A．下方　　　　　　B．左方　　　　　　C．右方　　　　　　D．中断处
65. 电缆线路竣工图和路径图的比例尺一般应为（　　）。
   A．1∶10000　　　　B．1∶5000　　　　 C．100∶1　　　　　D．1∶500
66. 1∶350比例尺打印的图纸中，现场3.5m的长度在图纸上应表示为（　　）cm。
   A．3.5　　　　　　 B．35　　　　　　　C．1　　　　　　　 D．10
67. 按1∶200比例尺打印的图纸中，图上1cm表示现场的（　　）。
   A．20m　　　　　　 B．20cm　　　　　　C．2m　　　　　　　D．200m

二级／技师

68. 下图为10kV全冷缩中间接头解剖图，编号3代表（　　）。

   A．钢铠　　　　　　B．外护套　　　　　C．填充层　　　　　D．内护层

69. 上图中的编号 11 代表（　　）。
   A．绝缘层　　　　　B．铜网　　　　　C．冷缩中间接头　D．防水带
70. 电缆安装时的安全带仅适用于体重不超过（　　）的人员使用。
   A．90kg　　　　　B．100kg　　　　C．110kg　　　　D．120kg
71. 工作接地线应用多股软铜线，截面积不得小于（　　）mm²。
   A．16　　　　　　B．20　　　　　　C．25　　　　　　D．30
72. 工作接地线应有透明外护套，护层厚度应大于（　　）mm。
   A．0.5　　　　　　B．0.8　　　　　　C．1　　　　　　　D．1.2
73. 在使用（　　）时，可对电缆终端等表面温度状况进行图像分析。
   A．红外测温仪　　　　　　　　　　B．紫外检测仪
   C．热电偶温度计　　　　　　　　　D．膨胀温度计
74. 绝缘手套的试验周期是（　　）。
   A．一年　　　　　B．半年　　　　　C．三个月　　　　D．一个月
75. 在使用电钻时，不得戴（　　）。
   A．安全帽　　　　B．戒指　　　　　C．眼镜　　　　　D．手套
76. 兆欧表的 L、E、G 接线柱分别表示（　　）。
   A．线、地、屏蔽　　　　　　　　　B．屏蔽、地、线
   C．地、线、屏蔽　　　　　　　　　D．线、屏蔽、地
77. 电缆图、电缆排管、工井、电缆隧道以及其他土建设施的建筑施工图是电缆技工常见的土建施工图。土建施工图与（　　）的画法有相似之处。
   A．机械制图　　　　B．电气制图　　　C．工程制图　　　D．电脑制图
78. 电缆支架没有（　　）要求。
   A．表面光滑无毛刺　　　　　　　　B．耐久稳固
   C．承受能力　　　　　　　　　　　D．电气绝缘性能

一级/高级技师

79. 某 110kV 电缆线路由两组绝缘线路和中间接头组成一个交叉互联段。在竣工验收时发现，1# 中间接头出现芯皮接反的错误，2# 中间接头交叉互联系统安装正确。交叉互联段的实际接线示意图如下，1# 中间接头接线错误的原因是（　　）。

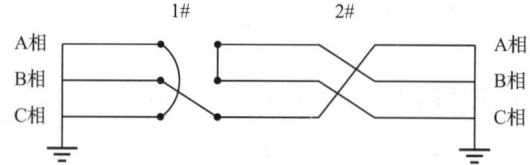

   A．1# 中间接头 A 相同轴电缆的芯线与外皮接反
   B．1# 中间接头 B 相同轴电缆的芯线与外皮接反
   C．1# 中间接头 C 相同轴电缆的芯线与外皮接反
   D．1# 中间接头 B 相、C 相同轴电缆的芯线与外皮接反

80．某 110kV 电缆附件应力锥的内径为 59mm，适用于截面积为 800～1000mm² 的电缆，要求电缆绝缘打磨后的外径为 66～77 mm。应力锥与电缆的匹配过盈量为（　　）。

A．7～18mm　　　　B．6～19mm　　　　C．7～19mm　　　　D．6～18mm

81．在下图中，电缆导体末端至主绝缘外半导电层的剥切范围为（　　）。

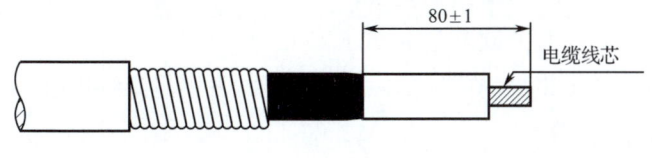

（单位：mm）

A．79～81mm　　　　　　　　　　　B．80～81mm

C．79～80mm　　　　　　　　　　　D．78～81mm

82．某厂家终端底座如下图所示，现场所配合的终端支架孔间尺寸应为（　　）。

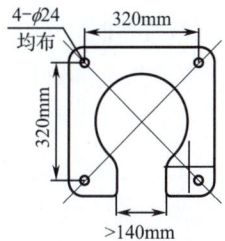

A．310mm×320mm　　　　　　　　B．320mm×320mm

C．320mm×330mm　　　　　　　　D．320mm×230mm

二、多选题

五级/初级工

1．兆欧表的作用是（　　）。

A．测量绝缘电阻　　　　　　　　　B．提供试验电压

C．测量直流耐压　　　　　　　　　D．测量短路故障

2．电缆隧道中的辅助设施包括（　　）。

A．照明　　　　　B．鼓风机　　　　C．排水泵　　　　D．消防设施

3．使用摇表进行测量前，应对（　　）进行检查。

A．温湿度　　　　B．摇表　　　　C．所测电气设备　　　D．测量人员

4．摇表可以用于（　　）。

A．避雷器试验　　B．交叉互联系统试验　C．红外测温　　D．故障电缆鉴别

5．当使用红外热像仪测量瓷套式终端时，不能将辐射率调节成（　　）。

A．0.6　　　　　　B．0.7　　　　　　C．0.8　　　　　　D．0.9

6．电气测量仪表是（　　）。

A．保证电力系统安全经济运行的重要工具　　B．监督设备运行状态的依据

C．正确统计各种生产需要的基本数据来源　　D．减轻巡视人员工作量的手段

7. 需要使用红外热像仪测量的是（　　）。

A．电缆终端 B．非直埋式中间接头

C．电缆本体 D．交叉互联箱

8. 在使用兆欧表时，（　　）。

A．必须正确选用相应电压等级的兆欧表

B．每次使用前均需检查兆欧表是否完好

C．只有在设备完全不带电的情况下，才能用兆欧表测量绝缘电阻

D．连接导线必须用单线

E．测量兆欧表手柄转速时，应逐渐加快至额定转速，待指针稳定且不再摇摆后，等待2min再读数

9. 使用钳形电流表进行测量时，叙述正确的是（　　）。

A．在高压回路上测量时，不应使用导线从钳形电流表另接表计进行测量

B．在测量高压电缆各相电流时，电缆头线间距离应在200mm以上，且在绝缘良好、测量方便的情况下方可进行测量。当有一相接地时，不应进行测量

C．在测量高压电缆各相电流时，电缆头线间距离应在300mm以上，且在绝缘良好、测量方便的情况下方可进行测量。当有一相接地时，不应进行测量

D．钳形电流表应保存在干燥的室内，使用前应擦拭干净

10. 在使用绝缘电阻表测量时，叙述正确的是（　　）。

A．测量用的导线应使用相应的绝缘导线，端部应有绝缘套

B．测量设备的绝缘电阻时，应将被测量设备断开，验明无电压，确定设备无人工作后，方可进行测量

C．在测量中，不应让他人接近被测量设备

D．在测量绝缘电阻前后，被测量设备应对地放电

E．在测量线路的绝缘电阻时，若有感应电压，则应将相关线路同时停电，在取得许可后，方可进行测量

F．在带电设备附近测量绝缘电阻时，测量人员和绝缘电阻表应保持安全距离

四级 / 中级工

11. 低压开关柜在配电系统中用于动力和照明供电，常用的类型有（　　）。

A．固定式 B．移开式

C．抽屉式 D．组合式

E．小车式

12. 在低压配电系统中，为了保证人身安全，防止人触电，可采用（　　）。

A．保护接地 B．工作接地

C．保护接零 D．重复接地

E．屏蔽接地

13. 电气图中的图形符号由（　　）等构成。

A．方框符号 B．元件符号

C. 符号要素
D. 一般符号
E. 限定符号

14. 电气图中的文字符号一般由（　　）组成。

A. 普通文字符号
B. 基本文字符号
C. 辅助文字符号
D. 数字符号
E. 一般文字符号

15. 复合式开关具有多个触点和操作位置，可以实现多路控制，在电气图中可用（　　）表示。

A. 触点法
B. 图形符号法
C. 图表法
D. 电路法
E. 符号法

三级/高级工

16. 下图为10kV全冷缩中间接头解剖图，编号（　　）有导通作用。

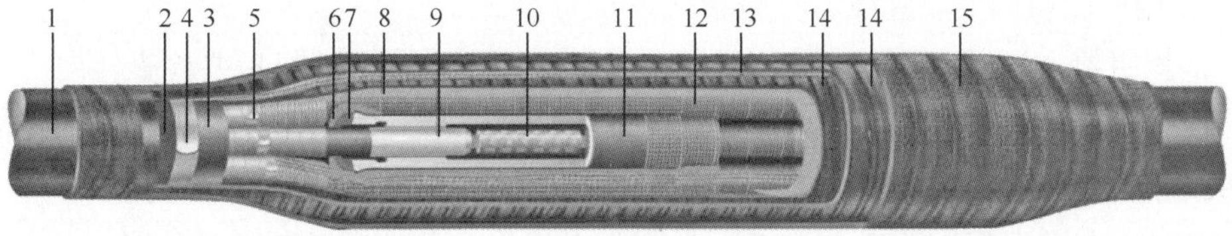

A. 7
B. 10
C. 12
D. 13
E. 15

17. 在上图中，编号（　　）有防水作用。

A. 7
B. 9
C. 10
D. 12
E. 14

18. 下列叙述正确的是（　　）。

A. 在使用旋转连接器之前，旋转连接器外观应完好无损，转动灵活，无卡阻现象
B. 旋转连接器的横销应拧紧到位，与钢丝绳或网套连接时，应安装滚轮并拧紧横销
C. 旋转连接器不宜长期挂接在线路中
D. 在使用旋转连接器的过程中，如果旋转连接器出现裂纹、变形、磨损严重、连接件拆卸不灵活等情况，则禁止使用旋转连接器

19. 冷缩附件的主要材料是（　　）。

A. 普通橡胶
B. 硅橡胶
C. 三元乙丙橡胶
D. 乙丙橡胶

20. 电缆的交联方法包括（　　）。

A. 化学交联
B. 辐射交联
C. 硅烷交联
D. 温水交联

21. 10kV交联电缆热缩型户外终端部件和安装附件包括（　　）等。

A．单孔伞裙、三孔伞裙、三叉套

B．隔油管、屏蔽网、聚四氟乙烯带

C．密封管、绝缘管、应力管、保护固定夹具

D．线鼻子、填充胶、相色带、地线

22．交联聚乙烯电缆采用压紧型线芯时，可以（　　）。

A．使电缆外表面光滑，防止导丝效应，避免电场集中

B．防止挤塑半导电屏蔽层时半导电材料进入线芯

C．提高电缆线芯截面积

D．防止水分进入线芯

E．利于电缆弯曲

23．电力电缆的敷设一般需要（　　）。

A．电缆敷设平面图　　　　　　　　　B．电缆排列剖面图

C．电气系统图　　　　　　　　　　　D．电缆施工工艺图

24．使用砂轮机的安全注意事项包括（　　）。

A．戴护目镜、口罩　　　　　　　　　B．开启砂轮机后要检查转向

C．检查砂轮机发热情况　　　　　　　D．操作人员应站在砂轮机的正面

二级/技师

25．在制作电缆中间接头时，施工人员小张发现没有相应尺寸的压接模具，于是他用一个比规定尺寸大一号的模具代替进行压接，压接后该电缆中间接头（　　）。

A．会松脱　　　　　　　　　　　　　B．可正常运行

C．压接处将发热　　　　　　　　　　D．不满足承受拉力值

26．工器具的试验合格证上应注明（　　）。

A．试验项目　　B．试验人　　C．试验日期　　D．下次试验日期

27．在使用接地线前，应对接地线进行外观检查，如果发现（　　）、夹具断裂松动等情况时，则不得使用接地线。

A．绞线松股　　　　　　　　　　　　B．绞线断股

C．护套严重破损　　　　　　　　　　D．夹头与铜线连接不牢固

28．下列选项中属于绝缘安全工器具的是（　　）。

A．绝缘操作棒　　B．放电棒　　C．绝缘手套　　D．普通高低凳

29．验电器在使用前应检查（　　）。

A．试验日期、有效日期　　　　　　　B．声光是否正常

C．生产厂家　　　　　　　　　　　　D．电压等级是否符合验电要求

30．用绝缘电阻表测量电缆线路绝缘前，必须做好的措施是（　　）。

A．选用合适的绝缘电阻表　　　　　　B．验明电缆线路无电

C．对电缆线路导体充分放电　　　　　D．确认电缆线路上无人工作

一级/高级技师

31．某110kV电缆线路由两组绝缘中间接头组成一交叉互联段，在竣工验收时发现1#

中间接头接线错误，2# 中间接头交叉互联段安装正确，该交叉互联段的实际接线示意图如下，1# 中间接头接线错误的原因包括（　　）。

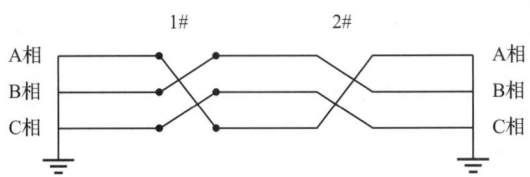

A．1# 中间接头 A 相、B 相、C 相同轴电缆的芯线和外皮与 2# 中间接头连接顺序相反，同轴电缆、交叉互联连片的接法与 2# 一致

B．1# 中间接头 A 相、B 相、C 相同轴电缆的芯线和外皮与 2# 中间接头连接顺序一致，交叉互联连片接法有误

C．1# 中间接头 A 相、B 相、C 相芯线与外皮接法和 2# 中间接头连接顺序一致，同轴电缆连接顺序有误，交叉互联连片接法有误

D．1# 中间接头 A 相、B 相、C 相同轴电缆连接顺序有误，交叉互联连片、芯线与外皮的连接顺序与 2# 一致

32．某 110kV 电缆 GIS 终端 A 相尾管发热，温升达 15℃。尾管通过铜编织带（截面满足工艺要求）与电缆金属护套连接，请根据图片资料分析发热原因是（　　）。

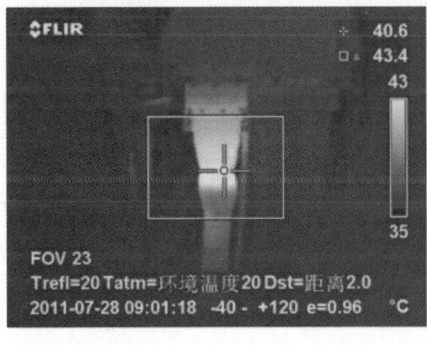 

A．搪锡工艺不合格

B．尾管、金属护套与铜编织带接触不良

C．接地线环流增大

D．接地线环流减小

33．电缆附件要求存放于（　　）环境中。

A．阴凉　　　　B．干燥通风　　　　C．露天　　　　D．潮湿

34．某厂家金属护套的打底铅工艺说明中提到，打底铅部位的金属护套需用钢丝刷或其他合适工具去除氧化层，并用铝焊条进行底焊，操作时间不宜超过 10min。底焊要求均匀、无漏层、无沙眼。工艺图如下（单位：mm），图中尺寸标示错漏的有（　　）。

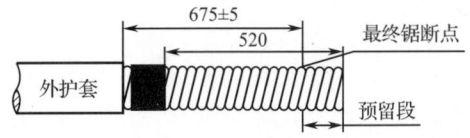

A．未标注底铅长度　　　　　　　　B．未标注底铅厚度

C．外护套断口的基准点标示错误　　D．底铅始点的基准点标示错误

35．下列选项叙述正确的是（　　）。

A．在进行设备验电时，装拆接地线等工作应戴绝缘手套

B．在每次使用绝缘手套前，均需检查绝缘手套在试验有效期内，无须开展其他检查

C．在使用绝缘手套时，应将上衣袖口套入绝缘手套筒口内

D．绝缘手套出现发黏、裂纹、破口、漏气、气泡、发脆、嵌入导电杂物等现象时，禁止使用绝缘手套

三、填空题

五级／初级工

1．根据下图回答：工井净空的长为（　　）mm，宽为（　　）mm，高为（　　）mm。

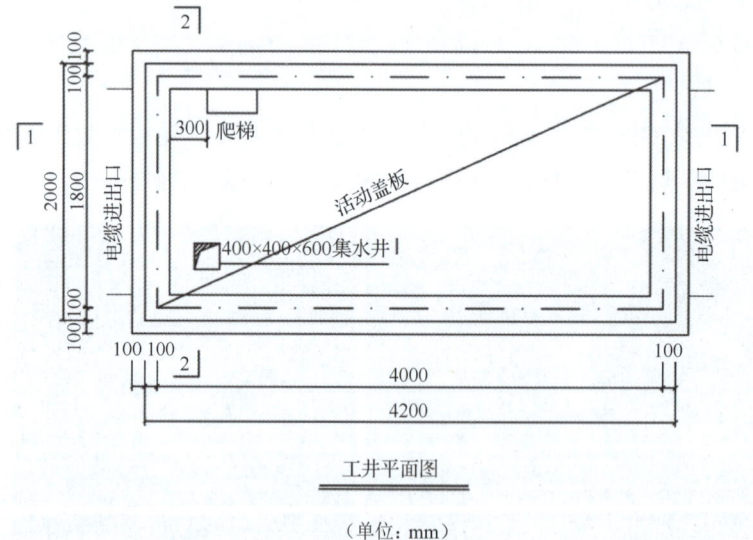

工井平面图

（单位：mm）

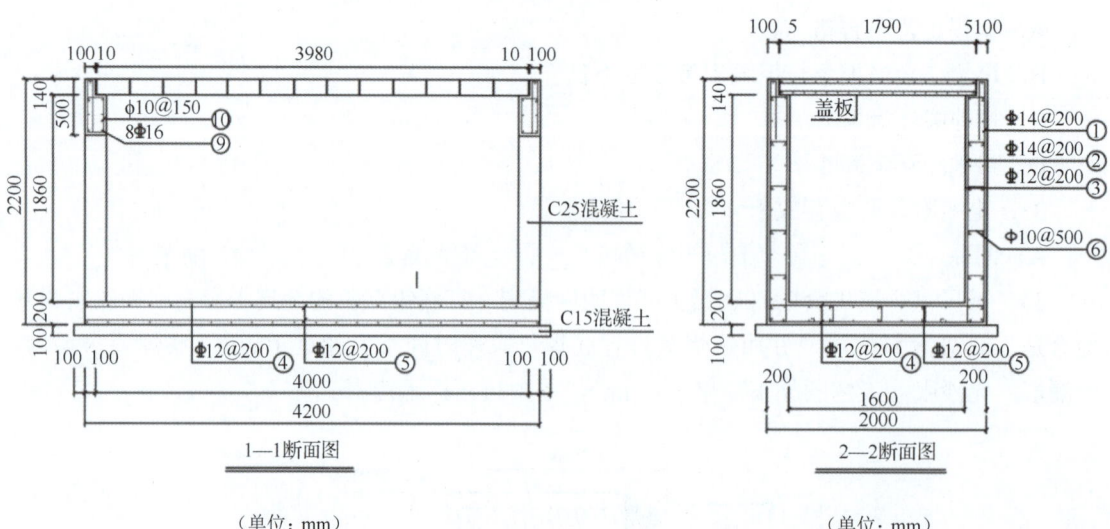

1—1断面图　　　　　　　　　　2—2断面图

（单位：mm）　　　　　　　　　（单位：mm）

2．根据下面的电缆土建施工图,活动盖板的长为(　　)mm,宽为(　　)mm,高为(　　)mm。

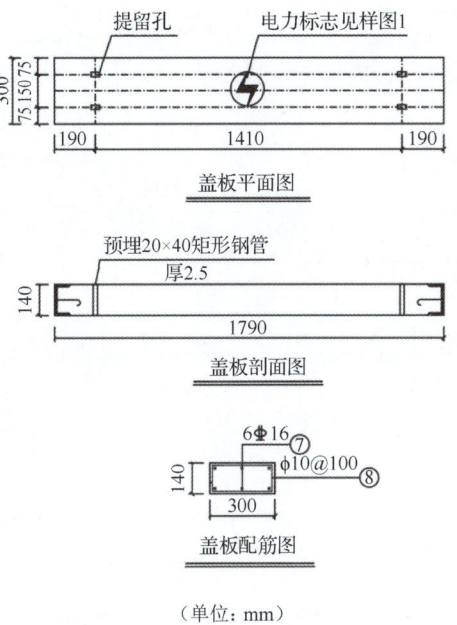

四级/中级工

3．根据提供的110kV交联聚乙烯电缆结构截面图,回答下面问题的编号和结构名称。
（1）位于导体线芯和内半导电屏蔽层的是(　　)。
（2）用于电缆径向阻水的是(　　)。

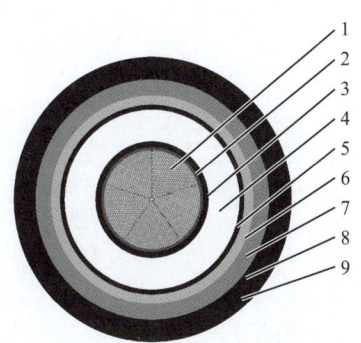

4．下列物品中,电缆路径巡视、精细巡视、隧道巡视、故障巡视中都不会使用到的工器具有:绝缘电阻表、(　　)。（选择正确的序号填入括号）

序号	名称	规格型号	单位	数量
1	应急药品	/	箱	1

续表

序号	名称	规格型号	单位	数量
2	绝缘电阻表	500V	个	1
3	宣传手册	/	本	1
4	相机	/	台	1
5	线路图纸	/	份	1
6	温湿度计	机械式	个	1
7	望远镜	/	台	1
8	手电筒	/	支	1
9	风速计	/	个	1
10	气体检测仪	/	台	1
11	交底单	/	张	1
12	红外检测仪	/	台	1
13	个人工器具	/	套	1
14	高压脉冲发生器	/	台	1
15	车辆	/	辆	1
16	巡视平板	/	台	1

三级/高级工

5. 下图为变电站一次接线图，请回答图中编号的设备名称。

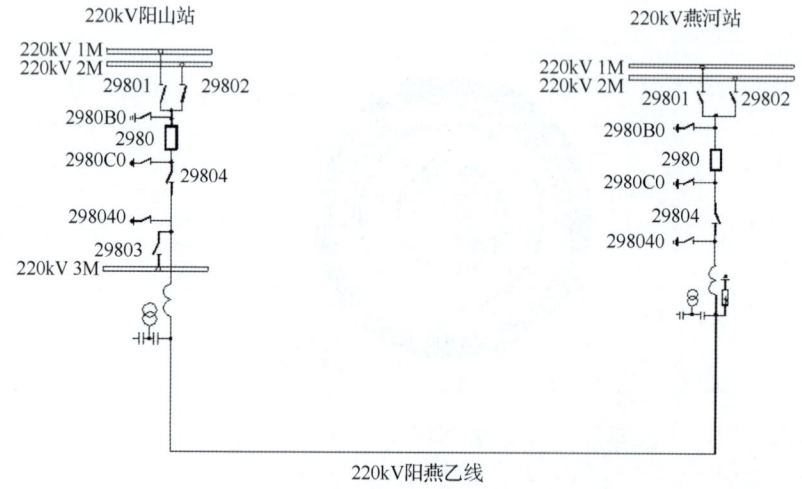

（1）2M：（　　　）。

（2）29801：（　　　）。

（3）29804：(　　)。

（4）2980：(　　)。

6. 请回答图中 220kV 燕河站的接线方式：(　　)。

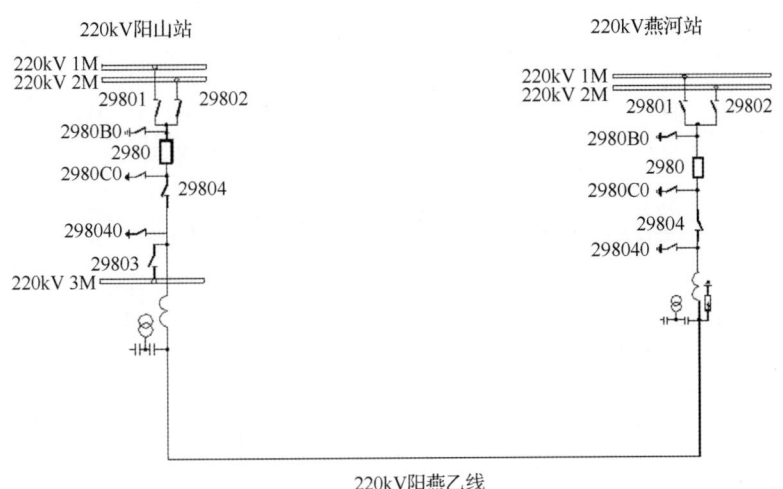

二级/技师

7. 根据提供的电缆设计图纸，回答下列问题。

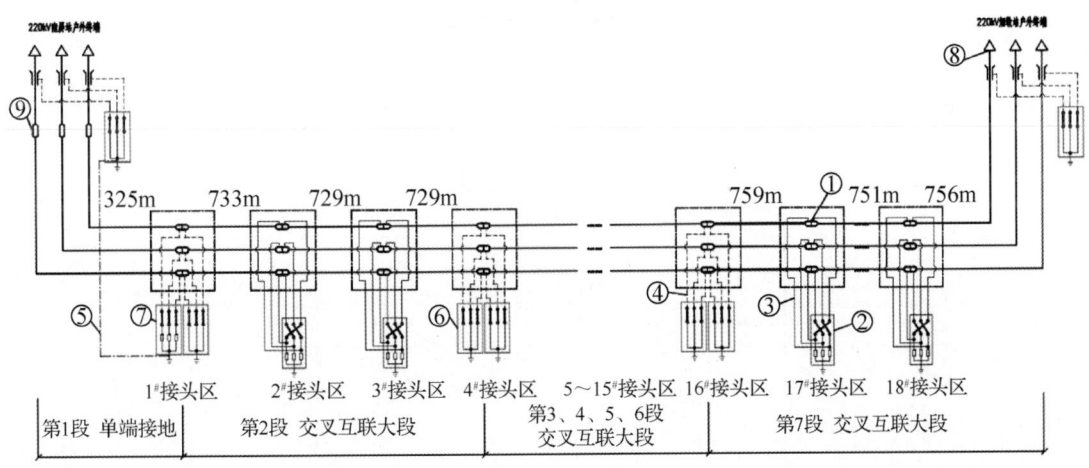

（1）序号①代表的设备为（　　）。

（2）序号②代表的设备为（　　）。

（3）序号⑦代表的设备为（　　）。

8. 根据下面的图纸，进行填空。

单回电缆槽宽度为1300mm、电缆槽净空为（　　）mm、电缆槽盖板厚度为（　　）mm、电缆槽主筋直径为10mm，垫层混凝土规格为（　　）。

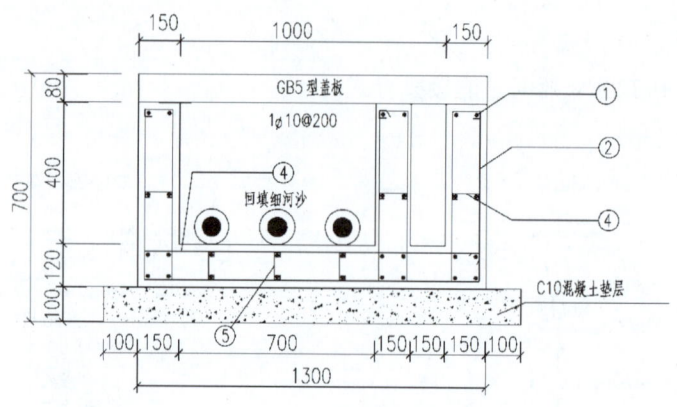

（单位：mm）

编号	尺寸	直径/mm	长度/mm
1	1000	∅10	1000
2	80 480 40 / 480 80	∅10	1160
3	80 1260 40 / 1260 80 40	∅10	2760
4	40 106 40	∅6	186
5	40 76 40	∅6	156

9. 下图为常用的电气图形符号，将电气图形符号的名称填在对应位置。

1	2
⊗⊗	⊛
(　　)	(　　)

10. 下图为常用的电气图形符号，将电气图形符号的名称填在对应位置。

1	2
⟋×	⟋
(　　)	(　　)

11. 下图为常用的电气图形符号，将电气图形符号的名称填在对应位置。

1	2
（　　）	（　　）

12. 电缆中间接头封铅处需绕包带材密封（见下图），其中序号 1 为（　　），序号 2 为（　　）。

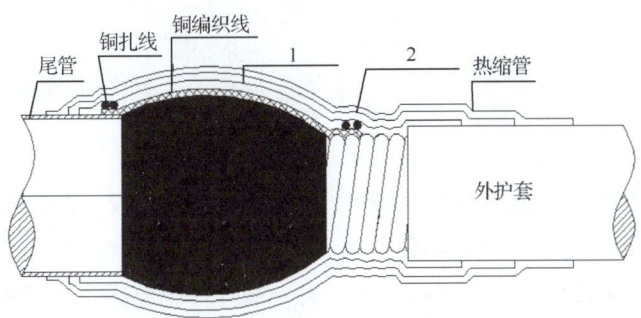

一级 / 高级技师

13. 某终端外屏蔽绕包带材工艺如下图所示，请找出 3 处错误：(1) 为（　　）、(2) 为（　　）、(3) 为（　　）。

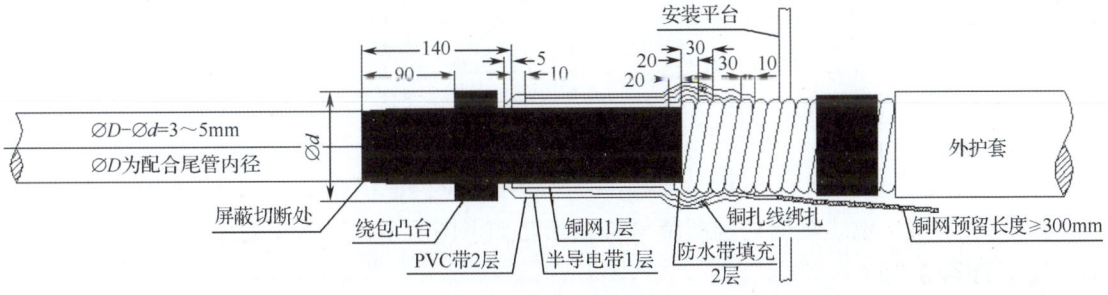

14. 在下面的 110kV 电缆金属外护套接地方式图中，1 为接地线，2 为直接接地箱，3 为（　　），4 为（　　），5 为（　　）。

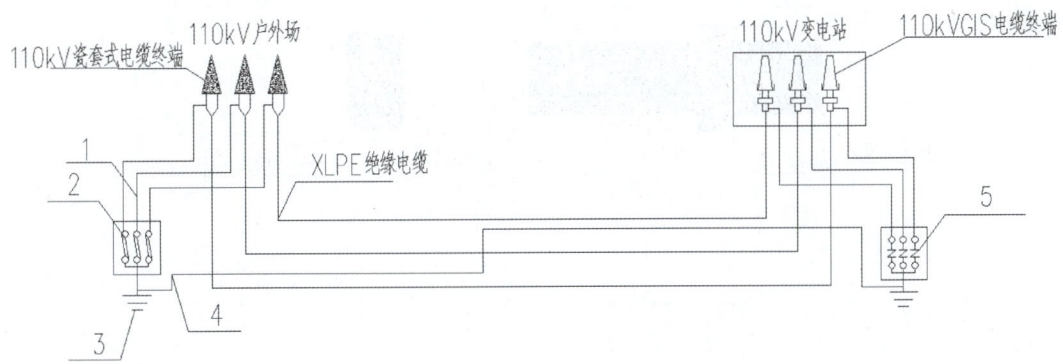

15. 在下面的 110kV 电缆金属外护套接地方式图中，1# 为（　　）功能中间接头，2# 为（　　）功能中间接头。

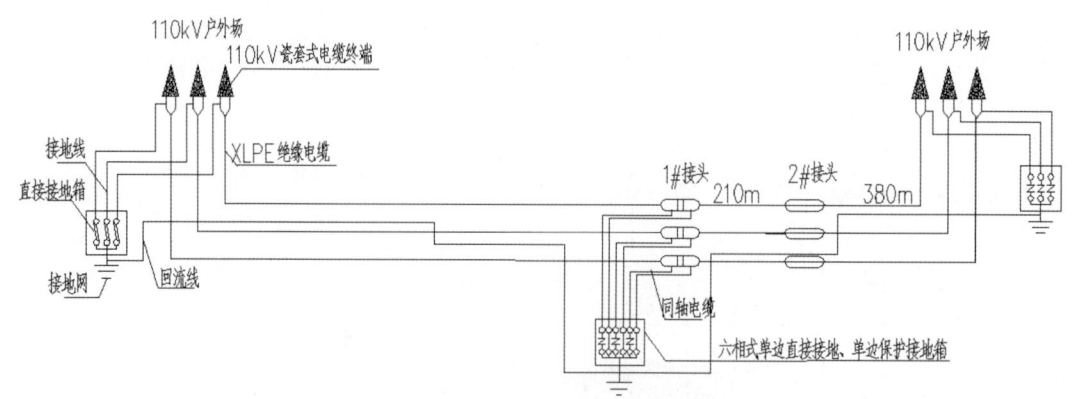

16. 在下面的 220kV 电缆长度分段图中，电缆分为 1～5 段，请设计金属护套接线方式，电缆（　　）段、电缆（　　）段、电缆（　　）段宜设计为交叉互联方式，电缆（　　）段、电缆（　　）段可分别设计为一端直接接地，另一端为带保护器接地方式。

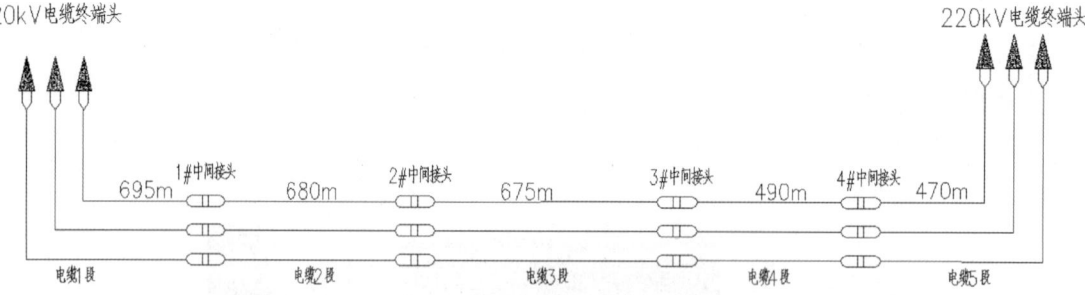

17. 某 110kV 电缆终端外屏蔽带材绕包工艺如下图所示，序号 1 为（　　）、序号 2 为（　　）、序号 3 为（　　）。

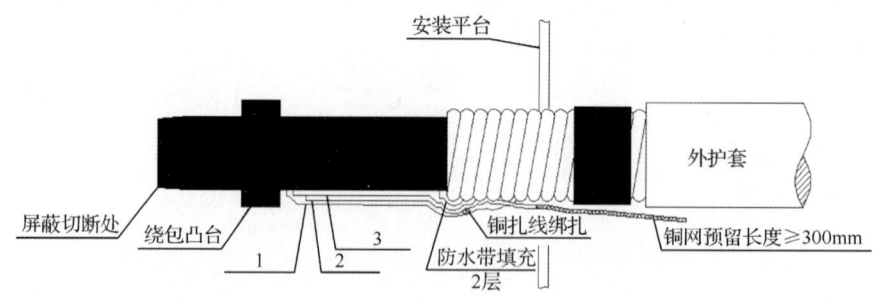

四、判断题

五级/初级工

1. 图纸的比例尺为 2∶1，表示图纸上的尺寸是实物尺寸的 2 倍。（ ）
2. 主视图是画三维视图的关键，确定主视图后，就能确定俯视图和左视图了。（ ）
3. 仪表的准确度越高，测量的数值越准确。（ ）
4. 在一次系统接线图中，电缆是用虚线表示的。（ ）
5. 地物是指地面天然或人工形成的各种固定物体，如河流、森林、房屋、道路、农田等。（ ）
6. 地理图是按照一定的数学法则，使用规定的图式符号和颜色，将地球表面的自然和社会现象有选择地缩绘在平面图纸上的图。（ ）
7. 地形是地物和地貌的总称。（ ）
8. 地形图是表示地表地物、地貌平面位置及基本地理要素，并采用等高线表示地形高程的普通地图。（ ）
9. 仅标注地物平面位置而不反映地面起伏状况的图称为平面图。（ ）
10. 图纸中零件的尺寸偏差可以为正值、负值或零。（ ）
11. 地图比例尺是指实地相应长度（距离）与地图上的线段长度之比。（ ）
12. 按研究内容的不同，地理信息系统可分为综合性与专业性两部分。（ ）
13. 在地图上，用统一规定的符号结合注记来表示地面上的各类自然与人文要素，这些统一规定的符号称为地物符号。（ ）
14. 等高线用于表示地物特点。（ ）
15. 相邻两条等高线之间的实地水平距离为等高距。（ ）
16. 图廓（又称图框）是由内图廓和外图廓组成的。（ ）
17. 三条指南方向线构成的夹角称为偏角。（ ）
18. 电缆井总图包括电缆井平面布置图和电缆井剖面布置图。（ ）
19. 电缆井总图能反映出电缆井的结构和施工材料，是电缆井施工和维护的依据。（ ）
20. 在电缆系统接线图中，电缆是用直线表示的。（ ）
21. 图纸会审是由施工单位、监理单位和建设单位共同对施工图纸进行全面细致的审查和核实。（ ）
22. 电气图可以分成系统图、框图、电路图、功能图等。（ ）
23. 电气图由边框线、图框线、标题栏、会签栏组成。（ ）
24. 位置代号是指项目在组件、设备、系统、建筑物中实际位置的代号。（ ）
25. 项目代号是由拉丁字母、阿拉伯数字和特定的前缀符号按照一定规则组合而成的代码。（ ）
26. 电气设备用图形符号的用途是识别、限定、说明电气设备的相关信息。（ ）
27. 地理信息系统的技术系统由计算机硬件、软件和相关的方法过程所组成。（ ）
28. 电缆线路 GIS 是以城市测绘部门提供的电子地图数据库为平台，把电缆线路路径、敷设方式、接头位置及其他有关资料输入计算机的系统。（ ）

29．电缆沟、电缆排管、工井、电缆隧道以及其他土建设施的建筑施工图是电缆技工常见的土建施工图，土建施工图和机械制图的画法有相似之处。（　　）

四级/中级工

30．验收人员应根据技术协议、规程规范、验收文档以及设计图纸开展现场验收。（　　）

31．电力电缆的敷设一般需要电缆敷设平面图、电缆排列剖面图、电缆施工工艺图。（　　）

32．基于感应法的电力电缆故障测试仪可用于探测电缆路径。（　　）

33．机械图不必严格按机件的位置进行布局，可根据具体情况进行灵活布局。（　　）

34．在图的边框处，竖边方向用大写拉丁字母，横边方向用阿拉伯数字。（　　）

35．空心箭头用于表示可变参数、力、运动方向，并在指引线末端指示注释对象的方位。（　　）

36．地形图将地面上的地物和地貌按水平投影的方法沿铅垂线方向投影到水平面上，并按一定的比例尺缩绘到图纸上。（　　）

37．同一等高线各自闭合，等高线的弯曲形状与实地一致。（　　）

38．在地形图图廓外配置的内容称为地形图的辅助要素。（　　）

39．电气位置图均采用绝对标高。（　　）

40．地理信息系统可支持空间数据的采集、管理、处理、分析、建模、显示，以便解决复杂的规划和管理问题。（　　）

41．电力电缆终端和中间接头组装图可以表示电缆终端及中间接头的结构形状、组成部分、与电缆本体的连接及组装关系。（　　）

42．电力电缆终端和中间接头组装图反映组装工艺标准和施工步骤，是电力电缆安装标准化作业指导书的一部分。（　　）

43．电气图是用电气图形符号、带注释的围框、简化外形表示电气系统或设备中组成部分之间相互关系与连接关系的一种图。（　　）

44．电气图用于阐述设备电气的工作原理，描述产品的构成和功能，是提供装接和使用信息的重要工具和手段。（　　）

45．图形符号用于图样或其他文件，表示设备或概念的图形、标记或字符。（　　）

46．项目代号是用于识别图、表图、表格中和设备上的项目种类，并提供项目的层次关系、实际位置等信息的特定符号。（　　）

47．三北方向是真子午线北方向、坐标纵线北方向、磁子午线北方向的总称。（　　）

48．当电气图中开关、触点的符号以水平形式进行布置时，应下开上闭。（　　）

49．当电气图中开关、触点的符号以垂直形式进行布置时，应右开左闭。（　　）

三级/高级工

50．电缆线路走向图常用的比例尺为1∶200和1∶500。（　　）

51．电气主接线图是表示电力系统中电路和设备的基本组成和连接关系的图。（　　）

52．在插接的环绳或绳套中，插接长度应不小于钢丝绳直径的15倍，且不得小于300mm。（　　）

53. 电气主接线的画法通常表现为单线图,即用描绘一相电路的连接情况表示三相电路。(   )

54. 在电气主接线图中,图中一般以实线表示电缆,以虚线表示架空线。(   )

55. 电缆线路走向图的图纸朝向通常为上北下南。(   )

56. 在土建施工图的平面图中,为了标注各结构部件的相对位置,应采用定位轴线。定位轴线用细单点长画线进行绘制。(   )

57. 只有压接工具的压力达不到导线蠕变强度时,才可采用点压。(   )

58. 用压接钳进行冷压时,压接程度以上、下模接触为宜,一旦接触后不宜继续加压,以免损坏模具。(   )

59. 安全带的保险带、绳使用长度超过 4m 时,应加装缓冲器。(   )

60. 安全帽的使用期从发放给员工之日起计算,而非从出厂日期起计算(计算使用期是为了确定安全帽是否到期报废)。(   )

二级 / 技师

61. 不熟悉使用方法的人员不得使用安全工器具。(   )

62. 当一双绝缘手套或绝缘靴中有一只不合格时,另一只可继续使用。(   )

63. 安全工器具经试验或检验合格后,应在安全工器具不显眼的位置处贴上标签。(   )

64. 在使用脚扣时,应在正式登杆前在杆根处用力试登,判断脚扣是否存在变形或损伤。(   )

65. 在使用绝缘杆前,应检查绝缘杆的堵头,若发现破损,则应禁止使用。(   )

66. 当天气良好时,电缆附件安装可在有轻微粉尘飞扬的露天场地安装。(   )

67. 某厂家 110kV XLPE 平滑铝护套复合套管式户外终端附件的装箱清单包括了波纹铝护套附件安装工艺说明书。由于安装人员经验丰富,可直接按照说明书进行安装。(   )

68. 用兆欧表摇测电阻时,如果将接地端子 E 与线路端子 L 的接线互换,则测出的绝缘电阻与实际值会不相同。(   )

69. 某厂家终端底座结构如下图所示。绝缘子安装孔径为 24mm,配套螺栓型号为 M24,长度为 65mm。(   )

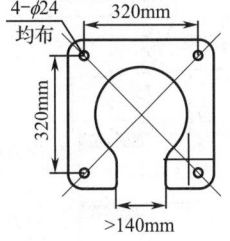

70. 在安装电缆附件前,将电缆摆放到位,用矫直机将电缆弯曲部分矫直,确定安装基准面。基准面为安装平台的下平面。(   )

71. 电缆在加热校直后,自然冷却至室温时的弯曲度如下图所示。(   )

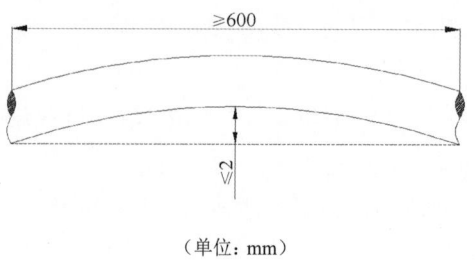

（单位：mm）

一级/高级技师

72．某 110kV 800mm² 电缆如下图所示，用剥切刀按下表中的尺寸剥出导体，长度为 71.5mm，满足工艺要求。（　　）

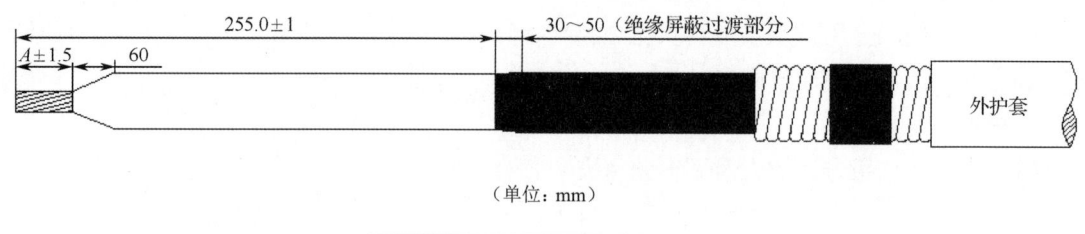

（单位：mm）

电缆截面/mm²	240～630	800～1600
A/mm	70	85

73．在上图中，按尺寸从导体末端至绝缘屏蔽层断口剥除绝缘屏蔽层，长度为（255.0±1）mm，满足工艺要求。（　　）

74．某 110kV 电缆 GIS 终端应力锥安装图如下图所示，安装前，应力锥下边缘至半导电层与绝缘层分界处的距离为 51mm，产品满足工艺要求。（　　）

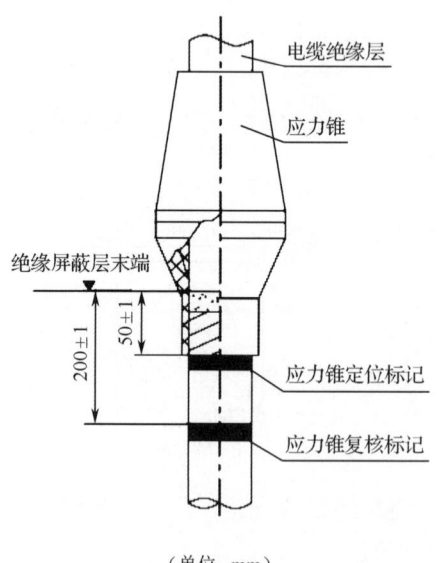

（单位：mm）

4.1.2 电缆敷设

4.1.2.1 电缆敷设（中压）

一、单选题

五级/初级工

1. 在电缆型号的表示方法中，交联聚乙烯绝缘的代号是（　　）。
   A．YJ   B．V   C．E   D．EY
2. 在电缆型号的表示方法中，聚氯乙烯绝缘的代号是（　　）。
   A．YJ   B．V   C．E   D．EY
3. 在电缆型号的表示方法中，乙丙橡胶绝缘的代号是（　　）。
   A．YJ   B．V   C．E   D．EY
4. 在电缆型号的表示方法中，硬乙丙橡胶绝缘的代号是（　　）。
   A．YJ   B．V   C．E   D．EY
5. 在电缆型号的表示方法中，铜导体的代号是（　　）。
   A．T   B．L   C．LV   D．H
6. 在电缆型号的表示方法中，铝导体的代号是（　　）。
   A．T   B．L   C．LV   D．B
7. 在电缆型号的表示方法中，铜带屏蔽的代号是（　　）。
   A．T   B．D   C．LV   D．S
8. 在电缆型号的表示方法中，铜丝屏蔽的代号是（　　）。
   A．T   B．D   C．LV   D．S
9. 在电缆型号的表示方法中，聚氯乙烯护套的代号是（　　）。
   A．V   B．Y   C．F   D．A
10. 在电缆型号的表示方法中，聚乙烯护套的代号是（　　）。
    A．V   B．Y   C．F   D．A
11. 在电缆型号的表示方法中，弹性体护套的代号是（　　）。
    A．V   B．Y   C．F   D．A
12. 在电缆型号的表示方法中，金属箔复合护套的代号是（　　）。
    A．V   B．Y   C．F   D．A
13. 在电缆型号的表示方法中，铅套的代号是（　　）。
    A．Q   B．Y   C．F   D．A
14. 在电缆型号的表示方法中，双钢带铠装的代号是（　　）。
    A．2   B．3   C．4   D．6
15. 在电缆型号的表示方法中，细圆钢丝铠装的代号是（　　）。
    A．2   B．3   C．4   D．6
16. 在电缆型号的表示方法中，粗圆钢丝铠装的代号是（　　）。

A. 2 B. 3 C. 4 D. 6

17. 在电缆型号的表示方法中，双层非磁性金属带铠装的代号是（　　）。
A. 2 B. 3 C. 4 D. 6

18. 在电缆型号的表示方法中，非磁性金属丝铠装的代号是（　　）。
A. 2 B. 3 C. 4 D. 7

19. 在电缆型号的表示方法中，聚氯乙烯外护套的代号是（　　）。
A. 2 B. 3 C. 4 D. 7

20. 在电缆型号的表示方法中，聚乙烯外护套的代号是（　　）。
A. 2 B. 3 C. 4 D. 7

21. 在电缆型号的表示方法中，弹性体外护套的代号是（　　）。
A. 2 B. 3 C. 4 D. 7

22. 电缆型号 VV 表示（　　）。
A. 铜芯聚氯乙烯绝缘聚氯乙烯护套电力电缆
B. 铜芯聚氯乙烯绝缘聚乙烯护套电力电缆
C. 铝芯聚氯乙烯绝缘聚乙烯护套电力电缆
D. 铝芯聚氯乙烯绝缘聚氯乙烯护套电力电缆

23. 电缆型号 VLV 表示（　　）。
A. 铜芯聚氯乙烯绝缘聚氯乙烯护套电力电缆
B. 铜芯聚氯乙烯绝缘聚乙烯护套电力电缆
C. 铝芯聚氯乙烯绝缘聚乙烯护套电力电缆
D. 铝芯聚氯乙烯绝缘聚氯乙烯护套电力电缆

24. 电缆型号 YJV22，22 表示（　　）。
A. 钢带铠装聚氯乙烯外护套　　　　B. 钢带铠装聚乙烯外护套
C. 钢丝铠装聚氯乙烯外护套　　　　D. 钢丝铠装聚乙烯外护套

25. 对于标称截面积大于（　　）mm^2 的导体，交联聚乙烯绝缘电缆可增加绝缘厚度，以避免安装和运行时的机械损伤。
A. 1000 B. 1500 C. 800 D. 1200

26. 标称截面积为（　　）mm^2 及以上的实心铜导体属于特殊类型的电缆，如矿物绝缘电缆。
A. 20 B. 25 C. 30 D. 35

27. 铜带屏蔽由一根重叠绕包的软铜带组成，单芯电缆的铜带标称厚度应不小于（　　）mm。
A. 0.12 B. 0.1 C. 0.15 D. 0.2

28. 铜带屏蔽由一根重叠绕包的软铜带组成，三芯电缆的铜带标称厚度应不小于（　　）mm。
A. 0.12 B. 0.1 C. 0.15 D. 0.2

29. 铜带屏蔽由一根重叠绕包的软铜带组成，铜带的最小厚度不应小于标称值的

（　　）%。

A．80　　　　　　B．90　　　　　　C．95　　　　　　D．70

30．额定电压为（　　）的 PVC 绝缘电缆采用金属屏蔽时不需要有半导电层。

A．6/6（7.2）kV　　　　　　　　B．3.6/6（7.2）kV

C．8.7/10（12）kV　　　　　　　D．6/10（12）kV

31．在进行导体电阻测量时，成品电缆或从成品电缆上取下的试样在试验前，应在适当温度的试验室内至少存放（　　）h。

A．12　　　　　　B．24　　　　　　C．36　　　　　　D．48

32．铜丝屏蔽由软铜线组成，相邻铜线的平均间隙不应大于（　　）mm。

A．1　　　　　　　B．2　　　　　　　C．3　　　　　　　D．4

33．电缆通道布置图可与安装图联合绘制，形成电缆通道（　　）。

A．一张图纸　　　B．布置图　　　　C．安装图　　　　D．布置安装图

34．电缆通道布置图应绘出电缆通道、支吊架等的布置位置和详细尺寸，并应绘出相关的土建结构，可表示出通道与设备的连接关系、与建筑物的定位关系。当主要布置安装图表示不清楚时，可绘出局部视图，电缆通道布置安装图可用（　　）进行绘制。

A．平断面图　　　B．放大图　　　　C．缩小图　　　　D．剖面图

35．电缆通道布置安装图的画法应符合以下要求：电缆通道布置安装图应列出零部件明细表、支吊架明细表，当表中项目较多时可（　　）；零部件、支吊架应顺序编号。

A．不进行罗列　　B．择项书写　　　C．另页书写　　　D．合并书写

36．系绳柱用于固定绳索的（　　）。

A．固定端　　　　B．自由端　　　　C．任意端　　　　D．中间部分

37．通常成对使用且由两条较细的绳股拧成的绳子称作（　　）。

A．单绳　　　　　B．多绳　　　　　C．半绳　　　　　D．双绳

38．下图称作（　　）。

A．称人结　　　　B．接绳结　　　　C．双套结　　　　D．八字结

39．通过对电缆夹具和中间固定夹具的（　　）进行目测和人工检查，可以确定其是否合格。

A．内部　　　　　B．中间　　　　　C．表面　　　　　D．连接面

40．电缆夹具和中间固定夹具在使用时应（　　）分布。

A．间隔　　　　　B．等距离　　　　C．随意　　　　　D．以上均可

四级/中级工

41．电缆弯曲半径是指电缆（　　）至圆心的距离。

A．中心线　　　　　　　　　　　　B．中心线上圆周

C．中心线下圆周 D．外圆轮廓

42．相对湿度长期在（ ）的环境定义为潮湿环境。
A．75%以下 B．80%以上 C．75%以上 D．85%以上

43．在潮湿环境下，易产生（ ）。
A．原电池效应 B．电解池效应 C．物理反应 D．化学反应

44．在潮湿环境下，铜或金属支架容易（ ）。
A．生锈 B．腐烂 C．腐蚀 D．锈蚀

45．在规定的潮湿环境下，与铜护套直接接触的金属支架之间必须进行（ ）措施。
A．防生锈 B．防腐烂 C．防腐蚀 D．防电化学腐蚀

46．电缆应无损伤，若对电缆的外观和密封状态有异议，则（ ）。
A．进行潮湿判断 B．进行外观判断
C．进行密封判断 D．无须判断

47．在一般情况下，潮湿判断与电缆敷设安装的顺序为（ ）。
A．电缆敷设安装在前 B．潮湿判断在前 C．任意一个先进行均可 D．其他顺序

48．根据《电气装置安装工程 电缆线路施工及验收标准》(GB 50168—2018)的规定，每根电缆导管的直角弯不应超过（ ）个。
A．1 B．2 C．3 D．4

49．根据《电气装置安装工程 电缆线路施工及验收标准》(GB 50168—2018)的规定，如果电缆导管的支点间距设计无要求，则非金属管支点间距不宜大于（ ）m。
A．1 B．2 C．3 D．4

50．根据《电气装置安装工程 电缆线路施工及验收标准》(GB 50168—2018)的规定，电缆导管在排水沟下方通过时，距排水沟底不宜小于（ ）m。
A．0.2 B．0.3 C．0.4 D．0.5

51．在安装电缆线路前，建筑工程应具备的条件为（ ）。
A．预埋件安置牢固 B．电缆沟抹面工作结束
C．人孔爬梯安装完成 D．以上全部

52．电缆沟排水应（ ）。
A．畅通 B．阻塞 C．停滞 D．清理

53．电缆线路相关构筑物的防水性能应满足（ ）要求。
A．使用 B．施工 C．设计 D．环保

54．在安装电缆线路前，建筑工程的地坪及抹面工作应（ ）。
A．开始 B．结束 C．进行中 D．以上都不是

55．电缆导管的内径与穿入电缆外径之比不得小于（ ）。
A．1.5 B．2.0 C．1.0 D．2.5

56．当塑料管的直线长度超过（ ）m时，宜加装伸缩节。
A．10 B．20 C．30 D．40

57．电缆导管的埋设深度不宜小于（ ）m。

A．1 B．2 C．1.5 D．0.5

58．直埋的电缆导管应有不小于（　　）的排水坡度。
A．0.1% B．0.2% C．0.3% D．0.4%

59．当电缆导管的连接采用螺纹接头时，其长度不应小于电缆导管外径的（　　）倍。
A．1.1 B．1 C．2 D．2.2

60．当电缆导管的连接采用套管时，其长度不应小于电缆导管外径的（　　）倍。
A．1.1 B．1 C．2 D．2.2

61．当电缆导管采用硬质塑料管套接或插接时，电缆导管的插入深度宜为管内径的（　　）倍。
A．1.1～1.5 B．1.1～1.6 C．1.1～1.7 D．1.1～1.8

62．在有螺纹连接的电缆导管接头处，应焊接跳线，跳线截面应不小于（　　）mm²。
A．10 B．20 C．30 D．40

63．钢制支架应平直，无明显扭曲。下料偏差应在（　　）mm 以内，切口应无卷边。
A．5 B．6 C．7 D．8

64．电缆支架焊接应牢固，应无明显变形。各横撑间的垂直净距与设计偏差不应大于（　　）mm。
A．5 B．6 C．7 D．8

65．在进行电缆明敷时，电缆桥架的层间距离应为（　　）mm。
A．120 B．150 C．200 D．250

66．在进行电缆明敷时，电缆普通支架、吊架的层间距离应为（　　）mm。
A．120 B．150 C．200 D．250

67．在进行 6kV 以下电力电缆明敷时，电缆桥架的层间距离应为（　　）mm。
A．200 B．250 C．300 D．350

68．在进行 6kV 以下电力电缆明敷时，电缆普通支架、吊架的层间距离应为（　　）mm。
A．120 B．150 C．200 D．250

69．在进行 6kV～10kV 电力电缆明敷时，电缆桥架的层间距离应为（　　）mm。
A．200 B．250 C．300 D．350

70．在进行 6kV～10kV 电力电缆明敷时，电缆普通支架、吊架的层间距离应为（　　）mm。
A．120 B．150 C．200 D．250

71．在进行 20kV～35kV 单芯电缆明敷时，电缆桥架的层间距离应为（　　）mm。
A．200 B．250 C．300 D．350

72．在进行 20kV～35kV 单芯电缆明敷时，电缆普通支架、吊架的层间距离应为（　　）mm。
A．120 B．150 C．200 D．250

73．在进行 20kV～35kV 三芯电缆明敷时，电缆普通桥架的层间距离应为（　　）mm。

A. 200　　　　　　　B. 250　　　　　　　C. 300　　　　　　　D. 350

74. 电缆敷设于槽盒中时，普通支架、吊架的层间距离应为（　　）mm，h 为槽盒外壳高度。

A. $h+60$　　　　　B. $h+70$　　　　　C. $h+80$　　　　　D. $h+90$

75. 在水平安装的电缆支架中，各支架的同层横档应在同一水平面上，偏差不应大于（　　）mm。

A. 3　　　　　　　　B. 4　　　　　　　　C. 5　　　　　　　　D. 6

76. 电缆沟的最上层支架至沟顶的净距不宜小于（　　）mm。

A. 40　　　　　　　B. 50　　　　　　　C. 60　　　　　　　D. 70

77. 电缆隧道的最上层支架至沟顶的净距不宜小于（　　）mm。

A. 50　　　　　　　B. 100　　　　　　C. 150　　　　　　D. 200

78. 组装后的钢架构竖井中，支架横撑的水平误差不应大于其宽度的（　　）%。

A. 0.1　　　　　　　B. 0.2　　　　　　　C. 0.3　　　　　　　D. 0.5

79. 组装后的钢架构竖井中，横撑水平偏差不应大于其宽度的（　　）%。

A. 0.1　　　　　　　B. 0.2　　　　　　　C. 0.3　　　　　　　D. 0.5

80. 组装后的钢架构竖井中，垂直偏差不应大于其长度的（　　）%。

A. 0.1　　　　　　　B. 0.2　　　　　　　C. 0.3　　　　　　　D. 0.5

81. 当直线段钢制电缆桥架超过（　　）m时，应有伸缩装置。

A. 10　　　　　　　B. 20　　　　　　　C. 30　　　　　　　D. 40

82. 当直线段铝合金或玻璃钢制电缆桥架超过（　　）m时，应有伸缩装置。

A. 10　　　　　　　B. 15　　　　　　　C. 20　　　　　　　D. 25

83. MPP 管由（　　）材料制成。

A. 聚氯乙烯　　　　B. 高密度聚乙烯　　C. 聚丙烯　　　　　D. 改性聚丙烯

84. PVC 管由（　　）材料制成。

A. 聚氯乙烯　　　　B. 高密度聚乙烯　　C. 聚丙烯　　　　　D. 改性聚丙烯

85. HDPE 管由（　　）材料制成。

A. 聚氯乙烯　　　　B. 高密度聚乙烯　　C. 聚丙烯　　　　　D. 改性聚丙烯

86. 当使用机械敷设电缆时，应在牵引钢缆与牵引头或钢丝网套之间装设（　　）。

A. 防捻器　　　　　B. 绝缘套　　　　　C. 挂钩　　　　　　D. 防脱装置

87. 当使用机械敷设电缆时，敷设速度不宜超过（　　）。

A. 10m/min　　　　B. 15m/min　　　　C. 20m/min　　　　D. 25m/min

88. 表示耐火电缆槽盒的承载能力的专业术语是（　　）。

A. 最大挠度　　　　　　　　　　　　　B. 最大跨度

C. 额定均布荷载　　　　　　　　　　　D. 额定集中荷载

三级／高级工

89. 采用牵引头进行电缆牵引时，铜芯电缆的最大牵引强度为（　　）N/mm²。

A. 70　　　　　　　B. 40　　　　　　　C. 10　　　　　　　D. 20

90. 采用牵引头进行电缆牵引时，铝芯电缆的最大牵引强度为（　　）N/mm²。

A. 70　　　　　　B. 40　　　　　　C. 10　　　　　　D. 20

91．采用钢丝网套进行电缆牵引时，铅套的最大牵引强度为（　　）N/mm²。
A. 70　　　　　　B. 40　　　　　　C. 10　　　　　　D. 20

92．采用钢丝网套进行电缆牵引时，铝套的最大牵引强度为（　　）N/mm²。
A. 70　　　　　　B. 40　　　　　　C. 10　　　　　　D. 20

93．采用钢丝网套进行电缆牵引时，塑料护套的最大牵引强度为（　　）N/mm²。
A. 70　　　　　　B. 40　　　　　　C. 10　　　　　　D. 20

94．测量 10kV、20kV 电缆线路的外护套及内衬层绝缘电阻时，应使用电压为（　　）的兆欧表。
A. 500V　　　　　B. 1000V　　　　　C. 2000V　　　　　D. 5000V

95．当电缆进行直埋敷设时，电缆表面距地面的距离不应小于（　　）m。
A. 0.5　　　　　　B. 0.6　　　　　　C. 0.7　　　　　　D. 0.8

96．当电缆进行直埋敷设时，高电压等级的电缆宜敷设在低电压等级电缆的（　　）。
A. 上面　　　　　　B. 左侧　　　　　　C. 右侧　　　　　　D. 下面

97．当电缆进行直埋敷设时，电缆之间（　　）净距应符合设计要求。
A. 最小　　　　　　B. 最大　　　　　　C. 适合　　　　　　D. 规定

98．直埋敷设 10kV 及以下电力电缆时，电力电缆与控制电缆平行时的最小净距是（　　）m。
A. 0.5　　　　　　B. 0.2　　　　　　C. 0.3　　　　　　D. 0.1

99．直埋敷设 10kV 及以下电力电缆时，电力电缆与控制电缆交叉时的最小净距是（　　）m。
A. 0.5　　　　　　B. 0.2　　　　　　C. 0.3　　　　　　D. 0.1

100．直埋敷设电力电缆时，电力电缆与非直流电气化铁路路轨交叉时的最小净距是（　　）m。
A. 3　　　　　　　B. 2　　　　　　　C. 1　　　　　　　D. 4

101．直埋敷设电力电缆时，电力电缆与直流电气化铁路路轨平行时的最小净距是（　　）m。
A. 5　　　　　　　B. 10　　　　　　　C. 15　　　　　　　D. 8

102．直埋敷设电力电缆时，电力电缆与输油管道（管沟）平行时的最小净距是（　　）m。
A. 3　　　　　　　B. 2　　　　　　　C. 1　　　　　　　D. 4

103．直埋敷设电力电缆时，电力电缆与供热管道（管沟）及热力设备平行时的最小净距是（　　）m。
A. 3　　　　　　　B. 2　　　　　　　C. 1　　　　　　　D. 4

104．直埋敷设电力电缆时，电力电缆与供热管道（管沟）及热力设备平行时应采取隔热措施，电力电缆周围土壤的温升不超过（　　）℃。
A. 25　　　　　　　B. 20　　　　　　　C. 10　　　　　　　D. 15

105．直埋敷设电力电缆与公路交叉时，应将电力电缆敷设于坚固的保护管内，保护管的两端宜伸出道路路基两边（　　）m 以上。

A．0.1　　　　　　B．0.5　　　　　　C．0.8　　　　　　D．1

106．进行电缆沟敷设时，高低压电力电缆、强电控制电缆、弱电控制电缆应按（　　）的顺序分层配置。

A．由上而下　　　B．由下而上　　　C．由里而外　　　D．由外而里

107．进行电缆沟敷设时，高低压电力电缆、强电控制电缆、弱电控制电缆应按顺序分层配置。当35kV以上高压电缆引入盘柜时，可（　　）配置。

A．由上而下　　　B．由下而上　　　C．由里而外　　　D．由外而里

108．进行电缆沟敷设时，控制电缆在普通支架上不宜超过（　　）。

A．一层　　　　　B．二层　　　　　C．三层　　　　　D．四层

109．控制电缆在桥架上不宜超过（　　）。

A．一层　　　　　B．二层　　　　　C．三层　　　　　D．四层

110．进行电缆沟敷设时，交流三芯电力电缆在普通支吊架上不宜超过（　　）。

A．一层　　　　　B．二层　　　　　C．三层　　　　　D．四层

111．交流三芯电力电缆采用桥架敷设方式时，不宜超过（　　）。

A．一层　　　　　B．二层　　　　　C．三层　　　　　D．四层

112．电缆不得平行敷设于热力设备和热力管道的（　　）。

A．上部　　　　　B．下部　　　　　C．两侧　　　　　D．以上都对

113．当电缆沟深度小于600mm且单侧支架配置时，电缆沟通道净宽不小于（　　）mm。

A．300　　　　　B．450　　　　　C．500　　　　　D．600

114．当电缆沟深度小于600mm且双侧支架配置时，电缆沟通道净宽不小于（　　）mm。

A．300　　　　　B．450　　　　　C．500　　　　　D．600

115．电缆蛇形敷设不满足伸缩缝变形要求时，应（　　）。

A．增加敷设长度　B．设置伸缩装置　C．更换电缆　　　D．增加支撑点

二级 / 技师

116．在明挖电缆隧道施工中，使用的校准用工器具是（　　）。

A．水准仪和经纬仪　　　　　　　　B．塔尺和盒尺

C．钢卷尺和手推车　　　　　　　　D．角度测量仪和表面光滑度测量仪

117．电缆牵引报警装置的数据传输宜采用无线通信方式，传输距离不应小于（　　）m。

A．5　　　　　　　B．10　　　　　　C．20　　　　　　D．50

118．电缆牵引报警装置的报警声音不应低于（　　）dB。

A．50　　　　　　B．100　　　　　　C．80　　　　　　D．70

119．电缆牵引报警装置的电源部分采用电池供电时，连续工作时间不应低于（　　）h。

A．4　　　　　　　B．5　　　　　　　C．8　　　　　　　D．10

120．应在（　　）中记录电缆敷设总长度及分段长度。

A．电缆检验报告　　　　　　　　　B．电缆敷设施工记录
C．电缆测试报告　　　　　　　　　D．电缆维护报告

121．不需要在电缆线路投运前收集（　　）。

A．到货清单　　　　　　　　　　　B．隐蔽工程图片记录
C．设备运行记录　　　　　　　　　D．启动调试报告

一级 / 高级技师

122．当垂直敷设电缆时，应按电缆的重量以及由电缆的热伸缩产生的（　　），选择敷设方式和固定方式。

A．轴向力　　　　B．径向力　　　　C．重力　　　　D．机械应力

123．敷设方式和固定方式宜按下列情况选择：当高落差不大、电缆重量较轻时，宜采用直线敷设，电缆（　　）设夹具固定，电缆的热伸缩由底部弯曲处吸收。

A．中部　　　　　B．底部　　　　　C．顶部　　　　D．中部和顶部

二、多选题

五级 / 初级工

1．金属层可由（　　）中的一种或几种组成。

A．金属屏蔽　　　B．同心导体　　　C．金属护套铅套　D．金属铠装

2．金属屏蔽应由一根或多根（　　）的同心层或金属丝与金属带的组合结构组成。

A．金属带　　　　B．金属编织　　　C．金属丝　　　　D．金属铠装

3．铜带屏蔽应由一根重叠绕包的软铜带组成。铜带搭接应符合的要求包括（　　）。

A．重叠绕包铜带间标称搭盖率为15%　　B．重叠绕包铜带间标称搭盖率为20%
C．最小搭盖率不应小于5%　　　　　　　D．最小搭盖率不应小于10%

4．金属铠装的类型包括（　　）。

A．扁金属线铠装　　　　　　　　　B．圆金属丝铠装
C．双金属带铠装　　　　　　　　　D．扁金属丝铠装

5．金属铠装的金属带应为（　　）。

A．镀锌钢带　　　　　　　　　　　B．不锈钢带（非磁性）
C．铝带　　　　　　　　　　　　　D．铝合金带

6．电缆通道（　　）可以联合进行绘制，形成电缆通道布置安装图。

A．电气图　　　　B．布置图　　　　C．安装图　　　　D．土建图

7．电缆路径走向介绍应包括（　　）。

A．电缆及电缆通道的起讫位置　　　B．路径长度
C．详细路径走向　　　　　　　　　D．土建设施形式与分布情况

8．对于（　　）等工程，电缆路径与通道部分应说明线路的改造方案、过渡方案及注意事项。

A．改接　　　　　B．桥接　　　　　C．"T"接　　　　D．"π"接

9．电缆通道穿越（　　）等主要交叉点时，需采取特殊的处理措施。

A．铁路 B．地铁
C．城市快速路 D．河流
E．重要市政管线

10．在绘制电缆通道布置安装图时，应列出（　　）。
A．零部件明细表　B．支吊架明细表　C．电缆明细表　D．土方材料明细表

11．电缆通道附属设施部分应包括以下内容：电缆通道的（　　）、消防、通信、监控、接地、标识等设计原则。
A．供电 B．通风 C．照明 D．排水

12．电缆防火设计部分应包括以下内容：说明电缆防火设置要求，如采用（　　）等阻燃防护措施或延燃措施。
A．防火隔断 B．防火槽盒 C．防火包带 D．灭火弹

13．根据单独使用或成对使用，可以将绳子分为（　　）。
A．单绳 B．多绳 C．半绳 D．双绳

14．绳子与重物通过挂点相连，挂点可以是（　　）。
A．普通螺栓 B．膨胀螺栓 C．吊环螺栓 D．U形螺栓

15．绑扎用的绳子需符合（　　）等要求。
A．线密度 B．伸长率 C．最大冲击力 D．坠落次数

16．电缆夹具和中间固定夹具的表面不应有（　　）等。
A．锐利边缘 B．毛刺 C．飞边 D．锈蚀

17．电缆夹具和中间固定夹具的表面不应有锐利边缘、毛刺或飞边等，以免（　　）。
A．损坏电缆 B．伤害安装人员 C．伤害使用者 D．不美观

18．电缆夹具固定在安装面上，安装面可以是（　　）。
A．电缆梯 B．电缆桥架
C．金属丝网电缆桥架 D．框架槽
E．结构钢

四级/中级工

19．关于电缆弯曲半径，说法正确的是（　　）。
A．电缆弯曲半径是指电缆中心线上圆周至圆心的距离
B．电缆弯曲半径是指电缆中心线下圆周至圆心的距离
C．对电缆弯曲程度进行测量时，主要关注弯曲程度是否小于电缆最小弯曲半径
D．对电缆弯曲程度进行测量时，主要关注弯曲程度是否大于电缆最小弯曲半径

20．因为潮湿环境下易造成腐蚀，所以规定潮湿环境下（　　）必须做防电化学腐蚀措施。
A．铅 B．不锈钢 C．铜 D．金属支架

21．对电缆导管进行明敷时，（　　）。
A．电缆导管走向应与地面平行或垂直 B．电缆导管应排列整齐
C．电缆导管应安装牢固，不应受到损伤 D．无要求

22．敷设混凝土类电缆导管时，（　　）。

A．地基应坚实、平整 B．不应有沉陷
C．下部设置钢筋混凝土垫层 D．无要求

23．城市电缆线路通道的标识应按设计要求设置。当无设计要求时，应在电缆通道的（　　）设置明显的标志或标桩。

A．转弯处 B．T形口 C．十字口 D．直线处

24．（　　）等处的建筑工程施工临时设施、模板及建筑废料应在电缆线路安装前清理干净。

A．电缆层 B．电缆沟 C．隧道 D．路面

25．金属电缆导管的连接应采用（　　）。

A．直接对焊 B．螺纹接头连接 C．套管密封焊接 D．水泥包封

26．水泥电缆导管的连接宜采用（　　）方式。

A．管箍 B．套接 C．套管 D．对接

27．电力电缆导管从材料上可分为（　　）。

A．塑料管 B．纤维水泥管 C．混凝土管 D．涂塑钢管

28．电力电缆导管从结构上可分为（　　）。

A．实壁管 B．波纹管 C．水泥管 D．多孔管

29．（　　）牵引部位的允许最大牵引强度分别为10N/mm² 和 40N/mm²。

A．钢丝网套（铅套） B．钢丝网套
C．牵引头 D．钢丝网套（塑料护套）

三级／高级工

30．在绝缘电阻的测量过程中，如果绝缘电阻低于0.5MΩ，则应该（　　）。

A．判断电缆是否破损进水 B．更换电缆
C．用万用表测量绝缘电阻 D．调换表笔重复进行测量

31．在电缆外护套对地直流耐压试验中，需要执行的步骤是（　　）。

A．断开护层保护器 B．所有电缆金属护套接地
C．加5kV直流电压 D．加压60s

32．（　　）可以用于测量绝缘电阻。

A．500V兆欧表 B．1000V兆欧表 C．万用表 D．直流电表

33．在电缆外护套对地直流耐压试验中，加压前需要完成的步骤有（　　）。

A．检查电缆状态 B．断开护层保护器
C．将所有电缆金属护套接地 D．检查绝缘电阻

34．直埋敷设的电缆不得平行敷设于管道的（　　）。

A．正上方 B．侧上方 C．侧下方 D．正下方

35．直埋敷设的电缆应在（　　）等处设置明显的标桩。

A．电缆接头 B．转弯 C．进入建筑物 D．标志性建筑

36．同一重要回路的工作与备用电缆实行耐火分隔时，应配置在（　　）的支架上。

A．不同侧 B．不同层 C．由下而上 D．由外而里

37. 当采用电缆沟方式敷设时,交流单芯电力电缆应配置在同侧支架上,支架应（　　）。
　　A．限位　　　　　　B．固定　　　　　　C．移动　　　　　　D．不应限位
38. 当电缆按紧贴品字形（三叶形）排列时,除固定位置外,应每隔一定的距离用（　　）固定扎牢,以免松散。
　　A．品字形　　　　　B．电缆夹具　　　　C．绑带　　　　　　D．尼龙绳
39. 电缆沟的尺寸应按满足全部容纳电缆的（　　）要求确定。
　　A．允许最小弯曲半径　　　　　　　　　B．允许最大弯曲半径
　　C．施工作业　　　　　　　　　　　　　D．维护空间
40. 电缆蛇形敷设是使电缆呈蛇形状的敷设方式,可以（　　）。
　　A．减小电缆轴向热应力　　　　　　　　B．增大电缆自由伸缩量
　　C．增大电缆轴向热应力　　　　　　　　D．减小电缆自由伸缩量

二级/技师

41. 明挖电缆隧道施工中使用的工器具有（　　）。
　　A．挖掘机　　　　　B．自卸车　　　　　C．蛙式打夯机　　　D．手推车
42. （　　）等信息应包含在电缆敷设施工记录中。
　　A．电缆敷设日期　　B．施工单位　　　　C．负责人　　　　　D．电缆的工作电压
43. 电缆线路投运前需要收集的验收报告有（　　）。
　　A．分级验收报告　　　　　　　　　　　B．竣工验收报告
　　C．设备安装验收报告　　　　　　　　　D．启动调试验收报告
44. （　　）属于电缆线路投运前需要收集的图纸。
　　A．主接线图　　　　B．电缆敷设图　　　C．土建图纸　　　　D．安装图
45. 电缆线路投运前需要收集的施工记录包括（　　）
　　A．土建施工安装记录　　　　　　　　　B．隐蔽工程图片记录
　　C．主接线图　　　　　　　　　　　　　D．监理报告
46. 电缆牵引报警装置由（　　）组成。
　　A．测力传感器　　　　　　　　　　　　B．数据传输、显示及存储部分
　　C．报警部分　　　　　　　　　　　　　D．电源部分
47. 电缆牵引报警装置的数据传输应（　　）。
　　A．连续　　　　　　B．不间断　　　　　C．无线　　　　　　D．可靠

一级/高级技师

48. 当高落差不大、电缆重量较轻时,（　　）。
　　A．电缆采用直线敷设,顶部设夹具进行固定
　　B．电缆的热伸缩由底部弯曲处吸收
　　C．电缆的热伸缩由顶部弯曲处吸收
　　D．电缆采用直线敷设,底部设夹具进行固定

三、填空题

五级／初级工

1. 铜丝屏蔽的标称截面应根据（   ）确定。

2. 当选择金属屏蔽材料时，应考虑存在（   ）的可能性，这不仅为了机械安全，也为了电气安全。

3. 用于交流系统单芯电缆的铠装应采用（   ）材料。

4. 绝缘屏蔽应由（   ）与（   ）组合而成。

5. 电缆通道布置图应绘出电缆通道、支吊架等的布置位置和详细尺寸，并绘出相关的土建结构。电缆通道布置图应表示出通道与设备的（   ）。

6. 电缆通道布置图应表示出通道与建筑物的（   ）。

7. 电缆通道布置安装图应列出零部件明细表、支吊架明细表，当表中项目较多时可另页书写；零部件、支吊架应（   ）。

8. 绳子可单独使用或成对使用，根据磁特性可将绳子分为（   ）、（   ）、（   ）。

9. 通常成对使用且由两条较细的绳股拧成的绳子称作（   ）。

10. 系绳柱用于固定绳索的（   ）。

11. 绳子与重物通过挂点相连，挂点可以是吊环、螺栓或（   ）。

12. 电缆夹具应固定在（   ），（   ）包括制造商阐明的电缆梯架、电缆桥架、金属丝网电缆桥架、框架槽、结构钢等。

四级／中级工

13. 电缆弯曲半径是指电缆（   ）至圆心的距离。

14. 相对湿度长期为（   ）的环境定义为潮湿环境。

15. 在潮湿环境下，与铜护套直接接触的金属支架之间必须采取（   ）措施。

16. 电缆外观应无损伤，如果对电缆的外观和密封状态有异议，则应进行（   ）判断。

17. 一般情况下，潮湿判断与电缆敷设安装的顺序为（   ）在前。

18. 耐火电缆槽盒是电缆桥架系统中的关键部件，由无孔托盘或有孔托盘和（   ）组成，能满足规定的耐火维持工作时间要求。

19. 槽盒在承受额定均匀荷载时的最大挠度与其跨度之比不应大于（   ）。

20. 槽盒作为铺设电缆及相关连接部件的外壳，其防护等级不应低于《外壳防护等级（IP代码）》（GB 4208—2008）中规定的（   ）。

21. 每根电缆导管的弯头不应超过（   ）个，直角弯头不应超过（   ）个。

22. 当电缆导管支点间的距离无设计要求时，金属导管支点间距不应大于（   ）m。

23. 电缆导管的埋设深度不宜小于（   ）m。

24. 电缆沟、隧道、竖井及人孔等处的（   ）及抹面工作完成后，应安装人孔爬梯。

25. 电缆线路安装前，电缆沟排水应畅通，电缆室的（   ）应安装完毕。

26. 电缆工井尺寸应满足电缆最小（   ）的要求。

27. 电缆井内应设有（   ），并加盖箅子。

28. 电缆的铝合金梯架在钢制支吊架上固定时，应有（   ）措施。

29．两相邻电缆桥架的接口应紧密、（　　）。

30．无防腐措施的金属电缆导管应在外表涂（　　）。

31．电力电缆导管从施工工艺上可分为（　　）和（　　）。

32．MPP电缆导管采用（　　）连接，在供需双方协商一致的情况下，也可采用其他连接方式。

33．当牵引部位是钢丝网套（塑料护套）时，最大牵引强度为（　　）N/mm²。

34．当使用机械敷设电缆时，最大牵引力应根据牵引部位的（　　）进行选择。

三级/高级工

35．35kV电缆外护套及内衬层绝缘电阻的基准周期是（　　）年。

36．测量35kV电缆外护套及内衬层绝缘电阻时，采用的仪表是（　　）。

37．当电缆外护套或内衬层绝缘电阻低于（　　）MΩ时，应判断绝缘电阻是否已破损进水。

38．10kV、20kV电缆线路的绝缘电阻测量属于（　　）试验。

39．在进行电缆外护套对地直流耐压试验时，需将护层保护器（　　）。

40．电缆外护套对地直流耐压试验的加压电压为（　　）kV。

41．电缆外护套对地直流耐压试验的加压时间为（　　）s。

42．当绝缘电阻小于0.5MΩ时，用（　　）测量绝缘电阻。

43．在进行电缆外护套对地直流耐压试验时，需在交叉互联箱中将一侧的所有电缆金属护套（　　）。

44．判断绝缘电阻是否已破损进水的方法是用万用表测量绝缘电阻，并调换（　　）重复测量。

45．电力电缆与公路交叉时，应将电力电缆敷设于坚固的保护管内，保护管的两端宜伸出道路路基两边（　　）m以上。

46．虽然电力电缆与热管道（沟）之间的净距能满足要求，但是检修管路可能伤及电缆时，在交叉点前后（　　）m范围内应采取保护措施。

47．直埋敷设电力电缆时，电缆穿管敷设与排水沟的平行最小间距为（　　）m。

48．电缆穿管敷设时，与公路、街道路面、排水沟等处的平行最小间距可（　　）。

49．电缆通道应避开锅炉的（　　）和制粉系统的（　　）。

50．电缆沟与热力管道之间的净距因条件限制无法满足要求时，应对电缆采取（　　）措施。

51．电缆敷设到位后，应做好管口与电缆接触部分的（　　）措施。

52．工井中管口应按设计要求做好（　　）措施。

53．电缆的穿管位置和穿入管中的电缆数量应符合（　　）要求。

54．采用排管敷设时，电缆敷设到位后应做好电缆（　　）和管口（　　）。

二级/技师

55．明挖电缆隧道施工中，用于切断钢筋的设备是（　　）。

56．电缆牵引报警装置的测力传感器两端应具有可与外部配件连接的拉环或螺纹，且与传感器的（　　）相配套。

57. 电缆牵引报警装置的报警方式应通过（　　）和（　　）同时实现。

58. 电缆牵引报警装置的测力传感器准确度等级不应低于（　　）级。

59. 电缆敷设施工记录应包括电缆敷设日期、（　　）、电缆检查记录、电缆生产厂家、电缆盘号、电缆敷设总长度及分段长度、施工单位、施工负责人等。

60. 在电缆线路投运前，需收集的状态信息包含运输、安装及调试记录，以及到货清单、到货验收记录、土建施工安装记录、（　　）、隐蔽工程图片记录、监理记录。

一级/高级技师

61. 电缆垂直敷设时，电缆重量大，由电缆的热伸缩所产生的（　　）较大，宜采用（　　）敷设，并在（　　）位置设置能横向滑动的夹具。

四、判断题

五级/初级工

1. 在铠装钢丝层满足最小导电性的情况下，铠装钢丝层中允许包含足够的铜丝或镀锡铜丝。（　　）

2. 铜丝屏蔽由疏绕的软铜线组成，表面可用同向绕包的铜丝或铜带扎紧。（　　）

3. 电缆的铅套只能使用纯铅，并形成松紧适当的无缝铅管。（　　）

4. 当要求电缆能阻止火焰的蔓延、发烟量少以及没有卤素气体释放时，应采用无卤阻燃型护套材料。（　　）

5. 导体屏蔽可以是金属材料。（　　）

6. 内衬层只能采用挤包方式。（　　）

7. 圆形绝缘线芯电缆只有在绝缘线芯的间隙被填充时，才可采用绕包内衬层。（　　）

8. 用于内衬层和填充物的材料应适合电缆的运行温度，并与电缆绝缘材料兼容。（　　）

9. 内衬层和填充物应采用非吸湿材料。（　　）

10. 三芯电缆的缆芯结构与电缆的额定电压等级无关。（　　）

11. 当需要屏蔽单芯和三芯电缆绝缘线芯时，屏蔽层应由导体屏蔽和绝缘屏蔽组成。（　　）

12. 电缆通道布置图可与安装图联合绘制，形成电缆通道布置安装图。（　　）

13. 电缆通道布置图应绘出电缆通道、支吊架的布置位置和详细尺寸，并宜绘出相关的土建结构。（　　）

14. 电缆通道布置图应表示出通道与设备的连接关系，以及与建筑物的定位关系。（　　）

15. 当电缆通道布置图的主要安装图表示不清楚时，可绘制局部视图以补充说明。（　　）

16. 电缆通道布置安装图可用平、断面图方式进行绘制。（　　）

17. 电缆桥架支吊架组装图可不按比例进行绘制，但各零件的相对大小和距离应相互协调。（　　）

18. 电缆通道穿越铁路、地铁、城市快速路、河流、重要市政管线等主要交叉点时无须

采取额外的处理措施。（　　）

19．电缆图纸的电气部分应包括电缆、电缆附件（含电缆终端与接头、接地箱、交叉互联箱等）、避雷器、支架、金具、接地装置材料、防火设施、电缆监测设备等，并分类统计所需材料的型号、规格和数量。（　　）

20．电力隧道照明图、动力系统图应标明电源柜和配电箱的额定容量、计算容量、同时系数、功率因数、计算电流、箱体材质、设置位置、电缆选型、电缆截面积、箱内设备选型、箱内负荷去向。（　　）

21．电力隧道风机电源控制图应绘制出风机电源系统图，以及各台风机的控制原理图。（　　）

22．隧道排水部分施工图的设计图纸应包括以下内容：隧道排水平面图需绘制全部排水管道的起点及终点位置，并标注坐标定位尺寸；埋地排水管道应注明管径、埋设深度或敷设标高，同时标注管道长度。（　　）

23．隧道通风部分施工图设计图纸应包括以下内容：进排风井（亭）平面位置图，包含进排风井（亭）坐标或定位尺寸；进排风井（亭）平面及剖面图，包含进排风井（亭）上百叶窗的尺寸、定位及材质等；排风井（亭）内风机平面及剖面图，包含风机型号、连接风阀等的尺寸与定位。（　　）

四级／中级工

24．相对湿度长期在 60% 以上的环境定义为潮湿环境。（　　）

25．潮湿环境下易产生原电池效应，造成铜或金属支架腐蚀，所以规定在潮湿环境下，与铜护套直接接触的金属支架之间必须做防电化学腐蚀措施。（　　）

26．建（构）筑物施工质量应符合《建筑工程施工质量验收统一标准》（GB 50300—2013）要求。（　　）

27．电缆线路安装前，电缆沟排水不需要畅通。（　　）

28．电缆导管应安装牢固，不应受到损伤。（　　）

29．电缆导管的管口应无毛刺和尖锐棱角。（　　）

30．电缆导管的走向应与地面平行或垂直，并排敷设的电缆导管应排列整齐。（　　）

31．电缆导管不应有穿孔、裂缝，但允许有凹凸。（　　）

32．电缆导管的弯曲半径不应小于穿入电缆的最小弯曲半径。（　　）

33．镀锌管锌层剥落处可不涂防腐漆。（　　）

34．敷设混凝土类的电缆导管时，其地基应坚实、平整，不应有沉陷。（　　）

35．敷设低碱玻璃钢管等抗压、不抗拉的电缆导管材时，宜在其下部设置钢筋混凝土垫层。（　　）

36．相连接的两段电缆导管的材质和规格应保持一致。（　　）

37．金属电缆导管除了使用螺纹接头和套管焊接，还可以直接对焊。（　　）

38．采用金属软管或合金接头作为电缆保护接续管时，其两端应固定牢靠。（　　）

39．水泥管进行连接时，管孔应有防水垫密封圈，防止地下水和泥浆渗入。（　　）

40．钢制支架应平直，切口应无卷边，靠通道侧应进行钝化处理。（　　）

41．电缆沟内或建筑物上安装的电缆支架应与电缆沟或建筑物的坡度相同。（　　）

42．电缆桥架的弯曲半径不应小于该桥架上电缆的最小弯曲半径。（　　）

43．电缆工井尺寸应满足电缆最小弯曲半径的要求。（　　）

44．电缆导管内外壁不应有气泡、裂口和明显的痕纹、凹陷、杂质、分解变色线及色泽不均等缺陷。电缆导管内壁应光滑、平整，电缆导管端面应切割平整并与轴线垂直。（　　）

45．电缆导管根据公称内径和公称壁厚可分为三种环刚度等级。（　　）

46．当使用机械敷设电缆时，不需要装设防捻器。（　　）

三级/高级工

47．35kV 电缆外护套和内衬层的绝缘电阻测量基准周期为每年一次。（　　）

48．绝缘电阻可以用 500V 兆欧表进行测量。（　　）

49．调换表笔前后的绝缘电阻测量值差异明显，表明绝缘电阻可能已破损进水。（　　）

50．10kV、20kV 电缆线路的绝缘电阻测量是强制性试验。（　　）

51．电缆外护套对地直流耐压试验的加压电压为 10kV。（　　）

52．电缆外护套对地直流耐压试验的加压时间为 60s。（　　）

53．万用表可以用于初步判断电缆绝缘层是否破损进水。（　　）

54．电缆外护套对地直流耐压试验中，若发生击穿，则说明电缆外护套存在严重问题。（　　）

55．35kV 电缆的绝缘电阻可以采用 500V 兆欧表测量。（　　）

56．必须每年测量 35kV 电缆外护套及内衬层的绝缘电阻。（　　）

57．电缆应埋设于冻土层以下，当受条件限制时，应采取防止电缆受到损伤的措施。（　　）

58．当直流电缆与电气化铁路路轨交叉时的净距不能满足要求时，应采取防电化学腐蚀措施。（　　）

59．在直埋电缆回填前，隐蔽工程应验收合格，回填料应夯实。（　　）

60．电力电缆和控制电缆不宜配置在同一层支架上。（　　）

61．在电缆敷设完毕后，应及时清除杂物、盖好盖板，并密封盖板缝隙。（　　）

62．在敷设电缆前，应进行疏通，清除杂物。（　　）

63．电缆敷设前应检查管道内部无积水，且无杂物堵塞。（　　）

64．在有周期性振动的场所敷设电缆时，采取蛇形敷设是无效的。（　　）

二级/技师

65．明挖电缆隧道时，施工机械、设备及工器具应根据支护方式确定。（　　）

66．在明挖电缆隧道施工中，所有支护方式都使用相同的机械和设备。（　　）

67．电缆牵引头是装在电缆端部用于牵引电缆的一种金具，能将牵引钢丝绳上的拉力传递到电缆的导体和金属护套上。（　　）

68．电缆牵引头安装后，应确保其密封效果，但不必具有与电缆金属护套相同的密封性能。（　　）

69．电缆生产厂家和电缆盘号是电缆敷设施工记录中必须包含的信息。（　　）

70. 电缆线路投运前需要收集定位图和线路路径图。（   ）

71. 交接试验报告和启动调试报告在电缆线路投运前是不需要收集的。（   ）

72. 在电缆线路投运前，只需收集设备安装记录和监理记录。（   ）

一级/高级技师

73. 垂直敷设时，若电缆重量较大，则固定间距需根据电缆长度、由电缆热伸缩产生的轴向力进行计算。（   ）

4.1.2.2 电缆敷设（高压）

一、单选题

五级/初级工

1. 以下不属于塑料绝缘类电力电缆材料的是（   ）。
   A．聚氯乙烯绝缘　　B．聚乙烯绝缘　　C．橡胶绝缘　　D．交联聚乙烯绝缘

2. 110kV及以上充油电缆终端的种类包括电缆GIS终端和（   ）。
   A．环氧绝缘终端　　B．橡胶绝缘终端　　C．瓷绝缘终端　　D．有机绝缘终端

3. 高压电缆的结构主要包括导体、内半导电屏蔽层、绝缘层、绝缘半导电屏蔽层、缓冲层、（   ）、外护套。
   A．铝护套　　B．铅护套　　C．皱纹铝护套　　D．金属护套

4. 挤包绝缘电缆又称固体挤聚合电缆，主要包括（   ）、聚乙烯电缆、交联聚乙烯电缆和乙丙橡胶电缆。
   A．塑料绝缘电缆　　　　　　B．橡胶绝缘电缆
   C．聚氯乙烯电缆　　　　　　D．绕包绝缘电缆

5. 电缆屏蔽层的材料是半导电材料，其体积电阻率为（   ）。
   A．$10^{-3} \sim 10^{-6} \Omega \cdot m$　　　　B．$10^{-4} \sim 10^{-6} \Omega \cdot m$
   C．$10^{-3} \sim 10^{-8} \Omega \cdot m$　　　　D．$10^{-2} \sim 10^{-7} \Omega \cdot m$

6. 在通道竣工图中，（   ）应标示黑框，并应在黑框内添加斜线。
   A．排管　　B．工井　　C．电缆沟　　D．敞开井

7. 比例尺为1∶1000的地形图属于（   ）地形图。
   A．小比例尺　　B．中比例尺　　C．大比例尺　　D．常规比例尺

8. 在通道竣工图和路径图中，地下管线密集地段的比例尺为（   ）。
   A．1∶50　　B．1∶100　　C．1∶500　　D．1∶1000

9. （   ）被称为绳结之王，用途广泛，宜结宜解。
   A．布林结（称人结）　　B．八字结　　C．渔人结　　D．双套结

10. （   ）将同一条绳的两端绑在一起，适用于连结同样粗细、同样质材的绳索。
    A．布林结（称人结）　　B．平结　　C．渔人结　　D．双套结

11. （   ）在多段攀登、拆除保护系统时，可做自我保护使用，具备极高的安全性。
    A．布林结（称人结）　　B．平结　　C．渔人结　　D．双套结

12. （   ）主要用于连接扁带，此结易松，故必须用力打紧，需要经常检查。

A．布林结（称人结） B．平结 C．水结 D．双套结

13．（ ）将两条绳连接一起，通常是硬、软两条绳。此结十分容易打，但很难拆开。
A．布林结（称人结） B．平结 C．渔人结 D．双套结

14．（ ）可让结位在绳上随时移动，用在各种斜拉绳的收尾工作中。
A．营钉结 B．平结 C．渔人结 D．双套结

15．（ ）又称双环绞缠结，可用于吊装较轻的物体。
A．营钉结 B．平结 C．倒背扣 D．双套结

16．（ ）又称杠棒结，用于搬运轻量物件。通常使用白棕绳打结，抬起物件时绳会自然缩紧。
A．营钉结 B．抬扣 C．倒背扣 D．双套结

17．环绳或双头绳结合段的长度不应小于钢丝绳直径的（ ）倍。
A．10 B．20 C．30 D．40

18．在进行电缆敷设时，环绳或双头绳结合段的长度不应小于（ ）mm。
A．50 B．100 C．200 D．300

19．交流单芯电缆的固定夹具应采用（ ）。
A．抗磁性材料 B．顺磁性材料 C．铁磁性材料 D．非铁磁性材料

四级／中级工

20．电力电缆敷设过程中弯曲半径过小，会导致（ ）。
A．机械损伤 B．电缆过热 C．过电压 D．电缆击穿

21．当冬季敷设电缆时，若环境温度低于敷设规定，则可采用的方法是（ ）。
A．进行人工敷设 B．对电缆加热
C．在转弯处增大弯曲半径 D．用敷缆机敷设

22．66kV及以上电缆在敷设和运行时的最小弯曲半径分别为（ ），D为电缆外径。
A．20D，15D B．20D，10D C．15D，12D D．12D，10D

23．110kV单芯电缆敷设和运行时的最小弯曲半径分别为（ ），D为电缆外径。
A．10D，10D B．12D，15D C．15D，20D D．20D，15D

24．为防止电缆外护套在管孔口、工井口等处因牵引时受力被刮破或擦伤，应采用适当的防护用具。在管孔口安装一个由两个半件组合的防护喇叭，在工井口、隧道、竖井口等处采用（ ）防护，将其套在电缆上。
A．塑料管 B．电缆外护套 C．波纹聚乙烯管 D．衬垫

25．电缆通道在道路下方规划位置时，宜布置在（ ）、非机动车道及绿化带下方，设置在绿化带内时，工井出口处应高于绿化带地面300mm以上。
A．机动车道 B．公路 C．人行道 D．热力管道

26．在电缆设计路径的直线部分，两工井之间的距离不宜大于（ ）m，排管连接处应设立管枕。
A．120 B．140 C．150 D．160

27．排管的内径不宜小于电缆外径或多根电缆包络外径的（ ）倍，一般不宜小于

（　　）mm。

A．1.2　150　　　B．1.5　150　　　C．1.2　175　　　D．1.5　175

28．在排管上方，沿线土层内应铺设（　　）。

A．电力标识警示带　　B．标示桩　　C．警示牌　　D．标示牌

29．电缆导管的埋设深度从管子顶部至地面的距离一般应不小于（　　）。

A．0.7m　　　B．0.6m　　　C．2m　　　D．1.5m

30．在三层排管的孔位中，第二层的中间孔位不宜放置高压电缆，第二层的中间孔位应为检查孔或（　　）。

A．观察孔　　　B．散热孔　　　C．预留孔　　　D．控制电缆孔

31．排管和工井中的接地扁铁焊接完成后，要测量接地电阻，接地电阻必须符合设计要求且不得大于（　　）Ω。测量完接地电阻后方可回填接地级。

A．3　　　B．5　　　C．8　　　D．10

32．排管通道所选用的排管内径应不小于（　　）倍电缆外径。

A．1　　　B．1.5　　　C．2　　　D．3

33．排管顶部土壤的覆盖厚度不宜小于（　　），纵向排水坡度不宜小于（　　）。

A．1m　0.5%　　B．0.8m　0.3%　　C．1m　0.2%　　D．0.5m　0.2%

34．采用排管、电缆沟、隧道、桥梁及桥架敷设的阻燃电缆，其成束阻燃性能应不低于（　　）。

A．A级　　　B．B级　　　C．C级　　　D．D级

35．在排管中进行电力电缆敷设时，若采用普通滑车，则电缆输送机的布置间距应减小，布置间距下限为（　　）。

A．10m　　　B．20m　　　C．30m　　　D．40m

36．在排管中进行电力电缆敷设时，若采用电动滑车，则电缆输送机的布置间距应增大，布置间距上限为（　　）。

A．50m　　　B．60m　　　C．80m　　　D．100m

37．在敷设电缆排管时，测绘人员应下井，将工井的形状、排管的排列、新老电缆的（　　）、电缆铭牌记录完整。

A．运行情况　　B．长度尺寸　　C．穿孔情况　　D．交叉情况

38．在敷设排管电缆前，应对所需的管孔进行双向（　　）。

A．牵引绳索　　B．窥视探测　　C．疏通检查　　D．清除异物

39．排管敷设牵引用的钢丝绳在进入管孔前，应涂抹防锈油脂和（　　），减小牵引力。

A．酒精　　　B．防火涂料　　C．润滑剂　　D．沥青

40．在敷设排管时，排管管口应套光滑的（　　），材料应满足耐用性的要求。

A．保护喇叭管　　B．衬垫　　C．缓冲垫　　D．支架

41．在沿电缆沟敷设电缆时，最上层横档至沟顶的最小距离为（　　）mm。

A．300　　　B．200　　　C．100　　　D．50

42．在电缆沟中牵引电缆时，为了防止电缆被沟边或支架刮伤，在电缆引入处和转角处

必须用滚轮形成适当（　　），这样可以减小牵引力和侧压力，保护电缆。

A．弯曲　　　　　　B．转弯　　　　　　C．直线　　　　　　D．圆弧

43．在变配电站的电缆层、电缆沟、电缆竖井、电缆专用桥等电缆线路比较密集的场所，应使用（　　）型电缆。

A．屏蔽　　　　　　B．阻燃　　　　　　C．分相　　　　　　D．挤包

44．在电力电缆土建通道施工阶段，隧道工井、排管井、定向拖拉管等基坑开挖深度达到（　　）m时，应采取防止土层塌方的措施。

A．1　　　　　　　B．1.2　　　　　　C．1.5　　　　　　D．1.8

45．敷设工作电流大于1500A的交流系统单芯电缆时，支架宜选用（　　）材料。

A．复合　　　　　　B．钢制　　　　　　C．铁制　　　　　　D．304不锈钢

46．电缆通道的工井出口应高于绿化带地面（　　）mm以上。

A．200　　　　　　B．300　　　　　　C．400　　　　　　D．500

47．当电缆竖井的高度超过3m时，应每隔（　　）设置休息平台。

A．2m　　　　　　B．3m　　　　　　C．4m　　　　　　D．5m

48．电力隧道应有不小于（　　）的纵向排水坡度，沿排水方向适当距离设置集水井，电缆隧道底部应有流水沟，必要时设置排水泵，排水泵应有自动启停装置。

A．0.2%　　　　　　B．0.5%　　　　　　C．0.8%　　　　　　D．1%

49．在设计330kV或500kV电缆线路，以及设计（　　）回路及以上高压电缆线路的通道时，应采用隧道。对于存在变电站进出线、回路集中区域、电缆数量超过（　　）根或局部电力走廊紧张等情况，宜采用隧道。

A．4　18　　　　　B．6　16　　　　　C．4　16　　　　　D．6　18

50．电缆终端场站、隧道出入口、重要区域的工井井盖应有安防措施，工井井盖应加装在线监控装置。户外金属电缆支架、电缆固定金具等应使用（　　）。

A．防锈螺栓　　　　B．防盗螺栓　　　　C．非铁磁螺栓　　　D．金属螺栓

51．隧道按照重要电力设施标准建设，应采用钢筋混凝土主体结构设计，使用年限不少于100年，防水等级不低于（　　）级。

A．一　　　　　　　B．二　　　　　　　C．三　　　　　　　D．四

52．隧道内110kV及以上的电缆应按电缆的热伸缩量进行（　　）。

A．直线敷设　　　　B．蛇形敷设　　　　C．折线敷设　　　　D．任意敷设

53．敷设330kV或500kV电缆时，支架的层间最小距离为（　　）mm。

A．200　　　　　　B．250　　　　　　C．300　　　　　　D．350

54．电缆隧道人员出入口的地面标高应高出室外地面，应按（　　）一遇的标准满足防洪、防涝要求。

A．10年　　　　　　B．20年　　　　　　C．50年　　　　　　D．100年

55．电缆隧道的出入口、通风口等宜高于地面（　　）mm，并设置防倒灌措施。

A．300　　　　　　B．500　　　　　　C．700　　　　　　D．900

56．变配电站电缆夹层及隧道内的电缆两端和拐弯处，直线距离每隔（　　）应挂电缆

标识牌，注明线路名称、相位等。

A．50m   B．100m   C．150m   D．200m

57．电力电缆隧道一般为（　　）结构。

A．钢筋混凝土   B．砖砌   C．木头   D．钢

58．城市电缆线路通道的标识应按设计要求设置。当设计无要求时，应在电缆通道直线段每隔（　　）m，在转弯处、T形口、十字口、进入建（构）筑物等地设置明显的标志或标桩。

A．10～100   B．50～100   C．15～50   D．5～50

59．热力管道、热力设备与电缆之间的平行净距不应小于（　　），交叉净距不应小于（　　）。

A．1m　0.5m   B．0.5m　1m   C．1.5m　0.5m   D．2m　1m

60．排管不宜超过（　　）层，每层的孔数根据规划电缆根数进行确定，且不宜超过（　　）孔。

A．4　5   B．4　10   C．2　5   D．3　10

61．排管原则上按直线铺设，如需避让障碍物时，可做成圆弧状排管，但圆弧半径不应小于（　　）m；如果使用硬质管材时，则排管连接处的折角不应大于（　　）。

A．12　2.5°   B．12　5°   C．15　2.5°   D．12　2.5°

62．封闭式工井的顶板应设置至少两个内径不小于（　　）的人孔。

A．500mm   B．1000mm   C．400mm   D．700mm

63．对于开挖式且电缆支架两侧布置的隧道，净宽尺寸不应小于（　　）。

A．1000mm   B．700mm   C．500mm   D．1500mm

64．对于两侧均装设支架的开挖式电缆隧道，通道净宽不应小于（　　）。

A．1000mm   B．700mm   C．800mm   D．900mm

65．对于单侧装设支架的开挖式电缆隧道，通道净宽不应小于（　　）。

A．1000mm   B．700mm   C．800mm   D．900mm

66．牵引网套是在电缆牵引时，将牵引力过渡至电缆的金属护套或塑料外护层上的一种（　　）工具。

A．附属   B．连接   C．加固   D．防护

67．利用滚动法搬运设备时，对放置的滚杠数量有一定要求，如果滚杠数量较少，则所需的牵引力应（　　）。

A．增大   B．减小   C．相同   D．不确定

68．热机械力可能导致电缆线芯与绝缘之间、绝缘与电缆金属护套之间发生（　　），产生气隙，并形成放电通道。

A．变形   B．挤压   C．相对位移   D．脱离

69．电缆滑车是电缆敷设牵引中常用的器具，其作用是改变力的（　　）。

A．大小   B．方向   C．作用点   D．反作用力

70．在电力电网电缆线路中，应在电缆导管两端电缆沟或电缆井的敞开处、隧道内的（　　）、电缆分支处每隔50～100m装设标示牌。

A. 高落差处   B. 低洼处   C. 电缆密集处   D. 转弯处

71. 电缆展放牵引时，电缆保护盖板应沿线路堆放在两侧泥土堆的（　　）。

A. 任意处   B. 上面   C. 内侧   D. 外侧

72. 城市（　　）一般均与规划道路平行敷设，尽量不设置在交通频繁的车行道下面。

A. 道路   B. 轨道   C. 架空线   D. 地下管线

73. 排管上方沿线（　　）应敷设带有电力标识的警示带，警示带宽度不小于排管,（　　）应设置明显的警示标识。

A. 地面　地下   B. 土层　地下   C. 土层　地面   D. 地面　地面

74. 在敷设电缆时，当沟槽开挖深度达到（　　）m 时，应采取防止土层塌方的措施。

A. 1.5   B. 1.8   C. 2   D. 2.5

75. 人工挖土时，挖土面应形成（　　），做好自然排水。

A. 直槽断面   B. 阶梯形断面   C. 斜槽断面   D. 弧形槽断面

76. 沟槽中开挖出的土方临时堆放在路边时，应及时做好土方的（　　）。

A. 开挖   B. 清运   C. 运输   D. 抛撒

77. 沟槽开挖深度超过（　　）m 时，必须及时进行支撑。

A. 1   B. 1.2   C. 1.5   D. 1.8

78. 工井施工时，通常用（　　）进行支撑。

A. 地下连续墙   B. 水泥挡土墙   C. 钢板桩   D. 横列板

79. 当电缆隧道两侧有支架时，通道的最小宽度为（　　）。

A. 1m   B. 1.2m   C. 1.3m   D. 1.4m

80. 在地下设施施工过程中不能损坏各类地下管线。如果开挖过程中发现电缆盖板或管道时，则应立即停止（　　），也不可以使用铁锹、撬棒等尖锐铁器继续开挖。

A. 人工开挖   B. 施工作业   C. 木棒拨挖   D. 机械开挖

81. 敷设电缆时，不能在支架上及地面上摩擦电缆。滚轮的间距应根据电缆单位长度、截面和重量进行确定，设置原则以不使电缆（　　）为准。

A. 下垂   B. 擦地   C. 悬空   D. 笔直

82. 搬运、滚动电缆盘时，必须检查电缆盘的结构是否（　　）。

A. 牢固   B. 损伤   C. 倾斜   D. 松散

83. 同一重要回路的工作电缆与备用电缆应配置在不同层或不同侧的支架上，并应实行（　　）。

A. 防火分隔   B. 电磁隔离   C. 通道隔离   D. 消防隔离

84. （　　）按照设计和施工的要求，将设计建筑物的平面位置和高程位置以一定的精度测放到实地上。

A. 施工测量   B. 施工放样   C. 施工控制   D. 施工监测

85. 电缆排管的内径不应小于电缆外径的（　　）倍，管孔端口应采取防止（　　）电缆的措施。

A. 1.5　损伤   B. 2　拉伤   C. 3　扎伤   D. 2.5　伸缩

86. 钢板桩应在填土达到要求（　　）后方可拔除，拔除时应采用间隔拔除方式。
A．密度　　　　　　B．孔隙率　　　　　　C．抗冻性　　　　　　D．导热性

三级/高级工

87. 电缆敷设前后应用（　　）测试电缆外护套绝缘电阻有无受损，并做好记录。
A．绝缘电阻表　　　　　　　　　　B．外护套故障测寻装置
C．万用表　　　　　　　　　　　　D．直流高压发生器

88. 牵引网套仅将牵引力（　　）到电缆护层上，不能代替牵引头，只有在线路不长且牵引力小于护层允许的牵引力时，方可单独使用牵引网套。
A．叠加　　　　　　B．过渡　　　　　　C．作用　　　　　　D．抵消

89. 超过 5m 高的电缆竖井可设置爬梯，电缆竖井的活动空间不应小于（　　）。
A．800mm×800mm　　　　　　　B．700mm×700mm
C．600mm×600mm　　　　　　　D．500mm×500mm

90. 利用滚动法搬运设备时，放置的滚杠数量有一定要求，如滚杠较多，所需的牵引力应（　　）。
A．增大　　　　　　B．减小　　　　　　C．相同　　　　　　D．不确定

91. 用机械敷设铜芯电缆时，牵引头的最大牵引强度为（　　）N/mm²。
A．70　　　　　　　B．80　　　　　　　C．90　　　　　　　D．10

92. 电缆敷设使用牵引头时，作用在铝导体上的牵引强度不能超过（　　）N/mm²。
A．40　　　　　　　B．50　　　　　　　C．60　　　　　　　D．70

93. 在展放牵引电缆的过程中，为避免电缆与地面和沟壁摩擦，保护外护层不受损，可利用滚轮降低电缆敷设牵引时的（　　）。
A．机械力　　　　　B．摩擦力　　　　　C．侧压力　　　　　D．牵引力

94. 在使用牵引机起重电缆时，当钢丝绳放到所需最大长度时，钢丝绳在卷筒上不得少于（　　）。
A．1 圈　　　　　　B．2 圈　　　　　　C．3 圈　　　　　　D．4 圈

95. 高压电缆牵引力（T）、侧压力（P）、弯曲半径（R）的关系式为（　　）。
A．$P=TR$　　　　　B．$T=R/P$　　　　　C．$P=R/T$　　　　　D．$P=T/R$

96. 电缆蛇形敷设时，完整的蛇形节距一般为（　　），偏置幅度为电缆外径的（　　）。
A．6～12m　1～1.5 倍　　　　　　　B．2～4m　1～2 倍
C．3～5m　1.5～2 倍　　　　　　　D．4～8m　1～1.5 倍

97. 电缆水平敷设时，在终端、接头、转弯处紧邻部位的电缆上，应设置不少于（　　）处的刚性固定。
A．1　　　　　　　B．2　　　　　　　C．3　　　　　　　D．4

98. 在电缆垂直敷设段或斜坡敷设段的高位侧，应设置不少于（　　）处的刚性固定。
A．1　　　　　　　B．2　　　　　　　C．3　　　　　　　D．4

99. （　　）kV 及以上的电缆应采用金属支架，35kV 及以下的电缆可采用金属支架或抗老化性能好的复合材料支架。

A．35 B．66 C．110（66） D．110

100．电缆不得平行敷设于热力设备和热力管道的（　　）。
A．下部 B．斜上方 C．上部 D．周围

101．下列不属于电缆固定要求的是（　　）。
A．电缆垂直敷设或超过45°倾斜敷设时，电缆刚性固定间距应不大于2m
B．桥架敷设时，电缆刚性固定间距应不大于2m
C．裸铅（铝）套电缆的固定处应加软衬垫保护
D．通信光缆应布置在最上层，且应设置防火隔槽等防护措施

102．电缆支架应平直、牢固、无扭曲，各横撑间的垂直净距的偏差不应大于（　　）mm。
A．3 B．5 C．10 D．15

103．敷设（　　）kV及以上电压等级电缆时，电缆支架层间最小允许距离不应小于2倍电缆外径加50mm。
A．35 B．66 C．110 D．110（66）

104．平行敷设的电缆应在竣工图和路径图中标明各条线路的相对位置，并标明地下管线（　　）图。
A．剖面 B．分布 C．走向 D．纵深

105．电力电缆竖井敷设时，竖井是（　　）的通道。
A．上下落差较大且垂直敷设1根电缆 B．上下落差较小且垂直敷设多根电缆
C．上下落差较大且垂直敷设多根电缆 D．上下落差较小且垂直敷设1根电缆

106．在周期性振动的场所敷设电缆时，（　　）不能减少电缆承受附加的应力或避免金属疲劳断裂。
A．保持电缆清洁
B．使电缆敷设成波浪状
C．电缆敷设留有伸缩节
D．在支持电缆部位设置有橡胶等弹性材料制成的衬垫

107．垂直敷设或超过45°倾斜敷设时，电缆刚性固定间距应不大于（　　）m。
A．1 B．2 C．3 D．4

108．电缆采用蛇形敷设时，若电缆受到热胀冷缩影响，则电缆沿固定处轴向产生一定角度或稍有横向位移的固定方式称为（　　）固定。
A．活动 B．刚性 C．挠性 D．机械

109．电缆敷设成蛇形可减弱电缆线路的（　　）。
A．热量 B．热胀冷缩 C．预留量 D．弯曲

110．电缆盘在地面上滚动时，（　　）。
A．应逆着电缆的缠紧方向滚动 B．应顺着电缆的缠紧方向滚动
C．两侧方向均可以滚动 D．以上都不对

111．隧道敷设时，绳索绑扎强度应按被固定的单芯电缆通过最大短路电流时所产生的

（　　）进行计算。

　　A．机械力　　　　B．热应力　　　　C．扭转力　　　D．电动力

112．在电缆制造和敷设过程中，电缆由直线状态转变为圈形状态，或者由圈形状态转变为直线状态时，都会对电缆铠装层产生旋转（　　）力。

　　A．扭转　　　　　B．退扭　　　　　C．机械　　　　D．摩擦

113．电缆敷设过程中，不同物体上的摩擦系数不同，当接触面为钢管时，摩擦系数为（　　）。

　　A．0.13～0.15　　B．0.15～0.17　　C．0.17～0.19　　D．0.19～0.21

114．电缆敷设过程中，不同物体上的摩擦系数不同，当接触面为混凝土管（无润滑剂）时，摩擦系数为（　　）。

　　A．0.2～0.4　　　B．0.3～0.5　　　C．0.4～0.6　　　D．0.5～0.7

115．电缆敷设过程中，不同物体上的摩擦系数不同，当接触面为混凝土管（有润滑剂）时，摩擦系数为（　　）。

　　A．0.3～0.4　　　B．0.4～0.5　　　C．0.5～0.6　　　D．0.6～0.7

116．电缆敷设过程中，不同物体上的摩擦系数不同，当接触面为混凝土管（管内有水）时，摩擦系数为（　　）。

　　A．0.1～0.3　　　B．0.2～0.4　　　C．0.3～0.5　　　D．0.4～0.6

117．电缆敷设过程中，不同物体上的摩擦系数不同，当接触面为滚轮时，摩擦系数为（　　）。

　　A．0.1～0.2　　　B．0.2～0.3　　　C．0.3～0.4　　　D．0.4～0.5

118．电缆敷设过程中，不同物体上的摩擦系数不同，当接触面为砂时，摩擦系数为（　　）。

　　A．0.5～2.5　　　B．1.5～3.5　　　C．2.5～4.5　　　D．3.5～5.5

119．在电缆敷设过程中，应控制侧压力。高压电缆和超高压电缆允许的每米电缆侧压力一般为（　　）。

　　A．1kN　　　　　B．2kN　　　　　C．3kN　　　　　D．4kN

120．电缆敷设完毕后，应立即进行外护套交接试验；在每段电缆金属屏蔽或金属护套与地之间施加（　　）直流电压，加压时间为（　　）。

　　A．5kV　1min　　B．10kV　5min　　C．10kV　1min　　D．25kV　1min

二级/技师

121．水下电缆不得悬浮于水中，浅水区埋深不宜小于（　　），深水区埋深不宜小于（　　）。

　　A．1m　2m　　　B．0.5m　1m　　　C．0.5m　2m　　　D．2m　4m

122．在非拆卸式电缆竖井中，应设有活动空间，当活动空间的高度超过（　　）时，应设置楼梯，且每隔3m设置楼梯平台。

　　A．3m　　　　　B．5m　　　　　C．8m　　　　　D．10m

123．在电缆工程施工方案中，（　　）用于说明项目的人员组成。

A．施工组织措施 B．工程概况
C．工程质量计划 D．安全生产保证措施

124．电缆线路上如有接头,为防止接头故障时影响相邻的电缆,可将接头用(　　)保护。

A．防火保护盒 B．塑料隔板 C．砖墙 D．沙袋

125．在桥架、桥梁上敷设电缆时,伸缩弧应设置在两侧(　　)的过渡井处,伸缩弧的幅度经计算确定,并确保在电缆允许的变形范围内。

A．桥墩 B．桥面 C．伸缩弧 D．桥堍

126．桥架敷设时,电缆刚性固定间距应不大于(　　)m。

A．5 B．4 C．3 D．2

127．同通道敷设的电缆应按电压等级(　　)进行分层布置,不同电压等级的电缆之间应设置防火隔板。

A．从上向下 B．从左到右 C．从前到后 D．从下向上

128．电缆固定不用满足的要求包括(　　)。

A．垂直敷设或超过45°倾斜敷设时,电缆刚性固定间距应不大于2m
B．桥架敷设时,电缆刚性固定间距应不大于2m
C．水平敷设的电缆应在两端、转弯处、接头的两端进行固定
D．交流三芯电缆的固定夹具应采用非铁磁性材料

129．塑料绝缘电力电缆允许的最低敷设温度为(　　)℃。

A．10 B．7 C．5 D．0

130．电缆支架、梯架或托盘的(　　)应满足方便敷设电缆及其固定、安置接头的要求。

A．层间距离 B．宽度距离 C．材质刚度 D．横列板

131．当敷设电缆时,若使用卷扬机和输送机,且同时使用两台及以上输送机时,则应(　　),并保持畅通的通信联络。

A．有专人监护 B．有保护装置
C．设置联动装置 D．统一指挥

一级/高级技师

132．明敷的全塑电缆数量较多或电缆跨越距离较大时,宜选用(　　)。

A．电缆沟 B．排管 C．直埋 D．电缆桥架

133．在排管、电缆沟、隧道、桥梁及桥架敷设电缆的通道场所,应选择成束阻燃性能等级不低于(　　)的电力电缆。

A．A类 B．B类 C．C类 D．D类

134．金属制桥架系统应设有可靠的电连接并接地。采用玻璃钢桥架时,应沿桥架全长敷设(　　)。

A．铜排 B．专用保护导体 C．接地线 D．钢板

135．长距离电缆沟、隧道及架空桥架的防火间隔约为(　　),隧道通风段处、厂站外的防火间隔约为(　　)。

A．50m　100m B．100m　50m C．100m　200m D．50m　50m

二、多选题

五级/初级工

1. 在热稳定状态下，电缆中的热流损耗包括（　　）。
   A．导体电流损耗　　　　　　　　　　B．介质损耗
   C．金属护套损耗　　　　　　　　　　D．支架损耗

2. 外护层的绝缘材料包括（　　）。
   A．聚氯乙烯外护套　　　　　　　　　B．聚乙烯外护套
   C．弹性体外护套　　　　　　　　　　D．交联聚乙烯外护套

3. 挤包绝缘电缆主要包括（　　）。
   A．聚氯乙烯电缆　　　　　　　　　　B．聚乙烯电缆
   C．交联聚乙烯电缆　　　　　　　　　D．乙丙橡胶电缆

4. 绞合导体外形包括（　　）。
   A．圆形　　　　B．扇形　　　　C．腰圆形　　　　D．中空圆形

5. 典型的护层结构包括（　　）。
   A．内护套　　　B．铜屏蔽　　　C．外护套　　　　D．绝缘

6. 常见的高压电缆导体结构包括（　　）。
   A．紧压绞合圆形结构　　B．分割导体结构　　C．圆形结构　　D．扇形结构

7. 电缆绝缘必须具备一定的（　　）。
   A．绝缘性　　　B．耐热性　　　C．抗老化性能　　D．机械性能

8. 高压电缆的半导电屏蔽包括（　　）。
   A．导体屏蔽　　B．护层屏蔽　　C．绝缘屏蔽　　　D．铜屏蔽

9. 海底电缆由于环境特殊，在外护套外还应有一层（　　）。
   A．内衬层　　　B．外护层　　　C．铠装层　　　　D．外被层

10. 电缆通道竣工图和路径图中，常规地段、地下管线密集地段和管线稀少地段的比例尺分别为（　　）。
    A．1∶400
    B．1∶500
    C．1∶100
    D．1∶2000
    E．1∶1000

11. 需要对电缆进行固定的情况包括（　　）。
    A．在上下分层敷设的电缆首末两端及转弯处、电缆接头的两端处进行固定
    B．在水平敷设的电缆首末两端及转弯处、电缆接头的两端处进行固定
    C．对电缆间距有要求时每隔5～10m进行固定
    D．对电缆间距有要求时每隔10～15m进行固定

12. 电力电缆的电气性能包括（　　）。
    A．导电性能　　B．电绝缘性能　　C．机械强度　　D．传输特性

13. 绞合导体的截面形状包括（　　）。
    A．圆形　　　　B．椭圆形　　　　C．腰圆形　　　D．扇形

14. 电缆在支架上敷设时，下列符合规定的是（   ）。
A．控制电缆在普通支架上不宜超过 1 层，在桥架上不宜超过 2 层
B．交流三芯电力电缆在普通支架上不宜超过 1 层，在桥架上不宜超过 2 层
C．交流单芯电力电缆应布置在同侧支架上，并加以固定
D．交流单芯电力电缆按紧贴正三角形排列时，应每隔一定距离用绑带扎牢，以免松散

15. 电缆的设计长度包括实际路径长度与附加长度，下列属于附加长度的是（   ）。
A．电缆敷设路径地形等高差变化、伸缩节、迂回备用裕量
B．10kV 及以上电缆蛇形敷设时的弯曲弧度
C．终端或接头制作预留段、电缆引接段长度
D．电缆盘上的电缆长度

四级 / 中级工

16. 下列属于电力电缆构筑物的是（   ）。
A．电缆井　　　B．电缆沟　　　C．电缆隧道　　　D．电缆附件

17. 高压电力电缆构筑物包括（   ）。
A．排管　　　　　　　　　　　B．电缆沟
C．桥架　　　　　　　　　　　D．工井
E．隧道

18. 排管敷设的特点有（   ）。
A．施工快捷，受外力破坏的影响少，占地小，能承受大的荷重
B．电缆排管土建部分施工完毕后，电缆施放简单
C．电缆不易弯曲
D．热伸缩会引起金属护套疲劳，电缆散热条件差

19. 一般规定（   ）敷设的电缆上方、沿线土层内应铺设带有电力标识的警示带。
A．电缆沟　　　B 直埋　　　C．排管　　　D．隧道

20. （   ）等缆线密集区域的电力电缆接头应布置在站外的电缆通道内。
A．变电站夹层内　　B．桥架　　　C．竖井　　　D．隧道

21. （   ），电缆应有一定机械强度的保护管或保护罩。
A．在电缆进入建筑物、隧道、穿过楼板及墙壁处
B．从沟道引至铁塔（杆）、墙外表面或屋内行人容易接近处
C．在距地面高度 2m 以上的电缆部分
D．在伸入建筑物散水坡且长度不小于 250mm 的电缆部分

22. 严禁在（   ）等缆线密集区域布置电缆接头。
A．变电站电缆夹层　　B．隧道　　　C．桥架　　　D．竖井

23. 电缆线路安装前，建筑工程应具备的条件是（   ）。
A．预埋件符合设计要求，安置牢固
B．电缆沟、隧道、竖井及人孔等处的地坪和抹面工作结束，人孔爬梯的安装完成
C．电缆层、电缆沟、隧道等处的临时施工设施、模板及建筑废料清理干净，施工用道

路畅通，盖板齐全

D．电缆沟排水畅通，电缆室的门窗安装完毕，电缆线路相关构筑物的防水性能满足设计要求

24．使用排管时，应符合的规定有（　　）。

A．在直线部分，两工井之间的距离不大于150m，排管连接处设立管枕

B．排管管道径向无明显沉降、开裂等迹象

C．排管的内径不小于电缆外径或多根电缆包络外径的2倍，一般不宜小于150mm

D．排管上方沿线土层内应铺设带有电力标识的警示带

E．敷设单芯电缆的管材应选用非铁磁性材料

25．在（　　），电缆应有足够机械强度的保护管或保护罩。

A．电缆进入建筑物、隧道，以及穿过楼板及墙壁处

B．从沟道引至杆塔、设备、墙外表面或屋内行人容易接近处，距地面高度4m以下的部分

C．存在重型机械或车辆碾压风险的直埋电缆区段

D．其他可能受到机械损伤的地方

26．电缆沟的主要特点包括（　　）。

A．检修、更换电缆较方便，转弯方便，可敷设较多回路的电缆，散热性能较好

B．相对直埋和排管，造价高

C．检查和更换电缆时，需搬运大量盖板

D．密闭式电缆沟运行检修较困难

27．电缆进入（　　）时，应封堵出入口。

A．电缆沟　　　　　　　　　　B．隧道

C．竖井　　　　　　　　　　　D．建筑物

E．盘（柜）

28．电缆沟巡视检查包括（　　）。

A．电缆沟墙体是否有裂缝，附属设施是否有故障或缺失

B．电缆沟周围是否有石块、硬质杂物，以及酸、碱、强腐蚀物

C．竖井盖板是否缺失，爬梯是否锈蚀、损坏

D．电缆沟接地网接地电阻是否符合要求

29．按用途不同，电缆工井可分为（　　）工井。

A．矩形　　　　　　　　　　　B．敷设

C．接头　　　　　　　　　　　D．过渡

E．L形

三级/高级工

30．为了减小电缆敷设过程中的牵引阻力，可采取的措施有（　　）。

A．多点牵引　　B．增加支架　　C．使用滑轮　　D．润滑

31．在敷设高压电缆时，所需的牵引工器具包括（　　）。

A．电动卷扬机　　　　　　　　　　　B．电缆输送机

C．电缆盘支撑架　　　　　　　　　　D．液压千斤顶

E．电缆盘制动装置

32．高压电缆敷设过程中，以下说法正确的有（　　）。

A．电缆应排列整齐，不宜交叉

B．敷设速度应尽可能快，以缩短施工时间

C．要及时固定电缆，防止电缆位移

D．注意控制电缆的弯曲半径，避免弯曲半径过小

E．多根电缆同时敷设时，应同步进行，防止混乱

33．属于卷扬机的使用注意事项的是（　　）。

A．安装卷扬机时，应选择合适的安装地点，并固定牢固

B．开启卷扬机前，对卷扬机的各部分进行检查，应无松脱或损坏

C．钢丝绳在卷扬机滚筒上的排列要整齐，工作时至少留2圈钢丝绳

D．卷扬机的操作人员应与相关工作人员保持密切联系

34．在竖井中敷设电缆时，必须满足的条件包括（　　）。

A．电缆的外护层具备防火条件　　　　B．选用不滴流电缆或交联聚乙烯电缆

C．电缆盘有可靠的制动装置　　　　　D．选用高油压充油电缆

35．在电缆敷设前，需对通道进行的验收包括（　　）。

A．通道路径走向、断面、通道长度是否与设计图纸一致

B．通道、通道弯曲半径是否符合敷设要求

C．检查通道内附件是否满足设计标准

D．根据设计图纸要求，核对电缆线路的名称、回路、相位

36．在电缆敷设前，需检查的事项包括（　　）。

A．电缆的规格、型号、截面、电压等级与设计图纸一致

B．电缆的外观无扭曲，牵引头、护层无损伤，并留有影像资料

C．电缆封端应严密，当对外观检查结果有异议时，进行受潮判断

D．敷设前应制作电缆标记牌，确保电缆敷设的相位、线路方向与施工图纸一致；标记牌上应注明电缆的线路名称、编号、规格、型号、等级及敷设路径区间等信息，并留存影像资料

37．在电缆敷设时，需满足的要求有（　　）。

A．采用同步牵引机、输送机以及滑轮组配合的方式进行电缆敷设

B．牵引机的牵引速度及拉力控制符合要求，并留有影像资料

C．电缆敷设时，电缆应从电缆盘的上端引出，不能在支架或地面上摩擦拖拉；电缆上不得有电缆绞拧、护层折裂等未消除的机械损伤，并留有影像资料

D．电缆的最小弯曲半径应符合验收要求，并留有影像资料

E．电缆敷设时，电缆应排列整齐，不宜交叉；电缆固定、标识牌符合要求，并留有影像资料

38. 电缆敷设完成后，封堵应满足的要求包括（   ）。

A．电缆导管口或电缆竖井口处要有防火泥封堵，封堵应严实可靠，不应有明显的裂痕和可见的孔隙

B．孔洞较大处加耐火板后再进行封堵，并留有影像资料

C．在电缆沟中用软质耐火材料分段设置防火墙，并留有影像资料

D．电缆穿过竖井、墙壁、楼板或进入电气盘、电气柜的孔洞处时，需用防火堵料密实封堵，并留存影像资料。

39. 下列属于电缆敷设要求的是（   ）。

A．原则上66kV以下的电缆与66kV及以上的电缆宜分开敷设

B．电力电缆和控制电缆不应配置在同一层支架上

C．同通道敷设的电缆应按电压等级从下向上分层布置，不同电压等级的电缆之间应设置防火隔板等防护措施

D．重要变电站和重要用户的双路电源电缆不宜同通道敷设

E．桥架敷设时，电缆刚性固定间距应不大于2m

40. 电缆隧道应有充足的照明，并有（   ）措施。进入电缆井、电缆隧道前，应先通风排出浊气，并用仪器检测，合格后方可进入。

A．防水　　　　　　B．防火　　　　　　C．通风　　　　　　D．防滑

41. （   ）应固定电缆。

A．电缆垂直敷设或超过45°倾斜敷设时，在每个支架处

B．水平敷设的电缆，在电缆首末两端及转弯处

C．电缆接头的两端处

D．当对电缆间距有要求时，通常每隔5～10m处，桥架上每隔2m处

42. 关于电缆敷设，下列说法错误的是（   ）。

A．原则上66kV以下的电缆与66kV及以上的电缆不应配置在同一层支架上

B．电力电缆和控制电缆不应配置在同一层支架上

C．同通道敷设的电缆应按电缆等级从上向下分层配置

D．重要变电站和重要用户的双路电源电缆不宜同通道敷设

E．通信光缆应布置在最下层且应设置防火隔槽等防护措施

43. 电缆敷设施工记录应包括（   ）。

A．电缆敷设日期　　　B．天气状况　　　　C．电缆检查记录

D．电缆生产厂家　　　E．电缆盘号　　　　F．电缆原始记录

44. 在电缆运输过程中，应防止电缆因碰撞、挤压等导致机械损伤。电缆敷设过程中应严格控制（   ）。

A．侧压力　　　　　　B．高差　　　　　　C．弯曲半径　　　　D．牵引力

45. 电缆的敷设应符合的要求包括（   ）。

A．电力电缆和控制电缆配置在同一层支架上

B．交流单芯电缆穿越的闭合管、孔应采用非铁磁性材料

C．同通道敷设的电缆按电压等级从上向下分层布置

D．通信光缆应布置在最上层，且应设置防火隔槽等防护措施

46．电缆敷设施工后，应将电缆所穿越的孔洞进行封堵，以达到（　　）的要求。

A．防水　　　　　　B．防火　　　　　　C．防小动物　　　　D．防盗

47．电缆线路竣工验收项目包括（　　）。

A．电缆敷设　　　　　　　　　　　　　B．电缆终端

C．电缆接头　　　　　　　　　　　　　D．土建设施

E．交接试验报告

二级/技师

48．电缆桥架主要特点包括（　　）。

A．结构稳定，施工方便　　　　　　　　B．需要不定期进行防腐、防锈

C．电缆专用桥架应设于桥梁侧面　　　　D．对市政环境有一定影响

49．城市电网电缆线路应在（　　）处装设电缆标识牌。

A．终端　　　　　　B．接头　　　　　　C．工井　　　　　　D．电缆分支

50．下列关于电缆工井的描述，正确的是（　　）。

A．工井的防水等级不应低于二级

B．工井的设计使用年限不少于50年

C．工井应无倾斜、变形、塌陷现象

D．井盖可以不设置二层子盖

E．井盖板应有防止侧移的措施

51．电力电缆隧道包括（　　）。

A．顶管隧道　　　　　　　　　　　　　B．明挖隧道

C．暗挖隧道　　　　　　　　　　　　　D．盾构隧道

E．沉管隧道

52．设置工井间距时应考虑（　　）。

A．电缆交叉换位　　　　　　　　　　　B．运维抢修要求

C．绿色环保需求　　　　　　　　　　　D．电缆回数

53．电缆隧道应实现排水畅通，且应符合（　　）的规定。

A．电缆隧道的纵向排水坡度不小于0.5%

B．沿排水方向适当距离设置集水井及泄水系统，必要时进行机械排水

C．电缆隧道底部沿纵向设置泄水边沟

D．电缆隧道的纵向排水坡度不小于0.8%

54．下列属于电缆沟技术要求的是（　　）。

A．电缆沟应有不小于0.5%的纵向排水坡度，并沿排水方向在适当距离设置集水井

B．电缆沟应合理设置接地装置，接地电阻应小于5Ω

C．在不增加电缆导体截面且满足输送容量要求的前提下，电缆沟内可回填细砂

D．电缆沟盖板为钢筋混凝土预制件，其尺寸应严格配合电缆沟尺寸；盖板表面应平整，

四周应设置预埋件的护口件，并标明电力警示标识；盖板上表面应设置一定数量的拉环，用于搬运和安装

55．属于隧道技术要求的是（   ）。

A．隧道按照重要电力设施标准建设，采用钢筋混凝土结构，主体结构设计使用年限不少于100年，防水等级不低于二级

B．隧道应有不小于0.5%的纵向排水坡度，底部应设置泄水沟，必要时配置排水泵，排水泵应具备自动启闭装置

C．隧道结构应符合设计要求，坚实牢固，无开裂或漏水痕迹

D．隧道出入通行方便，安全门开启正常，安全出口应畅通；在公共区域露出地面的出入口、安全门、通风亭位置应安全合理，外观应与周围环境协调

E．隧道工井人孔内径应不小于800mm，在隧道交叉处设置的人孔不应垂直设在交叉处的正上方，应错开布置

F．隧道三通井、四通井应满足最高电压等级的电缆弯曲半径要求，井室顶板内表面应高于隧道内顶0.5m，并应预埋电缆吊架，在敷设最大容量电缆后，各方向通行高度不低于1.5m

56．属于工井技术要求的是（   ）。

A．工井应无倾斜、变形及塌陷现象，井壁立面应平整光滑，无突出铁钉、蜂窝等现象，井底应平整干净、无杂物

B．工井内连接管孔位置应布置合理，上管孔与盖板间距不小于20cm

C．工井盖板有防止侧移措施

D．工井内无其他产权单位管道穿越，对工井（沟体）施工涉及电缆保护区范围内平行或交叉的其他管道，应采取妥善的安全措施

E．工井尺寸应考虑电缆弯曲半径和接头安装的需要，工井高度应满足工作人员站立操作的要求，井底应设置集水坑，集水坑泄水坡度不应小于0.5%

F．工井应采用钢筋混凝土结构，设计使用年限不应少于100年

57．下列属于排管的技术要求的是（   ）。

A．在选择路径时，排管应尽可能取直线，在转弯和折角处应增设工井。在排管的直线部分，两工井之间的距离不宜大于150m，排管连接处应设置管枕

B．管孔内应无杂物，疏通检查时应无明显障碍

C．排管管道径向段应无明显沉降、开裂等现象

D．排管的内径不宜小于电缆外径或多根电缆包络外径的1.5倍，一般不宜小于150mm

E．排管在坡度大于10%的斜坡中，应在较高一端的工井内设置构件，防止电缆因热伸缩而滑落

58．下列符合排管技术要求的是（   ）。

A．35kV～220kV排管、18孔及以上的6kV～20kV排管应采用钢筋混凝土全包封防护

B．排管端头宜设工井，无法设置时，应在排管端头地面上方设置标识

C. 排管上方沿线土层内应铺设带有电力标识的警示带,其宽度不小于排管宽度

D. 用于敷设单芯电缆的管材应选用非铁磁性材料

E. 排管内部应光滑、无毛刺,管口应无毛刺和尖锐棱角

59. ( )是属于电缆线路施工依据性文件。

A. 施工图设计书

B. 路径规划和开挖批复文件

C. 设计交底会记录、工程施工合同、工程概预算书、工程协调会议纪要及有关协议

D. 电缆和附件技术条件

60. 电缆施工项目负责人在接受工程项目后,应熟悉掌握设计图纸,会同( )到现场实地查看,了解现场施工条件,并进行初步施工方案准备。

A. 签发人   B. 施工单位   C. 业主   D. 监理

61. 施工图识图的目的是( )

A. 有利于施工人员详细了解设计意图,熟悉图纸,掌握工程的技术特点

B. 便于施工工艺流程的编制和施工组织设计,确保施工和安装顺利进行

C. 有利于土建工程的技术旁站检查和验收

D. 有利于验收人员了解工程造价的具体构成

62. 在电缆与电缆卡具之间应有( )等材料的胶垫,胶垫放置在电缆固定夹正中央,并用螺栓锁紧。

A. 乙丙橡胶   B. 氯丁橡胶
C. 电缆塑料护套   D. PVC、绝缘带

63. ( )的电缆应在每个支架上固定牢固。

A. 垂直敷设   B. 水平敷设
C. 超过30°倾斜敷设   D. 45°倾斜敷设

64. 当电缆水平敷设时,电缆( )处应固定牢固。

A. 首末两端   B. 中间   C. 转弯   D. 接头

65. 在电缆运输过程中,应防止电缆受到碰撞、挤压。电缆敷设过程中应严格控制( )。

A. 侧压力   B. 高落差   C. 弯曲半径   D. 牵引力

66. 高压电缆判断是否受潮的方法包括( )。

A. 外观观察法   B. 电学测试法   C. 绝缘测试法   D. 加热试验法

67. 在桥梁上敷设电缆时,应防止电缆( )。

A. 振动   B. 外力损伤   C. 掉落   D. 伸缩变形

68. 下列属于电缆桥架技术要求的是( )。

A. 电缆桥架钢材应平直、无明显扭曲、变形,并进行防腐处理,连接螺栓应采用防盗型螺栓

B. 电缆桥架两侧围栏应安装到位,宜选用不可回收的材质,并在两侧悬挂"高压危险,禁止攀登"警示牌

C. 电缆桥架两侧基础保护帽应采用混凝土整体浇筑成型

D．当直线段钢制电缆桥架超过 30m、铝合金或玻璃钢制电缆桥架超过 15m 时，应设置伸缩缝，且宜采用伸缩连接板连接；电缆桥架跨越建筑物伸缩缝处应设置伸缩缝

E．电缆桥架全线应接地良好

69．电缆工程施工方案的安全生产措施包括（　　）。

A．一般安全措施　　B．特殊安全措施　　C．防火措施　　D．文明施工措施

70．电缆工程施工方案中的工程概况包括（　　）。

A．工程名称、性质和账号　　　　　　B．工程建设和设计单位

C．电缆线路名称、长度和走向　　　　D．投资金额

三、填空题

五级／初级工

1．按照绝缘类型分类，陆地高压电缆分为充油电缆和（　　）。

2．按照阻水类型分类，陆地高压电缆分为（　　）和普通电缆。

3．按照铠装材料分类，陆地高压电缆主要分为皱纹铝套铠装和（　　）铠装。

4．海底电缆运行环境特殊，在外护套外有内衬层、（　　）和外被层，多数情况下海底电缆也包含光纤单元。

5．按照导体芯数，海底高压电缆可分为单芯电缆和（　　）电缆。

6．海底高压电缆按照铠装形式，可分为（　　）和（　　）。

7．按照有无光纤单元，海底高压电缆可分为（　　）和（　　）。

8．高压电缆一般采用绝缘型的 PVC 或（　　）作为外护套。

9．（　　）打法简单、易记，可作为一条绳上的一个临时或简单中止的制动点，即使两端拉得很紧，也依然可以轻松解开。

10．（　　）用于质量较重物件的抬运和吊运，特点是牢固、自紧、易解，可任意调整高度。

11．电缆卡具一般采用（　　）结构。

12．用于单芯电缆的卡具不得以（　　）构成闭合回路。

13．电缆卡具推荐使用（　　）或其他非铁磁性材料进行制作。

14．电缆卡具应具有足够的（　　），以满足运行时、安装条件下、短路作用下承受的最大机械应力要求。

15．电缆卡具与电缆之间应有（　　），使电缆卡具既加紧电缆，又不易夹伤电缆。

16．在电缆隧道、电缆沟的转弯处，以及电缆桥架两端采用（　　）固定方式。

17．固定夹具应由有经验的人员安装，宜采用（　　）紧固螺栓，螺栓的松紧程度应基本一致。

18．夹具两边的螺栓要（　　），不能过紧或过松。

19．电缆的夹具一般采用 2 片或 3 片组合结构，并采用（　　）。

四级／中级工

20．电缆排管敷设是将电缆敷设在预先埋设于（　　）中的电缆安装方式。

21．电缆竖井利用建构筑物的柱、梁、地面、楼板（　　）进行固定。

22．当进行高压电缆选型时，应充分考虑防潮防水的要求。当采用直埋、（　　）、电缆沟等容易接触水分的敷设方式时，应选用金属护套和聚乙烯外护层。

23．《电力电缆及通道运维规程》（Q/GDW 1512—2014）规定，当电缆通道设置在绿化带内时，工井出口处高度应高出绿化带地面至少（　　）。

24．电缆不得（　　）在通行的路面上。

25．电缆工井技术要求规定，工井应采用钢筋混凝土结构，设计使用年限不少于（　　）年，防水等级不应低于二级，隧道工井按隧道建设标准执行。

26．工井正下方的电缆应采取（　　）的保护措施。

27．位于公共区域的工井，安全孔井盖的设置应使非专业人员难以开启，人孔内径应不小于（　　）mm。

28．工井两端的排管管口应（　　）。

29．电缆隧道内的净高不宜小于（　　）m。

30．电缆隧道与其他管沟交叉的局部段净高不应小于（　　）m。

31．电缆夹层的净高不应小于（　　）。

32．支架应满足电缆（　　）要求，金属电缆支架应进行（　　）处理。

33．关于电缆支架的层间允许最小距离，35kV 及以上高压电缆不应小于 2 倍电缆外径加（　　）mm。

34．金属电缆支架全线均应有良好的接地，分相布置的单芯电缆支架应采用（　　）。

35．敷设电缆时，在隧道内采用滚轮进行长距离电缆敷设时，每个滚轮两侧均要有防止电缆滑落的（　　）。

36．有铠装多芯电缆的最小弯曲半径应为电缆外径的（　　），有铠装单芯电缆的最小弯曲半径应为电缆外径的（　　）；无铠装多芯电缆的最小弯曲半径应为电缆外径的（　　），无铠装单芯电缆的最小弯曲半径应为电缆外径的（　　）。

三级／高级工

37．直埋敷设的电缆接头与邻近电缆的净距不得小于（　　）。

38．电缆牵引网套的结构由铅（铜）扎线和（　　）组成。

39．侧压力是指作用在电缆上并在导体上呈（　　）方向的压力。

40．侧压力主要发生在牵引电缆时的（　　）部分。

41．电缆盘支撑架上配有（　　），用以顶升电缆盘，并调整电缆盘离地高度及盘轴的水平度。

42．当交流单芯电力电缆未采用品字形敷设方式时，且同一敷设通路中存在（　　）根及以上的电缆并行敷设时，应计入电缆间的相互电磁影响。

43．电缆采用蛇形敷设是释放（　　）的有效方法，使电缆的热膨胀均匀被每个波形吸收，而不会集中在终端、接头等处，从而避免对附件的损伤。

44．在隧道或竖井中，当环境温度和负荷电流变化时，高压、大截面电缆（尤其是高压交联聚乙烯大截面电缆）热胀冷缩，将产生较大的（　　）。

45．当电缆采用（　　）固定时，电缆因热胀冷缩会沿着固定处轴向产生一定的角度变化或发生横向位移。

46．敷设110kV及以上电缆时，转弯处的侧压力应符合制造厂商的规定，无规定时侧压力不应大于（　　）。

47．使用机械敷设电缆的速度不宜超过（　　），110kV及以上的电缆在较复杂路径上敷设时，敷设速度不宜超过（　　）。

48．敷设电缆时的环境温度不得低于电缆所允许敷设的最低温度要求，必要时应将电缆（　　）。

49．110kV电缆敷设到位后，应进行（　　）试验。

50．当电缆进行水平蛇形敷设时，应在支撑蛇形弧的支架上设置（　　）。

51．在拱形桥架上敷设电缆时，需采用（　　）牵引电缆，电缆牵引完毕后，用机械将电缆固定在支架上。

52．敷设于短跨距桥梁段的电力电缆应穿入内壁光滑、耐燃的防护管内，并在桥墩部位设置（　　），以吸收过桥电缆的热伸缩量。

53．单芯交联聚乙烯电缆的牵引头包括拉环套、螺钉、帽盖、密封圈、锥形钢衬管、锥形帽罩、（　　）和（　　）。

54．在制作单芯交联聚乙烯电缆的牵引头时，在铅护套和锥形帽罩处应用（　　）密封。

55．进行多弯道电缆敷设时，必须监视电缆敷设的（　　）和（　　）是否满足要求。

56．当电缆隧道敷设高压充油电缆时，应尤其重视（　　）问题。

57．并列敷设的电缆接头的位置应（　　）。

二级/技师

58．桥梁敷设电缆不宜选用（　　）电缆。

59．110（66）kV及以上电缆的敷设和附件安装关键环节应留有（　　）资料，清晰记录关键环节的安装过程，并经监理人员确认签字。

60．电缆接头应用托板托置（　　），当电缆并列敷设时，电缆接头位置应相互错开，并不应设置在倾斜位置上。

61．加热校直可以消除电缆生产和敷设过程中产生的（　　），保证电缆和附件的界面配合，也可减少电缆投运后因绝缘受热而导致的回缩。

62．在同一变电站的各路电源电缆线路中，应选用不同的通道路径，若进行同通道敷设，则应（　　）布置。

63．进行高压电缆选型时，应充分考虑防潮防水的要求。当采用直埋、排管、电缆沟等容易接触水分的敷设方式时，应选用金属护套和（　　）外护层。

64．电力电缆蛇形布置转换成直线敷设的过渡部位应采用（　　）固定。

四、判断题

五级/初级工

1．导体的作用是传输电流，电缆导体线芯大都采用高电导系数的铜、铝或铝合金进行制造。（　　）

2. 电缆屏蔽层能将电场控制在绝缘内部，同时能使绝缘界面光滑，并借此消除界面空隙的导电层。（   ）

3. 电缆绝缘层具有承受电压的功能。（   ）

4. 当电缆运行时，电缆绝缘层应具有稳定的特性、较高的绝缘电阻、较高的击穿强度、优良的耐树枝放电和局部放电性能。（   ）

5. 电缆护层是覆盖在电缆绝缘层外面的保护层。（   ）

6. 导体是电缆工作时的高压电极，其表面电场强度最小。（   ）

7. 电缆绝缘屏蔽表面需要绕包缓冲层或横向阻水层。（   ）

8. 金属屏蔽应能满足屏蔽要求和接地要求，在事故发生时应承受电缆线路的短路电流。（   ）

9. 海底电缆一般采用铝套作为金属屏蔽。（   ）

10. 光纤复合海底电缆具备分布式温度监测、数据传输、机械应变检测、振动测量、故障定位及路由变化探测等综合功能。（   ）

11. 为了便于管理和使用地形图，需要将各种比例尺的地形图进行统一分幅与编号。（   ）

12. 施工人员应了解设计图中的电缆线路敷设路径，并在施工前到现场进行勘察，进一步掌握电缆线路敷设的实际路径走向。（   ）

13. 施工图上某一线段的长度与地面上相应线段实际水平长度之比称为图的比例尺。（   ）

14. 电缆与通道资料应有专人管理，并建立图纸、资料清册，做到目录齐全、分类清晰、一线一档、检索方便。（   ）

15. 地理走向图属于电缆的运行资料。（   ）

16. 双重称人结与称人结的结构基本相同，但比称人结更加稳定、安全、可靠。（   ）

17. 八字结的缠绕方法一旦发生错误，可能会变成不完全的活结，用力一拉结就会散开。（   ）

18. 接绳结是将两条绳连接在一起，特点是容易解开。（   ）

19. 如果只在绳索的一端使力，则双套结不会乱掉或松开。（   ）

20. 接绳扣结是单根绳相连接的专用结。（   ）

21. 当平结的缠绕方法发生错误时，绳结不会散开。（   ）

22. 抽结适用于吊有钩或环的小件物品。（   ）

23. 活络结只在暂时拖移物件时适用。（   ）

24. 半结是一种常用的捆绑结，可作为捆绑物件时的起始结，不可作为终端结。（   ）

25. 隧道内电缆固定夹具的构件、支架应无缺损、无锈蚀、牢固、无松动。（   ）

26. 电缆卡具表面应光洁，无砂眼和气泡等缺陷。（   ）

27. 除了交流单相电力电缆必须采用专用夹具固定，其余电缆允许选用经防腐处理的扁钢夹具、尼龙绑扎带、镀塑金属轧带等合规固定材料。（   ）

四级/中级工

28. 电缆可采用铁丝直接捆扎。（   ）
29. 敷设电缆时，在直角弯处采用2个转角滑轮将急弯角度分解，以保证敷设过程中尽量增大电缆的弯曲半径。（   ）
30. 敷设电缆时，为了尽量减小电缆的转角角度和弯曲半径，在弯度特别大的直角弯要多加转角滑轮平滑过渡。（   ）
31. 电缆最小弯曲半径与电缆外径的比值取决于电缆的种类、护层结构、芯数。（   ）
32. 在敷设66kV及以上的电缆时，最小弯曲半径为15倍的电缆外径。（   ）
33. 在敷设110kV以上电缆时，弯曲形状会影响电缆的附加长度。（   ）
34. 在安装电缆终端引下时，电缆的弯曲半径不宜小于20倍电缆外径。（   ）
35. 如果电缆隧道纵向坡度超过30°，则应在人员通道部位设防滑地坪或台阶。（   ）
36. 电缆排管一般敷设于电缆与公路交叉处、铁路交叉处、通过城市道路且交通繁忙处、敷设距离长且电力负荷比较集中的地段。（   ）
37. 隧道工井人孔内径应不小于500mm，在隧道交叉处设置的人孔不应垂直设在交叉处的正上方，应错开布置。（   ）
38. 采用中性点非有效接地方式且允许带故障运行的电力电缆线路，允许敷设于隧道、密集电缆沟及综合管廊电力舱。（   ）
39. 综合管廊是指在城市地下建造的市政公用隧道空间，将电力、通信、供水等市政公用管线根据规划要求集中敷设在一个构筑物内，实施统一规划、设计、施工和管理。（   ）
40. 电缆隧道中两侧支架间通道的净宽最小值为1000mm。（   ）
41. 采用中性点非有效接地方式且允许带故障运行的电力电缆线路不应与110kV及以上的电缆线路共用隧道、电缆沟、综合管廊电力舱。（   ）
42. 在重要的隧道中，可按要求分段设置防火墙，或用软质耐火材料设置防火墙。（   ）
43. 电力电缆隧道敷设的优点是对防火、防渗水的技术要求不高。（   ）
44. 在进行隧道电缆敷设时，应采用卷扬机牵引和电缆输送机牵引相结合的方法。（   ）
45. 在进行隧道电缆敷设时，在无杂物、平滑的地面可以不用布设滑轮，直接将电缆置于地面进行拖移敷设。（   ）
46. 在进行电缆隧道敷设时，必须确保通信联络的可靠，卷扬机的启动和停车操作应由专人统一指挥。（   ）
47. 电缆工井尺寸应满足电缆最大弯曲半径的要求。（   ）
48. 直埋、排管敷设的电缆上方沿线土层内应铺设带有电力标识的警示带。（   ）
49. 排管内导管的物理化学性能应符合相关规范要求，导管连接处应严密，导管与工井、电缆之间应进行有效的防水封堵。单芯电缆的导管应采用磁性材料。（   ）
50. 电缆敷设的附加长度应计入敷设地形等高差变化、伸缩节或迂回备用裕量。（   ）
51. 电缆层、电缆工井、隧道因排管渗漏积水应定性为一般缺陷。（   ）
52. 电缆工井主要用于排管线路的转弯。（   ）
53. 排管部分的混凝土必须分层浇注。（   ）

三级／高级工

54．穿引器（通棒）是电缆在排管敷设中穿引绳索的工具。（　　）

55．当电缆牵引敷设时，应根据允许拉力和侧压力控制电缆排管长度。（　　）

56．在坡度超过 10% 的斜坡排管中，应在标高较低的工井内设置固定构件，以防电缆因热伸缩和重力作用而滑落。（　　）

57．在电缆敷设完毕后，应及时清除杂物、盖好盖板。当盖板上方需回填土时，应将盖板的缝隙密封。（　　）

58．电缆沟适用于变电站出线、主要街道、多种电压等级、电缆较多、道路弯曲以及高程变化较大的地段。（　　）

59．将电缆敷设在预先建好的电缆沟中的安装方法称为电缆沟敷设。（　　）

60．当电缆沟槽开挖施工时，如果土壤有可能坍塌或滑动，则所有在沟槽中的工作人员必须迅速离开，并组织人员将滑动部分挖去，或采取防护措施后再继续进行工作。（　　）

61．变电站电缆夹层、电缆竖井、电缆隧道、电缆沟等在空气中进行敷设的电缆应选用阻燃电缆。（　　）

62．回流线应敷设在电缆沟的中间。（　　）

63．容纳 110kV 及以上电缆的通道应采用直埋敷设。（　　）

64．电缆桥架适用于跨越宽度较小的河道和河沟段。（　　）

65．隧道工井人孔内径应不小于 1000mm，在隧道交叉处设置的人孔不应垂直设置在交叉处的正上方，应错开布置。（　　）

66．在明敷且不宜采用支持式架空敷设的地方，可采用悬挂式架空敷设。（　　）

67．排管的端头、转弯和折角处应设置工井。（　　）

68．当排管地基的承载力不满足要求时，应进行地基处理，排管纵向排水坡度不宜小于 0.1%。（　　）

69．在坡度较大的电缆导管路中，存在电缆滑落风险的位置无须设置加强固定措施。（　　）

70．工井的底板应设有集水坑、拉环坑，集水坑泄水坡度不应小于 1%。（　　）

71．电缆隧道、封闭式工井应满足防止外部进水、渗水的要求；当电缆隧道、封闭式工井底部低于地下水位或电缆隧道与工业水沟交叉时，应加强电缆隧道、封闭式工井的防水处理，并采取电缆隔层密封的防水构造措施。（　　）

72．电缆夹层的安全出口不应少于 2 个，其中 1 个安全出口可通往疏散通道。（　　）

73．在电缆竖井内敷设带皱纹金属护套的电缆时，应有防止导体与金属护套之间发生相对位移的措施。（　　）

74．隧道的结构安全等级宜为二级，特殊地段的隧道结构安全等级宜为一级。（　　）

75．隧道应采用全封闭的防水设计，防水等级应不低于二级。（　　）

76．隧道应设置集水坑，集水坑位于隧道的低点，纵向坡度不宜小于 0.5%。（　　）

77．隧道内的金属构件和固定式电器用具均应与接地网连通。（　　）

78．隧道应设置接地装置，接地电阻不宜大于 4Ω。（　　）

79．110（66）kV 及以上的电缆应采用复合材料，35kV 及以下的电缆可采用金属支架。（　　）

80．通道内支架应平直、牢固无扭曲，各横撑间的垂直净距与设计偏差不应大于 2mm。（　　）

81．牵引钢丝网套是在牵引电缆时，将牵引力过渡至电缆的金属护套或塑料外护层上的一种连接工具。（　　）

82．用卷扬机牵引电缆时，电缆牵引端和钢丝绳之间可直接连接，不必装防捻器。（　　）

83．电缆滚轮用于牵引展放电缆，防止电缆和接触面摩擦损伤电缆外护层。（　　）

84．电缆牵引网套牵引力较小，可作辅助牵引。（　　）

85．敷设电缆应由专人指挥，当电缆被牵引时，严禁用手移动滚轮，以防压伤手脚。（　　）

86．电缆终端安装电缆引下时，电缆的弯曲半径不宜小于电缆外径的 20 倍。（　　）

87．电缆最小弯曲半径与电缆外径的比值取决于电缆的种类、护层结构、芯数。（　　）

88．当工井深度超过 30m，且电缆数量≥12 根或电缆为重要负荷电缆时，可在工井内设置简易式电梯。（　　）

89．管口保护喇叭由两个半片合成，敷设电缆前应将管口保护喇叭安装在孔口，牵引完成后不得拆除。（　　）

90．盖板下沉式的电缆沟宜沿线每隔一定距离设 2 处检修人孔。（　　）

91．牵引力是作用在电缆被牵引方向的拉力。（　　）

92．电缆沟沟壁、盖板应满足承受荷载和适合环境耐久的要求。电厂、变电站内可开启的沟盖板，其单块重量不宜超过 100kg。（　　）

二级/技师

93．用网套牵引 PVC 护套电缆时，最大允许牵引强度为 9N/mm²。（　　）

94．用网套牵引有加强层的铅套电缆时，最大允许牵引强度为 12N/mm²。（　　）

95．用网套牵引波纹铝护套电缆时，最大允许牵引强度为 15N/mm²。（　　）

96．电缆敷设于直流牵引的电气化铁路附近时，电缆与金属支持物之间宜设置导电衬垫。（　　）

97．电缆沟中普通支架（臂式支架）可选用耐腐蚀的刚性材料进行制作。（　　）

98．在使用电缆输送机前，应检查输送机各部分有无损坏，检查履带表面有无异物。（　　）

99．在电缆敷设施工时，多台输送机和牵引设备可以没有联动控制装置。（　　）

100．防捻器的一侧若能在受到扭矩时自由转动，则可有效消除钢丝绳或电缆的扭转应力。（　　）

101．在电缆线路安装完毕后并投入运行前，建筑工程应完成修饰工作。（　　）

102．在电缆敷设前，在线盘处、隧道口、隧道竖井内及隧道内转角处搭建放线架，将电缆盘、牵引机、履带输送机、滚轮等布置在适当的位置。（　　）

103．敷设电缆时，在电缆牵引头、电缆盘、牵引机、履带输送机、电缆转弯处等应有专人负责检查并保持通信畅通。（　　）

104. 竖井内的大截面电缆可借助夹具作蛇形敷设，并在竖井顶端悬挂电缆，从而吸收由热机械力带来的变形。（　　）

105. 不得用磁性材料制成的金属丝直接捆扎电缆。（　　）

106. 当进行蛇形敷设时，必须按照设计规定的蛇形节距和幅度固定电缆。（　　）

107. 宜使用专用电缆敷设器具，并使用专用机具调整电缆的蛇形波幅，严禁用有尖锐棱角的铁器撬电缆。（　　）

108. 利用市政交通桥梁敷设电缆是一种经济高效的敷设方式，既提高了城市基础设施利用率，又降低了工程造价、施工、运维的难度。（　　）

109. 交联聚乙烯绝缘电缆属于固体绝缘电缆，一般不用于高落差敷设和垂直敷设。（　　）

110. 在高落差的竖井中进行电缆敷设时，电缆的自重应能拖动电缆盘转动，因此电缆盘必须有可靠的制动装置。（　　）

111. 在电缆进场拆盘前，需检查相关凭证，检查外包装有无破损，核对铭牌、型号是否与设计一致，检查质保书、合格书、出厂试验报告是否齐全有效。（　　）

112. 高电压、大截面电缆在蛇形敷设或垂直弯曲敷设时，弧幅应符合设计要求，并留有影像资料。（　　）

113. 电缆牵引头及沿线不用设专人监视。（　　）

114. 在电缆敷设完后，应及时清除杂物，确保管口封堵完好，盖好盖板。必要时，应将盖板缝隙密封，并留有影像资料。（　　）

115. 电力电缆在终端与接头附近宜留一定长度。（　　）

116. 同通道敷设的电缆应按电压等级从上向下分层布置，不同电压等级电缆间宜设置防火隔板等防护措施。（　　）

117. 开断电缆后，塑料绝缘电缆应有可靠的防潮封端。（　　）

118. 并列敷设的电缆接头位置应对齐。（　　）

119. 电力电缆长期允许的载流量除了与本身的材料与结构有关，还与电缆敷设方式和周围环境有关。（　　）

120. 海底电力电缆的绝缘结构与陆上电缆很相似，可把陆上电缆敷设在海底使用。（　　）

121. 使用机械敷设电缆的速度不宜超过15m/min，敷设110kV及以上的电缆或在较复杂路径上敷设电缆时，敷设速度应适当放慢，不宜超过6～7m/min。（　　）

122. 同一通道内不同电压等级的电缆应按照电压等级从上向下排列，并分层敷设在电缆支架上。（　　）

123. 当进行交接试验时，对于新敷设的电缆线路无须检查电缆相位。（　　）

124. 电缆在引入建筑物、与地下建筑物交叉或避让地下建筑物处，可适当减少埋深，但应采取保护措施。（　　）

125. 对110kV及以上的单芯橡塑电缆外护套、内衬套进行敷设前，应用500V兆欧表测量其绝缘电阻值。（　　）

126. 当验收电缆工程时，电缆线路的施工记录包括隐蔽工程隐蔽前检查记录（或签证）、

电缆敷设记录、质量检验记录及评定记录。（   ）

127．当验收电缆工程时，电缆线路的原始记录是指电缆的型号、规格、实际敷设总长度、分段长度、安装日期、终端、中间接头等基本信息。（   ）

128．电缆盘的制动装置可用于敷设过程中的临时停车，以及在电缆盘转速过快时调整盘上外围电缆的松弛状态。（   ）

129．牵引套（拉线头）是将牵引钢丝绳上的拉力传递到电缆导体和金属护套上的装置。（   ）

130．放线架是电缆展放（回收）时起重、架起电缆盘的工具。（   ）

131．电缆敷设进入工井时，大口径波纹管可作为电力电缆展放过程中的有效保护装置。（   ）

132．电缆输送机具有结构紧凑、质量轻、推力大等特点，可有效保证电缆的敷设质量。（   ）

133．电缆敷设在桥上无人可触及处时，可采用裸露敷设方式，但上部应加装遮阳罩。（   ）

134．电缆隧道内必须安装通风设施。（   ）

135．敷设电缆时应考虑电缆与管道的距离。（   ）

136．垂直作用在电缆表面方向上的压力称为侧压力。（   ）

137．排管施工完毕后，应采用与管径相匹配的疏通器进行疏通，疏通后应将孔洞临时封堵，以便于电缆敷设施工。（   ）

138．电缆敷设时，为减小电缆的转角角度和弯曲半径，在弯度较大的直角弯处应增设转角滑轮组，以确保平滑过渡。（   ）

139．当电缆敷设时，外护层的损伤是正常的，对施工质量没有影响。（   ）

140．每根电力电缆应单独穿入一根保护管内，但交流单芯电力电缆不得单独穿入钢管。（   ）

141．防火封堵是限制火灾蔓延的重要措施。电缆穿越楼板、墙壁、盘柜孔洞、管道两端时，应采用防火堵料封堵。封堵材料厚度不应小于100mm，且应严实无气孔。（   ）

142．单芯电缆线路并行敷设时，应增设一根回流线，以抑制对邻近弱电线路的干扰。（   ）

143．电缆穿越墙体、孔洞、楼板时，两端刷防火涂料的长度距建筑物边缘不得小于1m。（   ）

144．沟槽挖土可采用人工或机械方式。（   ）

145．''撑棒''"半圆"等工具是电缆在施工现场转向的有效工具。（   ）

146．敷设于水底的电缆必须能承受较大的纵向拉力，应选用钢丝铠装和聚氯乙烯外护套电缆。（   ）

147．电缆敷设时，电缆与热力管道或其他地下管道的间距应符合运行部门的要求。（   ）

148．电缆敷设完毕后，应立即进行外护套交接试验：在每段电缆金属屏蔽层与地之间施加10kV直流电压，持续5min，不击穿为合格。（   ）

4.1.3 电缆附件安装

4.1.3.1 电缆附件安装(中压)

一、单选题

五级/初级工

1. 电缆线芯分叉处应将线芯( )、定位。
   A. 校直　　　　　B. 弯曲　　　　　C. 压紧　　　　　D. 固定

2. 绝缘表面直径的测量位置应选择( )。
   A. 任意两点　　　B. 一个点　　　　C. 两个点　　　　D. 三个点

3. 电缆长度应确保在制作电缆终端和接头时有足够的长度和适当的( )。
   A. 固定　　　　　B. 余量　　　　　C. 支持　　　　　D. 标记

4. 电缆附件制作人员在完成绝缘表面打磨工作后,应测量绝缘表面的( )。
   A. 直径　　　　　B. 长度　　　　　C. 宽度　　　　　D. 厚度

5. 电缆附件是通过将各类组件、部件、材料,依据设计工艺规范,在电缆( )现场组装而成的,其绝缘结构与电缆本体形成完整不可分割的集成系统。
   A. 旁边　　　　　B. 中间　　　　　C. 端部　　　　　D. 尾部

6. 户外电缆终端的外绝缘必须满足所设置环境条件的要求,并有合适的爬电比距。在一般环境条件下,外绝缘的爬电比距( )架空线绝缘子串的爬电比距。
   A. 等于　　　　　B. 不应高于　　　C. 不应低于　　　D. 高于两倍的

7. 户外电缆终端的外绝缘必须满足所设置环境条件的要求,并有合适的爬电比距。在一般环境条件下,外绝缘的爬电比距应比统一爬电比距大( )cm/kV。
   A. 1.17　　　　　B. 2.17　　　　　C. 2.15　　　　　D. 3

8. 绝缘接头的绝缘隔离板应能承受所连电缆护层绝缘水平( )倍的电压。
   A. 1　　　　　　B. 2　　　　　　C. 3　　　　　　D. 4

9. 转换接头主要用于连接( )。
   A. 单芯电缆和双芯电缆　　　　　　B. 三芯电缆和四芯电缆
   C. 三芯电缆和单芯电缆　　　　　　D. 双芯电缆和四芯电缆

10. 电缆附件的额定电压( )电缆的额定电压。
    A. 等于　　　　B. 不得高于　　　C. 不得低于　　　D. 高于两倍的

11. 分支接头主要将( )连接至干线电缆。
    A. 支线电缆　　B. 降压电缆　　　C. 平行电缆　　　D. 主干电缆

12. 铜线屏蔽电缆应用( )绞合后引出作为接地线。
    A. 铜线　　　　B. 原铜线　　　　C. 铜丝线　　　　D. 镀锡原铜线

四级/中级工

13. 电缆附件制作的现场环境温度宜控制在0~35℃,相对湿度应控制在( )%及以下。

A．60 B．70 C．80 D．90

14．剥除电缆外护套时，外护套断口以下（　　）mm 范围内应用砂纸打磨并清洗干净。

A．80 B．90 C．100 D．110

15．绝缘层屏蔽末端应进行（　　）处理，确保与绝缘层形成平滑过渡。

A．平滑 B．平整 C．倒边 D．倒角

16．涂抹硅脂或硅油等绝缘润滑剂时，应使用干净的（　　）。

A．线手套 B．专用手套 C．一次性手套 D．绝缘手套

17．采用围压压接法进行导体连接时，每压一次应在压模合拢到位后保持压力（　　），待压接部位金属塑性变形达到基本稳定后方可卸压。

A．10～15s B．10～25s C．15～20s D．15～25s

18．当采用围压压接法进行导体连接时，围压的成形边应各自同在一个平面上，压缩比宜控制在（　　）。

A．10%～15% B．10%～25% C．15%～20% D．15%～25%

19．在进行冷缩电缆接头密封处理时，绕包的防水带应覆盖接头两端的电缆内护套，并搭接不少于（　　）mm 的电缆外护套。

A．100 B．110 C．120 D．130

20．在安装电缆附件时，若空间狭小，则允许弯曲除电缆外的其他部件，其弯曲半径不应小于电缆外径的（　　）倍。

A．16 B．15 C．20 D．25

21．电缆终端下方应采用抱箍固定，固定间距不应大于（　　）mm。

A．1000 B．1500 C．500 D．2000

22．电缆接头两侧应进行固定，固定点应距离接头最后一道密封层（　　）mm。

A．10 B．20 C．50 D．60

23．电缆终端的安装应考虑最小净距，对于安装在开关柜体内部的电缆终端，当电压等级为10kV时，电缆终端主体与同相裸导体的最小净距是（　　）mm。

A．125 B．126 C．127 D．128

24．电缆终端的安装应考虑最小净距，对于安装在开关柜体内部的电缆终端，当电压等级为20kV时，电缆终端主体与同相裸导体的最小净距是（　　）mm。

A．190 B．191 C．195 D．200

25．电缆终端的安装应考虑最小净距，对于安装在开关柜体内部的电缆终端，当电压等级为35kV时，电缆终端主体与同相裸导体的最小净距是（　　）mm。

A．330 B．335 C．340 D．345

26．电缆终端的安装应考虑最小净距，对于安装在开关柜体内部的电缆终端，当电压等级为10kV时，电缆终端主体与异相裸导体的最小净距是（　　）mm。

A．185 B．190 C．195 D．200

27．电缆终端的安装应考虑最小净距，对于安装在开关柜体内部的电缆终端，当电压等级为20kV时，电缆终端主体与异相裸导体的最小净距是（　　）mm。

A. 265　　　　　　B. 266　　　　　　C. 267　　　　　　D. 268

28. 电缆终端的安装应考虑最小净距，对于安装在开关柜体内部的电缆终端，当电压等级为35kV时，电缆终端主体与异相裸导体的最小净距是（　　）mm。

A. 454　　　　　　B. 455　　　　　　C. 456　　　　　　D. 457

29. 电缆终端的安装应考虑最小净距，对于安装在开关柜体内部的电缆终端，当电压等级为10kV时，电缆终端主体上端对地的最小净距是（　　）mm。

A. 20　　　　　　B. 30　　　　　　C. 40　　　　　　D. 50

30. 电缆终端的安装应考虑最小净距，对于安装在开关柜体内部的电缆终端，当电压等级为20kV时，电缆终端主体上端对地的最小净距是（　　）mm。

A. 20　　　　　　B. 30　　　　　　C. 40　　　　　　D. 50

31. 电缆终端的安装应考虑最小净距，对于安装在开关柜体内部的电缆终端，当电压等级为35kV时，电缆终端主体上端对地的最小净距是（　　）mm。

A. 20　　　　　　B. 30　　　　　　C. 40　　　　　　D. 50

32. 电缆终端的安装应考虑最小净距，对于安装在开关柜体内部的电缆终端，当电压等级为10kV时，电缆终端主体上端相间的最小净距是（　　）mm。

A. 30　　　　　　B. 40　　　　　　C. 50　　　　　　D. 60

33. 电缆终端的安装应考虑最小净距，对于安装在开关柜体内部的电缆终端，当电压等级为20kV时，电缆终端主体上端相间的最小净距是（　　）mm。

A. 30　　　　　　B. 40　　　　　　C. 50　　　　　　D. 60

34. 电缆终端的安装应考虑最小净距，对于安装在开关柜体内部的电缆终端，当电压等级为35kV时，电缆终端主体上端相间的最小净距是（　　）mm。

A. 30　　　　　　B. 40　　　　　　C. 50　　　　　　D. 60

35. 电缆终端的安装应考虑最小净距，对于安装在开关柜体内部的电缆终端，当电压等级为10kV时，电缆终端主体下端相间的最小净距是（　　）mm。

A. 15　　　　　　B. 20　　　　　　C. 25　　　　　　D. 35

36. 电缆终端的安装应考虑最小净距，对于安装在开关柜体内部的电缆终端，当电压等级为20kV时，电缆终端主体下端相间的最小净距是（　　）mm。

A. 15　　　　　　B. 20　　　　　　C. 25　　　　　　D. 35

37. 电缆终端的安装应考虑最小净距，对于安装在开关柜体内部的电缆终端，当电压等级为35kV时，电缆终端主体下端相间的最小净距是（　　）mm。

A. 15　　　　　　B. 20　　　　　　C. 25　　　　　　D. 35

38. 电缆终端的安装应考虑最小净距，对于安装在开关柜体内部的电缆终端，当电压等级为10kV时，电缆终端主体下端对地的最小净距是（　　）mm。

A. 15　　　　　　B. 20　　　　　　C. 25　　　　　　D. 35

39. 电缆终端的安装应考虑最小净距，对于安装在开关柜体内部的电缆终端，当电压等级为20kV时，电缆终端主体下端对地的最小净距是（　　）mm。

A. 15　　　　　　B. 20　　　　　　C. 25　　　　　　D. 35

40. 电缆终端的安装应考虑最小净距，对于安装在开关柜体内部的电缆终端，当电压等级为35kV时，电缆终端主体下端对地的最小净距是（　　）mm。
   A．15   B．20   C．25   D．35
41. 电缆附件采用抽样验收时，抽样比例不应低于（　　）。
   A．20%   B．30%   C．40%   D．50%
42. 发电厂、变电站35kV三芯电缆进线段与架空线连接处应装设避雷器，电缆末端金属护套应（　　）。
   A．直接接地   B．装设避雷器   C．悬空   D．加装保护器
43. 当电缆长度超过（　　）m且断路器在雷雨季经常分闸运行时，应在电缆末端装设避雷器。
   A．10   B．50   C．100   D．150
44. 避雷器应采用（　　）的接地线与变电站的主接地网可靠连接。
   A．最长   B．适当长度   C．最短   D．5m以内
45. 避雷器附近应装设（　　）接地装置。
   A．分散   B．分布式   C．集约化   D．集中
46. 避雷器的接线端子应能承受与（　　）相关的冲击负荷。
   A．额定电流   B．额定电压   C．雷电电流   D．额定短路电流
47. 当行波在长度超过（　　）的电缆中传播时，会因自然电阻损耗而衰减。
   A．1km   B．2km   C．3km   D．4km
48. 小于1km的电缆因多次反射和阻尼不足，可能在终端产生（　　）。
   A．谐振   B．过电压   C．过电流   D．电晕

三级/高级工

49. 在安装35kV热缩式电力电缆终端时，应尽量（　　）固定电缆终端。
   A．水平   B．倾斜   C．竖直   D．垂直
50. 建议在杆塔上制作（　　）的35kV热缩式电力电缆终端。
   A．大体积   B．大截面积   C．大重量   D．大对数
51. 35kV热缩式电力电缆终端防雨裙应与线芯绝缘管（　　）固定。
   A．水平   B．倾斜   C．竖直   D．垂直
52. 在热缩35kV热缩式电力电缆终端防雨裙时，应对防雨裙（　　）进行加热。
   A．上端直管部位 B．下端直管部位 C．上端弯管部位 D．下端弯管部位
53. 在热缩35kV热缩式电力电缆终端防雨裙时，应对防雨裙（　　）。
   A．均匀加热   B．螺旋加热   C．圆周加热   D．同步加热
54. 套入35kV预制式电力电缆终端套管时，应将（　　）的一端套至三指管根部。
   A．未涂热熔胶   B．涂有热熔胶   C．长   D．短
55. 35kV预制式电力电缆终端套管套入过程不宜过长，应（　　）推到位。
   A．一次性   B．多次   C．快速   D．慢速
56. 套入35kV预制式电力电缆终端罩帽时，应将罩帽大端向外翻开，必须待（　　）

顶住绝缘后，方可用罩帽大端罩住终端。

　　A．罩帽内腔台阶　　　B．罩帽端部　　　　C．罩帽大端　　　D．罩帽小端

57．固定 35kV 冷缩式电力电缆终端三相时，应保证相间（接线端子之间）的户外距离不小于（　　）mm。

　　A．200　　　　　　　B．300　　　　　　　C．400　　　　　　D．500

58．固定 35kV 冷缩式电力电缆终端三相时，应保证相间（接线端子之间）的户内距离不小于（　　）mm。

　　A．200　　　　　　　B．300　　　　　　　C．400　　　　　　D．500

二、多选题

五级／初级工

1．剥除电缆外护套时应注意（　　）。

　　A．切口平齐

　　B．按附件说明书尺寸进行剥除

　　C．打磨电缆外护套断口以下 100mm 部分

　　D．电缆外护套清洗干净

2．在电缆终端和接头制作过程中，应进行（　　）。

　　A．电缆临时固定　　　　　　　　　　B．电缆校直

　　C．附件中心位置标记　　　　　　　　D．电缆定位并固定电缆

3．在测量电缆绝缘表面直径时，（　　）。

　　A．应选择 2 个测量点　　　　　　　　B．测量点应间隔 90°

　　C．测量结果符合工艺图纸尺寸要求　　D．测量后打磨去除测量痕迹

4．电缆绝缘处理前，应（　　）。

　　A．测量电缆绝缘尺寸　　　　　　　　B．测量预制件尺寸

　　C．确认尺寸符合安装工艺要求　　　　D．测量绝缘表面直径

5．户外电缆终端的外绝缘设计应满足（　　）等环境条件要求。

　　A．污秽等级　　　　B．海拔高度　　　　C．温度　　　　　　D．湿度

6．过渡接头通常连接（　　）。

　　A．PVC 电缆　　　　B．橡套电缆　　　　C．油纸电缆　　　　D．交联电缆

7．绝缘接头实现了电缆的导体连接，并在电气上断开了（　　）的联接。

　　A．金属护套　　　　B．接地屏蔽层　　　C．绝缘屏蔽　　　　D．绝缘材料

8．10kV～35kV 交联聚乙烯电缆接头按结构形式分为（　　）。

　　A．绕包式　　　　　　　　　　　　　B．热缩式

　　C．冷缩式　　　　　　　　　　　　　D．预制式

　　E．模塑式

9．附件接地线焊接前，应对电缆钢铠和铜屏蔽焊接部位进行（　　）处理。

　　A．打磨　　　　　　B．清理　　　　　　C．镀锡　　　　　　D．搪铅

10. 无接地线的焊接应满足工艺要求，焊接面应（　　）。
   A．光滑　　　　　　B．紧实　　　　　　C．牢固　　　　　　D．无反光
11. 电缆的接地线应采用（　　）与电缆屏蔽层进行连接。
   A．铜绞线　　　　　B．铜编织线　　　　C．铜丝线　　　　　D．镀锡铜编织线

四级/中级工

12. 在安装电缆附件时，应严格控制施工现场的（　　）。
   A．温度　　　　　　B．湿度　　　　　　C．清洁度　　　　　D．洁净度
13. 在制作电缆附件前，应对电缆进行的检查包括（　　）。
   A．确认电缆未受潮或进水　　　　　　B．检查绝缘偏心度
   C．排查机械损伤等缺陷　　　　　　　D．核对电缆相位
   E．检查主绝缘与护套是否合格
14. 在制作电缆附件前，应对电缆进行的检查包括（　　）
   A．电缆附件规格应与电缆匹配
   B．部件应齐全、无损伤，绝缘材料不应受潮、过期
   C．预先组装壳体结构附件
   D．内壁清洁，结构尺寸符合工艺要求
   E．主绝缘及内、外护套试验合格
15. 在安装35kV及以下冷缩电缆附件时，处理后的屏蔽层断口应齐整，不应有（　　）。
   A．凹槽　　　　　　B．毛刺　　　　　　C．缺口　　　　　　D．凸起
16. 电缆绝缘表面应进行打磨抛光处理，一般宜采用（　　）号砂纸。
   A．200　　　　　　B．240　　　　　　C．400　　　　　　D．440
17. 打磨抛光后的绝缘表面应无（　　）缺陷。
   A．颗粒　　　　　　B．划痕　　　　　　C．杂质　　　　　　D．凹槽
18. 在安装35kV及以下冷缩式电缆附件前，对（　　）等绝缘润滑剂进行检查。
   A．硅脂　　　　　　B．硅油　　　　　　C．黄油　　　　　　D．甘油
19. 电缆终端安装的注意事项包括（　　）。
   A．第一个固定抱箍应安装在电缆终端最后一道密封层下方50mm处
   B．第一个固定抱箍应安装在电缆终端最后一道密封层下方60mm处
   C．第二道固定抱箍距离第一道抱箍500～600mm
   D．第二道固定抱箍距离第一道抱箍500～800mm
20. 电缆附件的过程验收一般包括附件（　　）等项目。
   A．施工准备　　　　B．绝缘处理　　　　C．导体连接　　　　D．冷缩部件安装
21. 电缆附件在进行绕包防水带时，（　　）应符合工艺要求。
   A．重叠度　　　　　B．重叠率　　　　　C．拉伸度　　　　　D．拉伸率
22. 电缆附件安装质量应满足的条件包括（　　），接地连接可靠且符合线路接地设计要求。
   A．导体连接可靠　　　　　　　　　　B．绝缘恢复满足设计要求

C．密封防水牢靠　　　　　　　　　　D．防止机械振动与损伤

23．避雷器在稳态条件下，以下说法正确的是（　　）。
A．避雷器引线的电流仅为几 mA　　　B．避雷器引线的电流仅为几 μA
C．避雷器引线的电流为运行电流　　　D．避雷器引线的电流为泄漏电流

三级/高级工

24．在清洁 35kV 热缩式电力电缆终端绝缘时，需用浸有清洁剂的、不掉纤维的（　　）清洁。
A．粗布　　　　B．细布　　　　C．清洁纸　　　　D．无纺布

25．在清洁 35kV 热缩式电力电缆终端绝缘时，需要清洁绝缘层表面上的（　　）。
A．污垢　　　　B．碳化痕迹　　　C．外护套颗粒　　D．铜屏蔽残留

26．在清洁 35kV 热缩式电力电缆终端绝缘时，以下说法正确的是（　　）。
A．从绝缘端口向半导电层方向擦抹　　B．从半导电层向绝缘端口方向擦抹
C．不得反复擦抹　　　　　　　　　　D．可重复擦抹

27．在安装 35kV 热缩式电力电缆终端时，户外热缩终端的每相均应套入（　　）防雨裙。
A．6 支　　　　B．8 支　　　　C．单孔　　　　D．双孔

28．在安装 35kV 热缩式电力电缆终端时，需安装垫管的电缆有（　　）。
A．截面积为 60mm² 的电缆　　　　　　B．截面积为 30mm² 的电缆
C．截面积为 100mm² 的电缆　　　　　 D．截面积为 200mm² 的电缆

29．35kV 电力电缆终端避雷器安装验收前应（　　）。
A．检查安装所用设备材料型号和数量是否符合设计要求
B．检查避雷器装置是否完整无损
C．检查安装人员条件是否满足施工需要
D．检查施工工器具是否满足施工需要
E．检查现场作业条件是否满足施工需要

30．35kV 电力电缆终端专用避雷器的固定包括（　　）。
A．避雷器固定　　B．避雷器安装　　C．计数器安装　　D．计数器固定

31．35kV 电力电缆终端专用避雷器各连接处的金属接触表面应洁净，没有（　　），导通良好。
A．氧化膜　　　　B．油漆　　　　C．油膜　　　　D．污垢

32．在验收 35kV 电力电缆终端专用避雷器时，应确保（　　）。
A．现场制作件符合设计要求
B．避雷器密封良好，外表完整无缺损
C．避雷器安装牢固，其垂直度符合要求
D．产品有压力检测要求时，压力检测合格

33．在验收 35kV 电力电缆终端专用避雷器时，应提交的资料和文件有（　　）。
A．设计证明文件
B．制造厂提供的产品说明书、装箱清单、试验记录、合格证及安装图纸等文件

C．检验与评定资料

D．试验报告

E．备品、备件、专用工具及测试仪器清单

三、填空题

五级/初级工

1．在安装电缆附件前，先将电缆临时固定在运行位置并校直，做好（　　）位置标记，再将电缆移至临时施工位置固定。

2．检查电缆长度时，应确保在制作电缆终端和接头时有足够的（　　）。

3．根据工艺要求剥除电缆（　　）时，切口应保持平整。

4．绝缘表面直径测量完成后，需对测量点进行二次打磨，以消除（　　）。

5．电缆外护套剥除尺寸应严格遵循（　　）说明书规定。

6．电缆附件额定电压以（　　）表示，其值不应低于电缆额定电压。

7．绝缘接头隔离板的耐压强度应不低于电缆护层绝缘水平电压的（　　）倍。

8．塞止接头用于将充油电缆线路的油道分隔成（　　）个独立供油区段。

9．直通接头主要用于连接两根（　　）类型的电缆。

10．软接头制作完成后可实现（　　）功能。

11．10kV～35kV油浸纸绝缘电缆接头采用（　　）形式，其结构特征为以（　　）作为密封盒体。

12．冷缩式附件的结构特征为采用（　　）注射硫化扩张成型，内设螺旋支撑结构，安装时抽除支撑物以实现收缩固定。

13．电缆附件接地线可采用（　　）或（　　）等可靠连接方式。

四级/中级工

14．电缆附件安装现场（　　）、合格证等资料应齐全。

15．按工艺尺寸切除电缆内护层和金属屏蔽层时，应确保不损伤电缆的（　　）。

16．对于绝缘屏蔽可剥离的电缆，划切绝缘屏蔽时应注意划痕深度，不得伤及电缆的（　　）。

17．初次打磨绝缘层时，可使用打磨机或（　　）号砂纸进行打磨，并按照由（　　）至（　　）的顺序选择砂纸继续进行打磨。

18．电缆接头应牢靠固定在附件支架上，两侧各配置一套（　　）固定装置。

19．无金属壳体的附件长期浸水运行时，应加装（　　），并灌注（　　），以增强防水性能。

20．发电厂、变电站35kV电缆进线段与架空线连接处应装设避雷器，且需与电缆（　　）可靠连接。

三级/高级工

21．安装35kV热缩式电力电缆终端时，外护套断口以下40mm范围内的铜编织带应进行（　　）处理，确保焊锡充分渗入编织间隙并形成防潮段。

22．安装35kV热缩式电力电缆终端时，渗锡处理目的是使焊锡渗透进（　　）的间隙，形成防潮段。

23．并列安装的 35kV 电力电缆终端专用避雷器应保证（　　）处于同一直线。

24．并列安装的 35kV 电力电缆终端专用避雷器的相间中心距离误差不超过（　　）mm。

25．并列安装的 35kV 电力电缆终端专用避雷器的铭牌应统一朝向（　　）侧。

26．35kV 电力电缆终端专用避雷器应安装垂直，垂直度应符合（　　）的规定。

27．安装 35kV 电力电缆终端专用避雷器安装时，绝缘底座应安装（　　）。

28．安装 35kV 电力电缆终端专用避雷器安装时，绝缘小瓷套的伞裙应向（　　）。

29．35kV 电力电缆终端专用避雷器的接地应符合设计要求，将（　　）固定牢固。

30．35kV 电力电缆终端专用避雷器接线端子的接触表面应平整、清洁、无氧化膜、无（　　）。

31．35kV 电力电缆终端专用避雷器接线端子的接触表面应涂（　　）。

四、判断题

五级/初级工

1．在电缆绝缘处理前，确认电缆绝缘和预制冷缩件尺寸符合工艺要求。（　　）

2．电缆临时固定后应校直，并准确标记附件中心位置。（　　）

3．剥除电缆外护套时，应对断口以下 100mm 部分进行打磨清洁处理。（　　）

4．外护套剥除尺寸应严格遵循附件说明书规定。（　　）

5．测量绝缘表面直径后，需打磨去除测量痕迹。（　　）

6．电缆附件与本体在绝缘结构上形成完整不可分割的整体。（　　）

7．电缆附件的额定电压不应低于电缆额定电压。（　　）

8．直通接头主要用于连接同型号电缆，从而形成断开的电路。（　　）

9．绝缘接头用于实现电缆导体的连接，在电气上断开与金属护套的联系。（　　）

10．塞止接头主要用于将油道分隔成两段供油，适用于线路较短的充油电缆线路。（　　）

11．转换接头主要用于连接三芯电缆和双芯电缆。（　　）

12．直通接头通常用于连接不同型号的电缆，从而形成连续的电路。（　　）

13．热缩式接头的结构特征是以冷缩管衬现场套装，经加热收缩。（　　）

14．预制式接头的结构特征是采用工厂预制的合成橡胶材料，现场装配。（　　）

15．接地线的引出部分除满足工艺要求外，还应对附件密封内的接地线进行防渗水处理。（　　）

16．电缆附件的接地线截面积要满足相关标准。（　　）

四级/中级工

17．电缆附件安装时，应确保接地线连接处密封牢靠、无潮气进入。（　　）

18．在电缆终端安装完成后，可不必检查相间及对地距离。（　　）

19．绑扎固定金属铠装层的金属扎丝或恒力弹簧的缠绕方向必须与金属铠装层的缠绕方向相反。（　　）

20. 对于绝缘屏蔽不可剥离的电缆，应采用火焰加热方式去除电缆的屏蔽层。（　）

21. 打磨过绝缘屏蔽的砂纸可以用于打磨电缆绝缘。（　）

22. 在进行电缆绝缘层打磨时，每道砂纸应沿双向进行打磨，直至消除前道砂纸作业痕迹。（　）

23. 绝缘表面直径测量完成后，无须再次进行打磨处理。（　）

24. 在绝缘处理完毕后，用洁净的塑料薄膜覆盖绝缘表面，防止灰尘和其他污染物黏附。（　）

25. 安装三芯电缆冷缩中间接头预制件时，塑料螺旋条的抽头方向应朝向电缆分叉处。（　）

26. 当电缆附件固定、连接时，终端和接头主体部件可以弯曲。（　）

27. 开关柜内电缆终端主体部件的安装位置应低于柜体底板。（　）

28. 电缆长度超过 50m 时，安装单组避雷器即可满足保护要求。（　）

29. 当 1km 电缆段连接架空线路时，可根据现场条件省略架空地线架设。（　）

30. 当全线采用电缆与变压器组接线方式时，变电站内可免装避雷器。（　）

31. 不管架空进线是否有电缆段，避雷器与主变压器的最大电气距离均受到限制。（　）

三级 / 高级工

32. 35kV 热缩式电力电缆终端在地面制作完成后，若在吊装过程中线芯伸缩错位或三相长度不均，可能造成分支手套局部受力损坏。（　）

33. 清洁 35kV 热缩式电力电缆终端绝缘时，严禁用带有炭痕的布或纸进行擦抹。（　）

34. 清洁 35kV 热缩式电力电缆终端绝缘时，先擦拭干净绝缘，再用一块干净的布或纸擦抹绝缘表面，布或纸上无炭痕时方为合格。（　）

35. 35kV 热缩式电力电缆终端防雨裙的固定应符合图纸尺寸要求。（　）

36. 加热 35kV 热缩式电力电缆终端防雨裙时，应用大火，火焰不得集中，防止防雨裙变形或损坏。（　）

37. 35kV 热缩式电力电缆终端防雨裙的加热收缩只能一次性定位，收缩后不得移动和调整，避免防雨裙上端的直管内壁密封胶脱落，固定不牢，失去防雨作用。（　）

38. 35kV 冷缩式电力电缆终端接地线应先安装铠装接地线，再安装铜屏蔽接地线。（　）

39. 在安装 35kV 电力电缆终端专用避雷器时，各部位螺栓应紧固到位，其扭矩值应符合国家标准规定。（　）

40. 35kV 电力电缆终端专用避雷器的连接螺栓应齐全、紧固，紧固力矩符合规定。（　）

41. 35kV 电力电缆终端专用避雷器引线连接时，应确保设备端子承受的机械应力不超过允许限值。（　）

4.1.3.2　电缆附件安装（高压）

一、单选题

三级 / 高级工

1. 电缆终端上的设备线夹螺栓不应存在锈蚀、松动、螺帽缺失等情况，电气搭接面应涂抹适当（　　）。

A．中性凡士林　　B．电力复合脂　　C．硅油　　D．硅脂

2．110kV 电缆线路充油式终端出现渗油缺陷时，应在（　　）内处理。

A．1 天　　B．7 天　　C．30 天　　D．90 天

3．电缆中间接头在安装前，应按厂家工艺要求对安装段电缆进行加热校直。若无明确规定，应满足每（　　）mm 电缆弯曲偏移不超过（　　）mm 的工艺标准，加热温度控制在（75±3）℃，保温时间不少于 4h。

A．500　1　　B．600　1　　C．500　2　　D．600　2

4．采用液体绝缘介质的电缆终端制作完成后，需静置（　　）h 方可进行交接试验。

A．3　　B．4　　C．5　　D．6

5．电缆户外终端经加热校直处理后，每 600mm 的弯曲偏移量不应超过（　　）mm。

A．0.5　　B．1　　C．1.5　　D．2

6．重要高压电缆及通道工程中，（　　）应对附件安装人员的关键工艺水平进行现场考核。

A．电缆运检部门　　B．建设部门　　C．监理部门　　D．施工单位

7．电缆运检部门应对安装现场的（　　）进行核查，确保符合工艺规范要求，禁止在雨、雾、风沙等污染严重的环境中实施电缆附件安装作业。

A．温度、湿度和整洁度　　B．温度、亮度和清洁度
C．亮度、湿度和清洁度　　D．温度、湿度和清洁度

8．施工前期应完成现场勘察工作，并编制附件安装施工方案，方案中应明确（　　）、组织措施及技术措施等内容。

A．安全措施　　B．组织措施　　C．技术措施　　D．专业措施

9．在施工前应对电缆附件及相关（　　）进行全面检查，确保附件规格型号、数量、生产日期及有效期等参数与设计文件和合同要求完全一致。

A．文件　　B．文档　　C．台账　　D．资料

10．附件（　　）、出厂试验报告及装箱清单等技术资料必须完整齐备。

A．说明书　　B．质保书　　C．合格证　　D．装配图纸

11．在电缆附件定位安装完毕后，应确保作业面（　　）。

A．水平　　B．垂直　　C．倾斜　　D．弯曲

12．在安装电缆 GIS 终端前，电缆应（　　）固定在电缆支架上。

A．水平　　B．垂直　　C．倾斜　　D．弯曲

13．在安装电缆户外终端前，需搭制临时（　　），做好现场围护工作。

A．围栏　　B．支架　　C．脚手架　　D．工棚

14．在安装电缆终端前，需搭制临时脚手架，做好作业现场（　　），并配备链条葫芦等起吊工具。

A．保护工作　　B．围护工作　　C．清理工作　　D．维护工作

15．安装电缆 GIS 终端密封圈时，应先清洁密封圈并均匀涂抹（　　）。

A．硅油　　B．硅脂　　C．润滑剂　　D．黄油

16. 电缆户外终端安装平台装置离地面的高度不宜超过（　　）m。
　　A．3　　　　　　B．5　　　　　　C．10　　　　　D．15

17. 在电缆中间接头两侧及相邻电缆（　　）m 区段内，应采取涂刷防火涂料、缠绕防火包带等措施。
　　A．2～3　　　　B．3～5　　　　C．5～8　　　　D．8～10

18. 直埋电缆在直线段每隔（　　）m 处，以及电缆中间接头、转弯、进入建筑物等位置，应设置明显的方位标志或标桩。
　　A．5～10　　　B．10～15　　　C．15～30　　　D．30～50

19. 高压交联电缆附件安装时，环境温度应该高于（　　），否则应对电缆进行预热处理。
　　A．-10℃　　　B．-5℃　　　　C．0℃　　　　D．5℃

20. 悬吊架设的电缆与桥梁架构之间的净距不应小于（　　）m。
　　A．0.5　　　　B．1　　　　　　C．1.5　　　　D．2

21. （　　）主要用于大长度电缆线路中，通过交叉换位、互联接地的方式连接各相电缆金属护套，以降低金属护套感应电压。
　　A．直线接头　　B．绝缘接头　　C．过渡接头　　D．塞止接头

22. 在安装 110kV 及以上高压电缆终端与接头时，应搭设临时工棚，严格控制环境湿度，温度宜保持在（　　）℃。
　　A．0～10　　　B．10～20　　　C．20～30　　　D．10～30

23. 电缆线芯连接金具时，应采用符合标准的连接管和接线端子，其内径应与电缆线芯紧密配合，间隙不应过大，截面积宜为线芯截面积的（　　）倍。
　　A．1～1.2　　　B．2～2.5　　　C．2～2.3　　　D．1.2～1.5

24. 电缆与六氟化硫全封闭电器直接连接时，应采用（　　）终端。
　　A．GIS　　　　B．象鼻式　　　C．分离式　　　D．全干式预制型

25. 电缆与变压器直接连接时，应采用（　　）终端。
　　A．GIS　　　　B．象鼻式　　　C．分离式　　　D．全干式预制型

26. 电缆与电器连接且具有整体式插接功能时，应采用（　　）终端。
　　A．GIS　　　　B．象鼻式　　　C．分离式　　　D．全干式预制型

27. 电缆及其附件在安装前的保管期限为（　　）年。
　　A．半　　　　　B．一　　　　　C．二　　　　　D．三

28. 为了减小热机械力在电缆末端的推力影响，电缆在接近终端处应敷设成（　　）。
　　A．直线状态　　B．弯曲状态　　C．蛇形状态　　D．折线状态

29. 在中压电缆附件安装过程中，安装人员应具有防火、防触电、防中毒、防坠落、（　　）等安全防护能力。
　　A．防晒　　　　B．防暑　　　　C．防冻　　　　D．防机械伤害

30. 在 110kV 交联聚乙烯绝缘电力电缆附件的形式试验中，若包含一个接头，则接头与每个终端底部间的自由电缆的最小长度应为（　　）m。
　　A．3　　　　　　B．4　　　　　　C．6　　　　　　D．5

31. 在 110kV 交联聚乙烯绝缘电力电缆附件的形式试验中，若包括多个接头，则相邻接头间的自由电缆的最小长度应为（　　）m。

   A. 4　　　　　　　　B. 3　　　　　　　　C. 5　　　　　　　　D. 7

32. 在 110kV 交联聚乙烯绝缘电力电缆附件的形式试验中，热循环电压试验应采用适当方法加热系统，使电缆导体达到（　　）℃。

   A. 80～90　　　　　B. 50～60　　　　　C. 90～100　　　　D. 95～100

33. 采用绝缘手套作业法断、接电缆终端引线时，户外作业应在适宜天气条件下进行。当相对湿度大于（　　）% 时，不宜作业。

   A. 50　　　　　　　B. 60　　　　　　　C. 70　　　　　　　D. 80

34. 采用绝缘手套作业法断、接电缆终端引线时，户外作业应在适宜天气条件下进行。当风力大于（　　）级时，不宜作业。

   A. 4　　　　　　　　B. 5　　　　　　　　C. 6　　　　　　　　D. 7

35. 高压交联电缆中间接头按绝缘结构可分为组合预制绝缘接头和（　　）。

   A. 绝缘接头　　　　　　　　　　　　B. 直通接头
   C. 防水接头　　　　　　　　　　　　D. 整体预制绝缘接头

36. 关于交联聚乙烯绝缘电缆附件安装，以下说法正确的是（　　）。

   A. 应严格遵守制作工艺规程
   B. 冷缩、预制、接插式附件工艺简单，工艺要求相应较低
   C. 接插式等工艺简单的附件，其工艺要求也较简单
   D. 室外制作 6kV 及以上电缆终端和接头时，空气相对湿度宜控制在 50% 及以下
   E. 制作 10kV 及以上电缆安装附件时，环境温度不宜低于 −5℃

37. 在电缆终端施工前，应做好施工用的（　　）检查，确保施工用工器具齐全完好、便于操作且清洁，并确认压接模与导体出线杆相匹配。

   A. 工器具　　　　　B. 电源及照明　　　C. 电缆　　　　　　D. 电缆夹

38. 在安装电缆终端前，应做好施工用的（　　）检查，确保施工用电源与照明设备符合相关安全规程且能正常工作。

   A. 资料　　　　　　B. 电源及照明　　　C. 电缆　　　　　　D. 电缆夹

39. 制作塑料绝缘电力电缆终端与接头时，应防止尘埃和杂物落入绝缘内，严禁在（　　）环境下施工。

   A. 沟渠　　　　　　B. 室外　　　　　　C. 太阳　　　　　　D. 雨

40. 控制电缆在（　　），可有接头，但必须连接牢固且不应受到机械拉力。

   A. 敷设长度小于其制造长度时
   B. 敷设长度超过其制造长度时
   C. 必须减少已敷设竣工的控制电缆时
   D. 增加使用中的电缆故障时

41. 在制作电缆终端和接头前，应熟悉安装工艺资料并做好检查，且应符合的要求包括（　　）。

A．电缆绝缘状况一般

B．附件规格应与电缆一致、零部件齐全无损伤、绝缘材料未受潮、密封材料未失效；壳体结构附件应预先组装，清洁内壁并试验密封，检查结构尺寸

C．随意准备工器具

D．无须进行试装配

42．电缆通过零序电流互感器时，若接地点位于互感器上方，则接地线应（　　）。

A．直接接地　　　　　　　　　　B．无须接地

C．穿过互感器接地　　　　　　　D．绕过互感器接地

43．电缆通过零序电流互感器时，电缆金属护层和接地线应对地绝缘，电缆接地点在零序电流互感器以下时，接地线（　　）。

A．直接接地　　　　　　　　　　B．无须接地

C．穿过互感器接地　　　　　　　D．绕过互感器接地

44．电缆附件安装人员需掌握的电缆安装识图技能模块包括（　　）。

A．竣工资料

B．CAD制图

C．现场查勘

D．电缆GIS终端结构图、电缆户外终端结构图、电缆结构图等

二级/技师

45．电缆终端与接头制作应由（　　）进行。

A．调试人员　　　　　　　　　　B．经过培训的熟练工人

C．试验人员　　　　　　　　　　D．电工

46．在室外制作6kV及以上电缆终端与接头时，空气相对湿度宜为（　　），当湿度过高时，应采取降湿措施。

A．70%及以下　　B．70%及以上　　C．60%及以上　　D．60%及以下

47．在安装110kV及以上高压电缆终端与接头时，应有防尘、防潮措施，温度宜为（　　）。

A．5～25℃　　　　B．10～30℃　　C．15～35℃　　　D．0～30℃

48．制作电缆终端与接头时，从剥切电缆开始应连续操作直至完成，以缩短（　　）。

A．制作时间　　B．绝缘暴露时间　　C．绝缘打磨时间　　D．施工时间

49．（　　）kV及以上交联电缆终端和接头制作前，应按产品技术文件要求对电缆进行加热矫直。

A．110　　　　　　B．35　　　　　　C．10　　　　　　D．66

50．在制作交联电缆终端和接头时，电缆绝缘处理后的（　　）应符合产品技术文件要求，绝缘表面应光滑、清洁，防止灰尘和其他污染物黏附。

A．美观程度　　　　　　　　　　B．铜芯面积

C．周围环境　　　　　　　　　　D．绝缘厚度及偏心度

51．电力电缆中间接头宜采用阻燃包带或专用保护盒进行封堵，中间接头两侧及相邻电缆两端，长度（　　）m的电缆应涂刷防火涂料或缠绕防火包带。

A．不小于 0.5　　　B．不小于 1.5　　　C．不小于 1　　　D．不小于 2

52．统包型电缆终端的电缆铠装层、金属屏蔽层应（　　）。

A．短接接地　　　　　　　　　　B．短接等电位网

C．分别引出并可靠接地　　　　　D．分别引出并连接等电位网

53．电缆终端上应有明显的相位（极性）标识，应与系统的（　　）一致。

A．相位（极性）　　B．电位　　　C．接入点　　　D．电压

54．电缆终端制作时半导体层（　　）。

A．应尽量清洗干净　B．应剥离干净　C．可不做剥离　D．应干燥处理

55．（　　）是电力电缆终端制作的主控项。

A．电缆终端盒及其配件检查　　　B．制作工艺流程

C．电缆芯线外观检查　　　　　　D．电缆金属层接地检查

56．三芯电力电缆在电缆中间接头处的电缆铠装、金属屏蔽层应（　　）。

A．各自有良好的电气连接　　　　B．相互绝缘

C．相互隔离　　　　　　　　　　D．有良好的电气连接并相互绝缘

57．在制作电缆终端与接头前，应核对（　　）。

A．合格证　　　　　　　　　　　B．电缆外护套直流耐压试验报告

C．电缆的相序或极性　　　　　　D．质量证明文件

58．在制作电缆终端时，接地线与钢带宜用（　　）方式连接，确保连接可靠。

A．焊接　　　　　　B．压接　　　C．缠绕　　　　D．铰接

59．存储电缆终端瓷套时，应有防止（　　）的措施。

A．受潮　　　　　　B．受热　　　C．机械损伤　　D．脏污

60．电缆终端设备线夹与导线连接部位应避免温度异常，电缆终端套管各相同位置部件温差不应超过（　　）K，设备线夹与导线连接部位各相相同位置部件温差不应超过（　　）%。

A．2　20　　　　　B．3　30　　　C．4　40　　　D．5　50

61．在电缆终端法兰盘（分支手套）下应有不小于（　　）m 的垂直段，且应有不少于 2 处（　　）固定。电缆终端处应预留适量电缆，长度不小于一个电缆终端的裕度。

A．1　刚性　　　　B．1.5　刚性　　C．1　挠性　　　D．1.5　挠性

62．高压电缆中间接头两端应（　　）固定，每侧固定点不少于（　　）处。

A．挠性　1　　　　B．挠性　2　　　C．刚性　1　　　D．刚性　2

63．电缆终端场站、隧道出入口、重要区域的工井井盖应有安全防护措施，并宜加装在线监控装置。户外金属电缆支架、电缆固定金具等应使用（　　）进行固定。

A．防锈螺栓　　　　B．防盗螺栓　　C．非铁磁螺栓　D．金属螺栓

64．110（66）kV 及以上电缆通道外部及户外终端应每（　　）巡视一次。

A．半个月　　　　　B．一个月　　　C．三个月　　　D．一年

65．电缆终端塔与电缆线路的接地应独立设置。110（66）kV 及以上高压电缆应采用金属支架，工作电流大于（　　）的高压电缆应采用非导磁金属支架。

A．1000A　　　　　B．1500A　　　C．1800A　　　D．2000A

66. 传感器一般可在电缆终端、接头、本体、（　　）、接地箱等处取信号。

　　A．电缆内半导电层　　B．电缆外半导电层　　C．架空线尾线　　D．交叉互联箱

67. 有防水要求的电缆应有纵向和径向阻水措施，电缆中间接头的防水应采用（　　）套，必要时可增加玻璃钢防水外壳。

　　A．铁　　　　　　　B．铝　　　　　　　C．铜　　　　　　　D．聚乙烯

68. 未采用阻燃电缆时，电缆中间接头两侧及相邻电缆（　　）长的区段应涂刷防火涂料，并缠绕防火包带。

　　A．1～2m　　　　　B．2～3m　　　　　C．3～4m　　　　　D．4～5m

69. 同一户外终端塔的电缆回路不应超过（　　）回。

　　A．1　　　　　　　B．2　　　　　　　C．3　　　　　　　D．4

70. 关于110（66）kV终端电缆红外检测周期说法错误的是（　　）。

　　A．投运或大修后1个月内检测　　　　　　B．一般情况每6个月检测1次

　　C．一般情况每3个月检测1次　　　　　　D．必要时检测

71. 电缆巡视检查中，发电厂、变电站内电缆通道外部及户外终端巡视周期为每（　　）1次。

　　A．1个月　　　　　B．3个月　　　　　C．6个月　　　　　D．12个月

72. 外护套直流电压试验时，应对单芯电缆外护套连同接头外保护层施加10kV直流电压，试验持续时间为（　　）min。

　　A．1　　　　　　　B．5　　　　　　　C．10　　　　　　　D．30

73. 电缆终端套管测温工作时，本体相间温差超过（　　）K时判定为严重缺陷。

　　A．1　　　　　　　B．2　　　　　　　C．3　　　　　　　D．4

74. 新投运电缆终端及接头的首次红外检测应在投运后（　　）内完成。

　　A．10天　　　　　B．1个月内　　　　C．3个月　　　　　D．6个月

75. 电缆终端、接头进行红外诊断时，当测量相间温差在2～4℃时，可判断该处接头为（　　）。

　　A．正常　　　　　B．异常　　　　　C．缺陷　　　　　D．以上都不对

76. 110（66）kV及以上电缆的GIS终端和油浸终端优先选用（　　），在人员密集区域或有防爆要求的场所应选择（　　）。

　　A．插拔式　瓷套管终端　　　　　　　B．插拔式　复合套管终端

　　C．一体式　瓷套管终端　　　　　　　D．一体式　复合套管终端

77. 移动电缆中间接头原则上应在停电状态下进行作业。确需带电移动时，应核查电缆历史运行数据，并由具备资质的人员在（　　）下平稳移动。

　　A．专人统一指挥　B．专人监护　　　C．监护　　　　　D．作业人员的指挥

78. 热熔胶作为热收缩电缆材料的配套辅材，在热收缩电缆终端和接头时的主要功能是（　　）。

　　A．应力驱散　　　B．密封防潮　　　C．耐油　　　　　D．填充空隙

79. 110kV户外终端相与相导电部分最小净距是（　　）mm。

A. 2000　　　　　　B. 1500　　　　　　C. 1000　　　　　　D. 900

80. 电缆附件中常用的三种应力控制方式不包括（　　）。

A. 几何型应力控制方法　　　　　　　　B. 非几何型电应力控制方法

C. 参数型电应力控制方法　　　　　　　D. 电容锥型电应力控制方法

81. 当接头悬吊时，应将接头水平绑扎在宽度与接头盒相同、长度为接头盒（　　）倍的木板上，使接头盒与电缆同时悬吊。

A. 1　　　　　　　　B. 1.5　　　　　　　C. 2　　　　　　　　D. 2.5

82. 正常状态下，电缆终端的支柱绝缘子绝缘电阻用1000V兆欧表测量，阻值不应低于（　　）Ω。

A. 10M　　　　　　B. 20M　　　　　　C. 50M　　　　　　D. 100M

83. 电缆终端表面严重积污缺陷的检修类别为（　　）。

A. A类检修　　　　B. B类检修　　　　C. C类检修　　　　D. D类检修

84. 电缆中间接头出现变形、破损等严重缺陷时，应采取的检修措施包括（　　）。

A. 利用超声波检测、高频局部放电检测等先进技术手段进行检测

B. 缩短电缆金属护层接地电流检测周期

C. 更换电缆中间接头

D. 缩短巡视周期，加强观察

85. 电缆线路中，接头和终端等附件以外的部分称为（　　）。

A. 电缆附件　　　　B. 电缆本体　　　　C. 附属设备　　　　D. 附属设施

86. （　　）是指电缆支架、标识标牌、防火设施、防水设施、电缆终端站等电缆线路附属部件的统称。

A. 电缆通道　　　　B. 电缆装置　　　　C. 附属设备　　　　D. 附属设施

87. 运行中电缆终端出现渗油现象应判定为（　　）缺陷。

A. 一般　　　　　　B. 重要　　　　　　C. 严重　　　　　　D. 危急

88. 在制作电缆终端和中间接头时，焊接地线应使用（　　）。

A. 喷灯　　　　　　B. 液化气枪　　　　C. 烙铁　　　　　　D. 恒力弹簧

89. 充油式电缆终端处理渗、漏油缺陷后，需静置（　　）h方可进行后续试验。

A. 4　　　　　　　　B. 6　　　　　　　　C. 8　　　　　　　　D. 10

90. 电缆换位段设置应保持均衡，宜分为（　　）个换位小段，各段长度差应符合规定要求。改接电缆线路时应尽量减少电缆中间接头的数量，并保持适当间距。

A. 2　　　　　　　　B. 3　　　　　　　　C. 4　　　　　　　　D. 5

91. 电缆终端场站、隧道出入口、重要区域的工井井盖应有安全防护措施，满足防水、防盗、防坠落、防位移等功能，应设置（　　）子盖，子盖宜选用复合材料，并加装在线监控装置。

A. 单层　　　　　　B. 双层　　　　　　C. 三层　　　　　　D. 多层

92. 电缆与附件选型应符合系统和环境要求。隧道、沟道内应选用（　　），运行在潮湿或浸水环境中的高压电缆应有（　　）。

A. 阻燃电缆　　纵向阻水功能　　　　　B. 防火电缆　　横向阻水功能

C．阻燃电缆　横向阻水功能　　　　　　D．防火电缆　纵向阻水功能

93．工井凸头应确保排管（　　）接入工井端墙体，三通及以上工井禁止设置电缆中间接头，井盖需具备（　　）功能。

A．垂直　防水　　B．垂直　防位移　　C．平行　防水　　D．平行　防位移

94．安装电缆终端时，底座以下应保留不小于（　　）m 的垂直段，并设置不少于（　　）处刚性固定。

A．1　2　　B．1.5　2　　C．1　3　　D．1.5　3

95．电缆固定应符合以下要求：垂直或倾斜＞45°敷设时固定每个支架；水平敷设时在电缆首末端、转弯处及接头两端固定；当控制间距时，每隔（　　）m 固定，桥架上每隔（　　）m 固定。

A．5～10　2　　B．5～10　3　　C．10～15　2　　D．10～15　3

96．户外终端的正常使用海拔高度不应超过（　　）。

A．2000m　　B．1500m　　C．1000m　　D．800m

97．明敷电缆中间接头应采用托板固定，中间接头两端每侧刚性固定点不少于（　　）处。

A．2　　B．4　　C．6　　D．8

98．以下关于终端站、终端塔（杆、T 接平台）的验收要求描述中，不符合规范要求的是（　　）。

A．终端站、终端塔（杆、T 接平台）接地应独立设置

B．终端站、终端塔（杆、T 接平台）无基础下沉和歪斜现象

C．电缆上塔引上部分应装设电缆磁性保护管

D．终端站、终端塔（杆、T 接平台）上相位牌悬挂应正确，铭牌应规范悬挂

99．连接线应尽量短，截面积需保证在系统（　　）作用下的热稳定性，绝缘水平不低于电缆外护层。

A．双相接地电流　　　　　　B．单相短路电流

C．单相接地电流　　　　　　D．双相短路电流

100．同一变电站内、同一终端塔上同类终端接地线布置应统一，接地线排列应固定，终端尾管接地铜排或接地瓦的安装方向应（　　），以便运行维护。

A．相反　　B．固定　　C．统一　　D．垂直

101．电缆与附件选型应符合系统和环境要求，腐蚀性较强的区域应选用（　　）电缆，隧道、沟内应选用（　　）电缆。

A．铅包　铅包　　　　　　B．阻燃　阻燃

C．阻燃　铅包　　　　　　D．铅包　阻燃

102．金属电缆导管连接应牢固，密封应良好，两管口应对准。套管长度不小于电缆导管外径的（　　）倍，确保连接牢固密封。

A．2　　B．2.2　　C．2.5　　D．5

103．在金属屏蔽层与接头外保护层间施加20kV 直流电压持续（　　）min，不应发生击穿。

A．1　　B．2　　C．1.5　　D．3

104. 弹性体材料终端的密封性能试验要求：在（　　）MPa压力下保持2h，应无渗漏。

   A．0.25　　　　　　B．0.5　　　　　　C．0.75　　　　　　D．1

105. （　　）电缆附件安装人员应熟练掌握超高压电缆附件安装过程中的电缆固定、预切割、加热校直、电缆本体处理、接线棒压接、主体（应力锥）安装、环氧筒安装、金属保护壳组装、终端套管吊装、接地线焊接、尾管封铅、防水绝缘处理等安装工艺流程和技术要求。

   A．高压　　　　　　B．中压　　　　　　C．低压　　　　　　D．超高压

106. （　　）电缆附件安装人员应熟练掌握高压电缆附件安装过程中的电缆固定、预切割、加热校直、接地线焊接、终端尾部封铅、接头端部封铅、防水绝缘处理、金属件组装固定、终端吊装固定等工作。

   A．低压　　　　　　B．中压　　　　　　C．高压　　　　　　D．超高压

107. 隧道内电缆中间接头应采取（　　）的固定方式。

   A．增加硬固定　　　　　　　　　　B．增加软固定
   C．半固定　　　　　　　　　　　　D．选项A和选项B

108. 冷缩电缆中间接头主体采用的绝缘件结构为（　　）。

   A．内、外半导电屏蔽层和应力控制均独立
   B．内、外半导电屏蔽层一体，应力控制独立
   C．内、外半导电屏蔽层独立，应力控制一体
   D．具有内、外半导电屏蔽层和应力控制为一体

109. 电缆附件例行试验时，橡胶预制件和热缩材料表面不应存在因（　　）导致的可见缺陷。

   A．材质　　　　　B．生产设备问题　　　C．加工环境　　　D．外观不干净

110. 电缆与通道的A类检修项目包括（　　）。

   A．更换整条电缆　　B．诊断性试验　　C．更换部分电缆附件　　D．带电检测

111. 电缆终端和接头应采取（　　）等措施。

   A．加强绝缘　　　　B．阳光直射　　　　C．包铝塑带　　　　D．防水保护

112. 高压电缆附件封铅的正确工艺流程是（　　）。

   A．高压电缆中间接头保护壳封铅　　　　B．高压电缆终端尾管包裹密封
   C．高压电缆终端绝缘剂填充　　　　　　D．高压电缆附件与接地线连接

一级/高级技师

113. 电缆中间接头安装时环境温度应为（　　），相对湿度不超过（　　）。

   A．0～20℃　70%　　　　　　　　　B．10～30℃　70%
   C．0～20℃　80%　　　　　　　　　D．10～30℃　80%

114. 在安装电缆中间接头前，应对中间接头部分的电缆进行加热校直，每（　　）电缆的弯曲偏移不大于（　　）。

   A．600mm　4mm　　　　　　　　　B．600mm　2mm
   C．800mm　4mm　　　　　　　　　D．800mm　2mm

115. 电缆中间接头加热校直温度宜控制在（　　），保温时间宜大于（　　）。

A．75℃±3℃　4h　　　　　　　　B．75℃±3℃　6h
C．75℃±5℃　4h　　　　　　　　D．75℃±5℃　6h

116．户外终端安装平台位置离地面的高度不宜超过（　　），电缆终端底座下方应有（　　）长的电缆固定装置。

A．8m　2m　　　B．8m　1.5m　　　C．10m　2m　　　D．10m　1.5m

117．高压交联电缆附件整体预制绝缘件接头安装时，采用机械扩张的预制橡胶绝缘件经过扩张后，套在专用衬管上的时间不应超过（　　）h。

A．1　　　　　　B．2　　　　　　C．3　　　　　　D．4

118．根据户外终端安装规程要求，未规定电缆户外终端的安装供应商时，安装时的温度宜控制在（　　）℃，相对湿度不超过（　　）%。

A．10～25　70　　B．0～35　70　　C．0～35　80　　D．10～25　80

119．110kV 高压交联电缆附件安装的加热校直工艺标准为：每（　　）mm 长度范围内，弯曲偏移应不大于（　　）mm。

A．600　4　　　B．600　2　　　C．500　3　　　D．500　5

120．110kV 高压交联电缆户外终端安装时，绝缘屏蔽断口峰谷差应不大于（　　）mm。

A．2　　　　　　B．3　　　　　　C．5　　　　　　D．8

121．高压交联电缆户外终端制作完成后，需静置至少（　　）h 方可进行交接试验。

A．4　　　　　　B．5　　　　　　C．6　　　　　　D．8

122．110kV 高压交联电缆终端制作时，外护层处理后的绝缘电阻测试要求采用（　　）V 绝缘电阻表测量，阻值不应小于（　　）MΩ。

A．2500　10　　B．5000　50　　C．2500　50　　D．5000　10

123．终端绝缘套管与底座法兰应采用（　　）连接，安装力矩应符合技术要求。

A．钢筋接头　　　B．铆钉　　　　C．皮筋　　　　D．螺栓

124．终端接地线应尽量短，接地线截面应满足系统故障电流通过时的热稳定要求，接地线的绝缘水平不得低于电缆外护层的（　　）倍。

A．1　　　　　　B．1.2　　　　　C．1.5　　　　　D．2

125．在安装电缆中间接头前，应对安装部分的电缆进行加热校直。电缆加热校直工艺标准为：600mm 范围内的弯曲偏移应控制在（　　）mm 以内。

A．1　　　　　　B．2　　　　　　C．3　　　　　　D．4

126．GIS 终端加热校直参数要求：温度为（　　），保温时间不少于（　　）。

A．75℃±2℃　4h　　　　　　　　B．75℃±2℃　6h
C．75℃±3℃　4h　　　　　　　　D．75℃±3℃　6h

127．安装高压交联电缆的中间接头时，弯曲半径不应小于电缆外径的（　　）倍。

A．12　　　　　B．15　　　　　C．18　　　　　D．20

128．110kV 的交联聚乙烯绝缘电力电缆中间接头运行在可能浸水的环境时，应采用（　　）方式进行接头密封。

A. 封铅 B. 环氧混合物 C. 玻璃丝带 D. 机械

129. 电缆 GIS 终端是安装在气体绝缘封闭开关设备内部，以（　　）为外绝缘部分的电缆终端。

A. O_2 B. CO_2 C. SF_6 D. N_2

130. 封铅应与电缆金属护套和电缆附件的金属护套管紧密连接，封铅致密性应良好，不应有杂质和气泡，且厚度不应小于（　　）mm。

A. 13 B. 14 C. 11 D. 12

131. 在电缆 GIS 终端制作完毕后，应保持静止（　　）h 以上，才能做电缆交接试验。

A. 2 B. 4 C. 6 D. 8

132. 电缆终端施工涉及的开关室、电缆夹层、终端塔、终端站等的建筑及安装工作应在电缆终端安装（　　）完成，并清理干净。

A. 后 B. 同时 C. 前 D. 以上选项都可以

133. 电缆 GIS 终端安装质量应满足变电站（　　）封堵要求，并与周边环境协调。

A. 防火 B. 防水 C. 防爆 D. 防毒

134. 电缆终端施工涉及的场地应为电缆户外终端的（　　）提供便利。

A. 试验工作 B. 检修及试验工作
C. 运行、检修及试验工作 D. 施工、运行、检修及试验工作

135. 电缆终端安装质量应满足的要求包括：导体连接可靠，绝缘恢复满足设计要求，（　　）。

A. 接地牢靠 B. 接地与密封牢靠 C. 密封牢靠 D. 接地连接可靠

136. 在电缆终端施工前，应做好工器具检查，确保工器具齐全完好，便于操作，保持清洁，确保（　　）相匹配。

A. 压接模与导体进线杆 B. 压接模与导体线杆
C. 压接模与导体出线杆 D. 压接模与导体

137. 在电缆普通户外终端制作完毕后，应保持静止（　　）后，才能做电缆交接试验。

A. 6h B. 7h C. 5h D. 8h

138. 电缆附件的安装过程验收一般包括对接头施工准备工作、绝缘处理、接线端子与导体连接、应力锥的安装、接头接地与密封处理、接头装置、施工与接头标识等项目进行验收，采取抽检方式，抽样率宜大于（　　）%。

A. 20 B. 30 C. 50 D. 100

139. 在电缆终端和电缆中间接头制作时，焊接地线应使用（　　）。

A. 喷灯 B. 液化气枪 C. 烙铁 D. 恒力弹簧

140. 将电缆的金属护套、接地金属屏蔽和绝缘屏蔽在电气上断开的接头是（　　）。

A. 绝缘接头 B. 过渡接头 C. 直通接头 D. 软接头

141. 电缆绝缘表面应进行打磨抛光处理，一般宜采用（　　）号砂纸，110kV 及以上电缆应尽可能使用（　　）号砂纸。

A. 240～600　400 B. 400～600　240

C. 240～400　600　　　　　　　　D. 240～600　600

142. 电缆附件的主要部件是橡胶预制件，预制件内径与电缆绝缘外径要求过盈配合，以确保界面间有足够压力。采用上述结构形式的接头是（　　）式接头。

A. 热缩　　　　B. 冷缩　　　　C. 组合预制　　　　D. 整体预制

143. 应力锥是改善绝缘屏蔽层断开边缘处电场分布的核心部件，使（　　）控制在规定范围内。

A. 磁力强度　　　　B. 电场强度　　　　C. 应力强度　　　　D. 电气强度

144. （　　）是在阳光直射或气候暴露环境下使用的终端。

A. 户外终端　　　　B. 气体绝缘终端　　　　C. 油浸终端　　　　D. 户内终端

145. （　　）是安装在气体绝缘封闭开关设备内部，以 SF_6 气体作为外绝缘的电缆终端。

A. 户外终端　　　　B. 气体绝缘终端　　　　C. 油浸终端　　　　D. 空气终端

146. （　　）是安装在油浸变压器油箱内，以绝缘油作为外绝缘的电缆终端。

A. 户外终端　　　　B. 气体绝缘终端　　　　C. 油浸终端　　　　D. 空气终端

147. （　　）是用于连接两根电缆以形成连续电路的附件。

A. 直通接头　　　　B. 绝缘接头　　　　C. 预制接头　　　　D. 假接头

148. 交联电缆终端的主要类型包括（　　）、户外终端、GIS 终端和油浸（变压器）终端。

A. 户内终端　　　　B. 应力锥　　　　C. 冷缩管　　　　D. 端子

149. 电缆 GIS 终端外绝缘的 SF_6 气体在 20℃ 的环境下，设计工作压力（表压）最大为（　　）MPa，最小为（　　）MPa。

A. 0.60　0.25　　　　B. 0.50　0.50　　　　C. 0.70　0.50　　　　D. 0.70　0.25

150. 额定电压为 220 kV（U_m=252kV）的交联聚乙烯绝缘电力电缆附件金具应采用（　　）金属材料。

A. 磁性　　　　　　　　　　　　　　B. 非磁性
C. 磁性或非磁性　　　　　　　　　　D. 磁性和非磁性

151. 额定电压为 220 kV（U_m=252kV）的交联聚乙烯绝缘电力电缆户外终端淋雨工频电压试验在淋雨状态下，施加 460kV 工频电压，持续（　　）min，终端应不发生闪络或击穿。

A. 1　　　　B. 3　　　　C. 4　　　　D. 2

152. 额定电压为 220 kV（U_m=252kV）的交联聚乙烯绝缘电力电缆附件试样组装后，应在室温下充（250±10）kPa 的气压进行压力泄漏试验，试验应保持（　　）h，并在密封面上涂肥皂水检验，应无气体逸出迹象。

A. 1　　　　B. 1.5　　　　C. 2　　　　D. 2.5

153. 额定电压为 220kV（U_m=252kV）的交联聚乙烯绝缘电力电缆附件应在终端与接头的保护管表面黏接一金属软标牌，标明制造厂名称、型号、规格、额定电压、（　　）。

A 制造年月　　　　B. 电流　　　　C. 额定符合　　　　D. 线路名称

154. 额定电压为 220kV（U_m=252kV）的交联聚乙烯绝缘电力电缆附件在一般情况下，其所在环境的相对湿度应不超过（　　）% 时，方可进行施工安装。

A. 65　　　　B. 70　　　　C. 75　　　　D. 80

155. 当与电缆金属护套进行铅锡合金焊接时,焊接时间应不超过( )min,并可在焊接过程中采取局部冷却措施,防止因焊接时金属护套温度过高而损伤电缆绝缘线芯。

A.1 B.2 C.3 D.4

156. 电缆加热校直处理要求是:110kV 及以上的电缆每( )mm 的弯曲偏移量不得超过( )mm。

A.600 2 B.30 2 C.600 5 D.300 5

157. 电缆终端瓷套管应具备承受热机械力的( )。

A.抗张强度 B.阻热性 C.防火措施 D.机械扭力

158. 大截面电缆终端建议在( )进行制作。

A.平台上 B.地面上 C.沟道内 D.杆塔上

159. 电缆和电缆附件的使用寿命约为( )年。

A.20 B.30 C.40 D.50

160. 电缆终端接头的结构设计应符合电缆绝缘类型的特点,其核心结构层包括导体层、绝缘层、屏蔽层和( )。

A.护层 B.铠装层 C.加强层 D.铜带层

161. 电缆中间接头的安装质量应满足导体连接可靠、密封牢靠、( )等要求。

A.安装可靠 B.标识正确 C.接地牢靠 D.售后可靠

162. 在电缆中间接头施工完成后,应拆除( ),清理施工现场,分类处理施工垃圾,确保施工对环境无污染。

A.施工用电源 B.施工线路
C.电缆中间接头 D.电缆夹具

163. 电缆终端施工所涉及的开关室、电缆夹层、终端塔、( )的建筑及安装工作应在电缆终端安装前完成,并清理干净。

A.配电房 B.变电房 C.施工现场 D.终端站

164. 在电缆中间接头施工完成后,应拆除施工电源,清理( ),分类处理施工垃圾,确保施工对环境无污染。

A.施工工器具 B.施工现场
C.电缆中间接头 D.电缆夹具

165. 在安装电缆中间接头时,必须严格控制施工现场的温度、湿度及( )。

A.防火条件 B.气体密度 C.清洁程度 D.气压

166. 电缆中间接头安装工艺流程包括主绝缘处理、质量验评和( )。

A.非绝缘处理 B.擦拭线路
C.电缆加热校直处理 D.主线路处理

167. 电缆中间接头尾管与金属护套进行接地连接时,可采用( )等方式。

A.封铅 B.密封 C.保护 D.半导电屏蔽

168. 电缆中间接头收尾工作应满足的技术要求是:电缆中间接头的接地连接线应尽可能短,( )。

A．安装交叉互联换位箱、接地箱时，接地线与接地线端子的连接应采用机械压接方式，接地线端子与接头铜盒、接地铜排的连接宜采用不锈钢螺栓或热镀锌防腐螺栓连接方式

B．接头收尾工作必须严格控制施工时间

C．温湿度要求严格

D．收缩比宜控制在15%～25%

169．（　　）属于电缆户外终端安装工艺流程。

A．附件检查　　　　　　　　B．切割电缆及处理电缆护套

C．检验外观　　　　　　　　D．人员培训

170．在安装电缆终端前，应检查电缆，并确保符合以下要求：（　　），电缆相位正确，护层绝缘合格。

A．电缆绝缘状况良好，无受潮，绝缘偏心度满足要求

B．电缆表面光滑

C．支撑、固定电缆终端

D．电缆绝缘表面上应涂硅油

171．打磨110kV及以上的电缆绝缘表面应使用（　　）砂纸。

A．400号　　　　B．300号　　　　C．100号　　　　D．200号

172．在应力锥安装时，说法正确的是（　　）。

A．安装应力锥前，应确保电缆固定牢靠，防止安装过程中电缆位移

B．佩戴合格的安全工器具

C．操作人员需具备相应资质

D．安装时应做好应力锥外表面防护

173．同一变电站内、同一终端塔上同类终端的接地线布置应统一，接地线排列应（　　），终端尾管接地铜排或接地瓦的方向应统一，从而为运行维护工作提供便利。

A．统一　　　　B．整齐　　　　C．固定　　　　D．交叉

174．电缆如需穿越楼板时，应做好电缆孔洞的防火封堵措施。一般在安装完防火隔板后，可采用（　　）等进行封堵。

A．泥土　　　　　　　　　　B．浇注无机防火堵料

C．浇筑有机防火堵料　　　　D．水

175．电缆GIS终端安装采用封铅方式进行接地或密封时，应满足的技术要求是（　　）。

A．封铅应与电缆金属护套、电缆附件的金属护套管紧密连接，封铅应致密、无杂质和气泡，且厚度不应小于12mm

B．在封铅时，不应损伤电缆绝缘，应掌握好加热温度，封铅的操作时间应尽量延长

C．圆周方向的封锁厚度应不均匀，外形应光滑对称

D．电缆GIS终端接地连接线应尽可能短，连接线截面应满足系统接地电流通过时的热稳定要求，连接线的绝缘水平不得小于电缆外护层的绝缘水平

176．安装电缆GIS终端时，电缆加热校直的温度宜控制在（　　）。

A．50℃±2℃　　B．60℃±2℃　　C．70℃±2℃　　D．75℃±2℃

177. 安装电缆 GIS 终端时，电缆绝缘表面应采用（　　）号的砂纸进行打磨抛光处理。
A．100～200　　　　B．200～300　　　　C．300～500　　　　D．240～60
178. 安装电缆 GIS 终端时，出线杆压接应采用围压压接法，压接比应控制在（　　）。
A．5%～10%　　　　B．10%～15%　　　　C．15%～20%　　　　D．15%～25%
179. 封铅应与电缆金属护套和电缆附件的金属护套管紧密连接，封铅应致密、无杂质和气泡，且厚度不应小于（　　）mm。
A．5　　　　B．8　　　　C．10　　　　D．12
180. 电缆 GIS 终端安装环境温度宜为（　　）℃。
A．0～35　　　　B．10～20　　　　C．20～30　　　　D．5～25
181. 电缆 GIS 终端安装环境的相对湿度宜低于（　　）或以供应商提供的标准为准。
A．50%　　　　B．60%　　　　C．70%　　　　D．80%
182. 电缆中间接头的施工验收应在施工过程中进行，应加强（　　）。
A．监控验收工作　　　　　　　　　　B．现场验收工作
C．最终附件验收工作　　　　　　　　D．提前验收工作
183. 电缆绝缘应状况良好，无受潮，电缆绝缘的（　　）应满足标准要求。
A．长度　　　　B．密度　　　　C．偏心度　　　　D．湿度
184. 根据工艺要求确定金属护套剥除位置，剥除后的金属护套端口应加工成（　　）。
A．圆形　　　　B．椭圆形　　　　C．喇叭口　　　　D．三角形
185. 封铅作业时不得损伤电缆绝缘，应控制加热温度，操作时间应（　　）。
A．尽量延长　　　　B．尽量缩短　　　　C．定期　　　　D．按规定时间进行
186. 在电缆 GIS 终端安装出线杆压接时，采用机械连接方法进行导体连接，应使用打紧套将压紧锥、接触环（　　）。
A．松开　　　　B．保持原样　　　　C．拉开　　　　D．初步压紧
187. 在电缆绝缘、绝缘屏蔽层和应力锥内表面上，应均匀涂抹（　　）。
A．机油　　　　B．硅油　　　　C．润滑剂　　　　D．水渍
188. 在导体连接前，应将（　　）等部件按照工艺要求的顺序预先套入电缆。确认同轴电缆连接方向正确，同轴电缆长度足够。
A．预制橡胶绝缘件　　B．线材　　　　C．外护套　　　　C．胶条
189. 采用封铅方式进行接地或密封时，应在（　　）的环境下进行操作。
A．温度高　　　　B．湿度低　　　　C．湿度高　　　　D．气压低
190. 安装电缆 GIS 终端时，电缆加热校直处理的保温时间应（　　）。
A．不少于 2h　　　　　　　　　　B．不少于 3h
C．不少于 4h　　　　　　　　　　D．不少于 4h 或按工艺文件要求
191. 电缆 GIS 终端安装时，接地与密封处理工序包括（　　）
A．终端尾管与金属护套接地连接可采用封铅方式
B．终端尾管密封可采用封铅方式
C．终端尾管与金属护套接地连接可采用接地线焊接等方式

D．以上都是

192．电缆 GIS 终端安装时，接地与密封处理工序包括（　　）。

A．焊接接地时，跨接线截面积需满足系统短路电流要求

B．环氧混合物、玻璃丝带密封应符合工艺要求

C．电缆 GIS 终端内如需灌入绝缘剂，则在安装前检验电缆 GIS 终端的密封性

D．以上都是

193．高压电缆附件环氧预制件和环氧套管的技术要求是（　　）。

A．环氧预制件和环氧套管应无气泡、烧焦物和其他有害物质

B．环氧预制件和环氧套管内外表面应光滑，无有害杂质、气孔等缺陷

C．绝缘和半导电屏蔽的界面应结合良好，应无裂纹和剥离现象，绝缘和预埋金属嵌件结合良好，无裂纹、变形等异常

D．以上都是

二、多选题

三级 / 高级工

1．电缆标示牌应安装在（　　）位置。

  A．电缆终端、电缆中间接头　　　　B．隧道上方

  C．电缆拐弯处、夹层内　　　　　　D．隧道与竖井的两端、工井内

2．电缆附件的主要类型包括（　　）。

  A．绝缘接头　　　　　　　　　　　B．终端

  C．中间接头　　　　　　　　　　　D．直通接头

3．电缆线路技术管理必备的施工资料包括（　　）。

  A．电缆线路路径图　　　　　　　　B．电缆中间接头和终端装配图

  C．安装工艺规程和安装记录　　　　D．电缆线路接地装置图

  E．电缆线路竣工试验报告

4．电缆终端和中间接头的设计应满足（　　）的要求。

  A．耐温强度高，导体接触好　　　　B．机械强度大，介质损失小

  C．绝缘可靠，密封性强　　　　　　D．结构简单，安装维修方便

5．安装交联聚乙烯绝缘电缆附件时，正确的是（　　）。

  A．应严格遵守制作工艺规程

  B．冷缩、预制、接插式附件的工艺简单，工艺要求也不高

  C．越是工艺简单的附件（如预制件接插式附件），其工艺要求越简单

  D．在室外制作 6kV 及以上电缆终端和接头时，其空气相对湿度应不超过 70%

  E．制作 10kV 及以上电缆安装附件时，其环境温度不宜低于 −5℃

6．电缆防火工程验收包含的检验项目有（　　）。

  A．防火门　　　　　　　　　　　　B．防火涂料

  C．防火包带　　　　　　　　　　　D．接头防火保护盒

E．防火槽盒

7．电缆附件必须满足的基本技术要求是（　　）。

A．导电性能良好　　　　　　　　　　B．机械强度能良好

C．绝缘性能良好　　　　　　　　　　D．密封性能良好

8．电网电缆线路应在（　　）装设电缆标示牌。

A．电缆终端与电缆中间接头处

B．电缆导管两端人孔与工井处

C．电缆隧道内转弯处、T形口、十字口、电缆分支处

D．电缆隧道内直线段每隔50～100m处

9．制作电缆终端与接头时，施工现场的（　　）必须符合产品技术规范要求。

A．安全围栏　　　B．温度　　　C．湿度　　　D．清洁度

10．制作电力电缆终端与接头时，不应直接在（　　）环境中施工。

A．雾　　　B．雨　　　C．四级以上大风　　　D．五级以上大风

11．直埋电缆应在（　　）设置明显的方位标志或标桩。

A．直线段每隔50～100m处　　　　　B．电缆中间接头处

C．转弯处　　　　　　　　　　　　　D．进入建筑物处

12．关于防火涂料和阻火包带的使用，正确的是（　　）。

A．使用在阻火隔墙两侧各延伸1.5m区段电缆表面

B．使用在电缆接头两侧各3m区段及相邻电缆表面

C．使用在阻火隔墙两侧电缆2.0m长区段

D．防火涂料涂刷厚度不小于1.0mm

13．《电气装置安装工程质量检验及评定规程 第5部分：电缆线路施工质量检验》（DL/T 5161.5—2018）中的内容包括（　　）。

A．电缆导管与电缆架安装　　　　　　B．电缆敷设

C．电缆终端制作安装　　　　　　　　D．电缆防火及阻燃

14．在制作电力电缆终端前，电缆的检验项目包括（　　）。

A．额定电压　　　B．绝缘检查　　　C．型号规格　　　D．相序或极性

15．电缆头制作时对作业环境的要求有（　　）。

A．相对湿度控制在70%以下

B．严禁在雨、雪、暴风天气中施工

C．保持施工现场清洁，附件不能沾染尘土

D．高空作业应搭好平台，施工部位上方搭设帐篷

E．夜间施工要有足够的照明

16．电缆终端的形式、规格应与电缆类型、（　　）和环境要求一致。

A．电压　　　B．芯数　　　C．截面　　　D．护层结构

17．合理规划电缆段，尽量减少电缆中间接头的数量，严禁在（　　）等关键区域布置电缆中间接头。

A．变电站电缆夹层　　B．出站电缆沟道　　C．电缆桥架　　D．电缆竖井

18．施工期间应做好电缆和电缆附件的（　　）措施。

A．防潮　　B．防尘　　C．防机械损伤　　D．防水浸水

19．在电缆附件安装、施工前，进行现场勘察，编制附件安装施工方案，明确（　　）。

A．安全措施　　B．组织措施　　C．现场措施　　D．技术措施

20．在安装电缆附件时，施工前应检查电缆状况，确保满足以下要求：（　　）。

A．电缆状况应良好，无受潮　　B．电缆绝缘偏心度符合标准要求

C．电缆相位正确　　D．护层耐压试验合格

21．电缆附件应有（　　）等信息。

A．铭牌　　B．型号

C．规格　　D．制造厂家

E．出厂日期

22．进行电缆局部放电检测时，一般在（　　）位置安装传感器等。

A．电缆终端　　B．电缆本体　　C．接头的交叉互联线　　D．接地线

23．电缆中间接头按功能不同，主要包括（　　）类型。

A．直通接头　　B．绝缘接头　　C．过渡接头

D．热缩接头　　E．软接头

24．控制高压电缆预制附件安装质量的关键在于（　　）。

A．交联电缆绝缘应尽量圆整

B．交联电缆绝缘表面应尽量圆滑

C．应力锥与电缆绝缘表面界面的接触压力应尽量大

D．绝缘屏蔽处理

25．高压交联电缆中间接头按绝缘结构分类包括（　　）。

A．绝缘接头　　B．直通接头

C．组合预制绝缘接头　　D．整体预制绝缘接头

26．（　　）属于电缆终端的缺陷。

A．设备线夹过热

B．支柱绝缘子破损、碎裂

C．引流线过紧

D．终端下方保护管破损、封堵材料缺失

27．电缆终端局部发热的主要原因包括（　　）。

A．终端外绝缘破损　　B．终端内部受潮进水

C．接地线、封铅虚焊　　D．安装尺寸错误

28．电缆运检部门应检查安装现场的（　　）是否符合安装工艺要求，严禁在雨、雾、风沙等有严重污染的环境中安装电缆附件。

A．干燥度　　B．温度　　C．湿度　　D．清洁度

29．电缆附件安装完毕后，现场应规范悬挂安装标识牌，标识牌应包含（　　）等信息。

A．安装单位　　　　B．安装人员　　　　C．安装日期　　　D．安装方法

30．对于重要高压电缆与通道工程，电缆运检部门应对附件安装人员进行（　　）。

A．电缆理论水平考核　　　　　　　　B．关键安装工艺水平考核
C．现场考核　　　　　　　　　　　　D．书面考试

31．绝缘处理时应按供应商提供的工艺尺寸严格控制（　　）的剥切长度。

A．导体　　　　　　B．导体屏蔽　　　　C．绝缘　　　　　D．绝缘屏蔽

32．工井的设计尺寸应满足（　　）等作业需求。

A．接头作业　　　　B．接头布置　　　　C．敷设作业　　　D．抢修

33．安全防护、辅控系统、监测系统等附属设备设计应符合运行要求，电缆终端场站、隧道出入口等重要区域的防护措施应满足（　　）要求。

A．防水　　　　　　B．防盗　　　　　　C．防坠落　　　　D．防位移

34．制作塑料绝缘电力电缆终端与接头时，应防止（　　）进入绝缘部位。

A．尘埃　　　　　　B．杂物　　　　　　C．雾　　　　　　D．雨

35．电缆终端与接头制作时，剥切过程应连续作业直至完成，减少绝缘暴露时间。剥切操作不得损伤线芯，附加绝缘的（　　）等工序必须保持清洁。

A．包绕　　　　　　B．装配　　　　　　C．热缩　　　　　D．冰敷

36．电缆终端和接头必须采取完善的（　　）等保护措施。

A．加强绝缘　　　　B．阳光直射　　　　C．密封防潮　　　D．机械保护

37．高压电缆附件安装人员应具备的专业能力包括（　　）。

A．高压电缆预处理　　　　　　　　　B．高压电缆中间接头部件组装
C．高压电缆户外终端部件组装　　　　D．高压电缆 GIS 终端部件组装

38．高压电缆附件安装人员应具备的能力有（　　）。

A．能独立看懂高压电缆附件安装图纸，准确提出电缆附件安装所需防尘棚、操作平台、电源、照明、工器具、试验设备等技术需求

B．正确选择、使用和保养高压电缆附件安装所需的工器具

C．熟练掌握高压电缆附件安装过程中的电缆固定、预切割、加热校直、电缆本体处理、接线棒压铅笔头处理（反应力锥状为佳）、绝缘打磨、半导电斜坡打磨和清洁防尘等电缆本体处理关键工艺

D．熟练掌握终端出线杆和接头连接管的压接方法

39．高压电缆附件安装质量的评价应符合（　　）的标准。

A．《额定电压 66kV～220kV 交联聚乙烯绝缘电力电缆接头安装规程》（DL/T 342—2010）

B．《额定电压 66kV～220kV 交联聚乙烯绝缘电力电缆 GIS 终端安装规程》（DL/T 343—2010）

C．《额定电压 66kV～220kV 交联聚乙烯绝缘电力电缆户外终端安装规程》（DL/T 344—2010）

D．《带电设备紫外诊断技术应用导则》（DL/T 345—2019）

40. 电缆附件安装人员应掌握的识图技能包括识读（　　）。
   A．电缆结构图　　　　　　　　　　B．电缆接头结构图
   C．电缆户外终端结构图　　　　　　D．电缆 GIS 终端结构图

41. 电缆附件安装人员必须掌握的安全防护技能包括（　　）。
   A．防火　　　　B．防触电　　　　C．防中毒　　　　D．防机械伤害

42. 电缆附件安装人员需精通的工器具使用技能包括使用（　　）。
   A．常用工器具　　　　　　　　　　B．附件厂家安装专用工器具
   C．压接工器具　　　　　　　　　　D．动火专用工器具

43. 电缆附件安装人员应熟练使用的电工仪表包括（　　）。
   A．绝缘电阻表　　　B．万用表　　　C．接地电阻表　　　D．接地电流表

二级/技师

44. 电缆路径规划应符合法律法规要求，确保满足安全运行要求。电缆路径、附属设施、（　　）等设置需经规划部门审批，电缆路径应避开规划红线范围。
   A．互联箱　　　　B．出入口　　　　C．通风亭　　　　D．余缆井

45. 交联聚乙烯绝缘电缆附件安装应符合的要求包括（　　）。
   A．严格遵守制作工艺规程
   B．冷缩、预制、接插式附件的工艺简单，工艺要求较低
   C．越是工艺简单的附件，工艺要求越简单
   D．一般在室外制作 6kV 及以上电缆终端和接头时，空气相对湿度不宜超过 70%
   E．制作 10kV 及以上电缆附件时，其环境温度不宜低于 -5℃

46. 应加强电力电缆和电缆附件（　　）的全过程管理。
   A．选型　　　　B．订货　　　　C．验收　　　　D．投运

47. 现场验收包括（　　）的验收。
   A．电缆本体、附件　　　　　　　　B．附属设备、附属设施
   C．电缆通道　　　　　　　　　　　D．图纸资料

48. 电缆工程现场验收项目包括（　　）。
   A．电缆本体、附件　　　　　　　　B．附属设备、附属设施
   C．变电站土建　　　　　　　　　　D．电缆通道

49. 红外热像仪对所测电缆设备进行全面扫描时，应重点观察的部位有（　　）。
   A．电缆终端和电缆中间接头　　　　B．交叉互联箱
   C．接地保护箱　　　　　　　　　　D．金属护套接地点

50. 进行电缆局部放电检测时，应在（　　）位置安装传感器。
   A．电缆终端　　　B．电缆本体　　　C．接头的交叉互联线　　　D．接地线

51. 电缆终端绝缘套管的 C 类检修包括（　　）。
   A．检查外观有无破损、污秽　　　　B．检查套管外绝缘有无污秽、放电痕迹
   C．检测上、下端面是否水平　　　　D．清扫或复涂 RTV

52. 电缆和通道的 A 类检修项目包括（　　）。

A．整条更换电缆　　　B．诊断性试验　　　C．电缆附件整批更换　　　D．带电检测

53．铠装橡塑电缆中间接头金属层接地应符合下列规范（　　）。

A．电缆中间接头内铜屏蔽层的接地和铠装层连在一起

B．铠装层必须与铜屏蔽层绝缘

C．当接头的原结构中无内衬层时，可以不在铜屏蔽层外增加内衬层

D．电缆中间接头内铜屏蔽层不得与铠装层连接，接头两侧的铠装层必须用另一根接线相连

54．制作电缆终端和接头前，应按设计文件和产品技术文件要求做好检查，并应符合的规范包括（　　）。

A．电缆绝缘状况应良好，无受潮，电缆内不得进水

B．附件规格应与电缆一致，型号应符合设计要求。零部件应齐全、无损伤，绝缘材料不得受潮，附件材料应在有效存储期内。壳体结构附件应预先组装、清洁内壁、密封检查，结构尺寸应符合产品技术文件要求

C．充油电缆施工前应对电缆本体、压力箱、电缆油桶及纸卷桶进行电气性能试验

D．施工机具齐全、清洁，便于操作，消耗材料齐备，塑料绝缘表面的清洁材料应符合相关要求

55．控制电缆终端绝缘处理可采用热缩成形，也可以采用（　　）进行包扎。

A．塑料带　　　B．半导体自粘带　　　C．自粘带　　　D．纸胶带

56．电缆线路的施工记录包括（　　）。

A．隐蔽工程隐蔽前的检查记录或签证

B．电缆敷设记录

C．66kV 及以上电缆终端和接头安装关键工艺工序记录

D．质量检验与验收记录

57．在电缆敷设前，应按实际路径计算每根电缆的长度，合理安排电缆，减少电缆中间接头的数量，电缆中间接头应避免设置在（　　）、与其他管线交叉处、通道狭窄处。

A．倾斜处　　　B．转弯处　　　C．交叉路口　　　D．建筑物门口

58．电力电缆中间接头布置应符合（　　）的规定。

A．并列敷设的电缆，其接头位置宜相互错开

B．电缆明敷接头应用托板托置固定

C．共用通道敷设的电缆存在接头时，接头宜采用防火隔板或防爆盒隔离

D．直埋电缆中间接头应设机械防护结构或保护盒，位于冻土层内的保护盒内宜注入沥青

59．电缆终端安装检验项目包括（　　）。

A．芯线外绝缘的相间与对地距离

B．接地线规格

C．电缆穿过零序电流互感器时的接地线压接位置

D．接线端子与电气装置的连接可靠性

60．制作、安装控制电缆终端时，需要检验的项目有（　　）。

　　A．芯线绝缘层外观　　　　　　　　B．屏蔽电缆的屏蔽层接地

　　C．电缆弯曲半径　　　　　　　　　D．电缆铠装接地

61．（　　）属于控制电缆终端制作及安装的工艺标准。

　　A．热缩管应与电缆直径匹配，聚氯乙烯带应颜色统一、密实牢固

　　B．热缩型电缆终端应采用长度统一的热缩管加热收缩成形

　　C．电缆终端顶部应平整密实

　　D．电缆钢带与屏蔽层接地方式应符合规范要求

62．电缆中间接头的类型选择应符合（　　）的规定。

　　A．电缆线路分支接出的部位，除了带有分支主干电缆或在电缆网络中设有分支箱、环网柜的情况，其他情况应采用T形接头

　　B．三芯电缆与单芯电缆连接部位应采用转换接头

　　C．挤塑绝缘电缆与自容式充油电缆连接部位应采用塞止接头

　　D．在可能有水浸泡的场所，6kV及以上交联聚乙烯电缆中间接头应设置外包防水层

63．挖掘电缆或接头盒需悬吊保护时应满足的要求包括（　　）。

　　A．电缆悬吊间距1～1.5m

　　B．接头盒悬吊时应平放，接头盒不能受到拉力

　　C．若电缆中间接头无保护盒，则应在该接头下垫加宽、加长的木板后方可进行悬吊

　　D．电缆悬吊时，不允许用铁丝或钢丝

64．电缆防火工程验收项目包括（　　）。

　　A．防火门　　　　　B．防火涂料　　　　　C．防火带

　　D．接头防火保护　　E．防火槽盒

65．铠装橡塑电缆中间接头金属层接地时，正确的做法是（　　）。

　　A．电缆中间接头内铜屏蔽层的接地层和铠装层连在一起

　　B．铠装层必须与铜屏蔽层绝缘

　　C．如果电缆中间接头的原结构中无内衬层，则可不在铜屏蔽层外增加内衬层

　　D．电缆中间接头内铜屏蔽层的接地层和铠装层不得连接，对电缆中间接头两侧的铠装层必须用另一根接线相连

66．电缆终端与接头的形式、规格应与电缆的（　　）匹配。

　　A．额定电压　　　　　　　　　　　B．导体芯数

　　C．截面积　　　　　　　　　　　　D．护层结构和环境要求

67．防火设施技术要求包括（　　）。

　　A．电缆穿过竖井、变电站夹层、墙壁或进入电气盘、柜的孔洞处时，应实施防火封堵措施

　　B．电缆密集区域应采用阻燃电缆或采取防火措施

　　C．重要通道中的非阻燃电缆应设置阻火分段隔离，孔洞应密封

　　D．未采用阻燃电缆时，电缆中间接头两侧及相邻电缆2～3m长的区段应采取涂刷防

火涂料、缠绕防火包带等措施

68. 直埋电缆在直线段每隔 30～50m 处、（　　）等位置，应设置明显的路径标志或标桩。
A. 电缆中间接头处　　B. 转弯处　　C. 进入建筑物处　　D. 交叉处

69. 终端站、终端塔（杆、T接平台）应设置围墙或围栏，终端站宜采取（　　）措施，内部地坪应采用水泥硬化。
A. 防盗　　B. 防火　　C. 报警　　D. 防腐

70. 电缆附属设施主要包括（　　）。
A. 电缆支架　　B. 标识标牌　　C. 防火设施
D. 防水设施　　E. 电缆终端站

71. 电缆工井按用途不同，可分为（　　）工井。
A. 矩形　　B. 敷设　　C. 接头
D. 过渡　　E. L形

72. （　　）等缆线密集区域布置的电力电缆中间接头，应将接头迁移至站外的电缆通道内。
A. 变电站夹层内　　B. 桥架　　C. 竖井　　D. 隧道

73. 关于电缆终端的装置类型的选择，正确的是（　　）。
A. 电缆与六氟化硫全封闭电器直接相连时，应采用封闭式电缆 GIS 终端
B. 与充油电缆相连的终端，应能耐受工作油压
C. 电缆与高频变压器直接相连时，应采用象鼻式终端
D. 在易燃易爆等不允许有火种场所的电缆终端，应选用无明火作业的电缆终端

74. 运维单位宜对重要电缆、电缆附件等设备进行（　　）监测。
A. 温度　　B. 湿度
C. 局部放电　　D. 金属护层接地电流

75. 110（66）kV 及以上电缆终端、接头检测绝缘缺陷的带电检测方法是（　　）。
A. 高频局部放电　　B. 超高频局部放电
C. 超声波局部放电　　D. 变频谐振试验下的局部放电

76. 按照全寿命周期管理的要求，根据（　　）和环境等合理选择电缆和附件结构。
A. 线路输送容量　　B. 系统运行条件　　C. 电缆路径　　D. 敷设方式

77. 密集区域的 110（66）kV 及以上电缆中间接头应选用（　　）等防火防爆隔离措施。
A. 防火槽盒　　B. 防火隔板　　C. 防火毯　　D. 防爆壳

78. 被评价为"注意状态"的电缆终端渗漏油，油压异常缺陷，应采取的检修措施有（　　）。
A. 更换外绝缘套管，充油式电缆终端同时更换绝缘油
B. 检查油位，缩短巡视周期，加强巡视，记录油压并阶段性拍照比对
C. 带电距离足够的情况下，清除电缆终端下方的油迹，便于观察是否持续渗漏
D. 更换终端

79. 排管路径应优先保持直线走向，必须转弯时需进行（　　）计算，必要时加设直

通接头。

A．推力 B．牵引力 C．侧压力 D．正向压力

80．电缆 GIS 终端与变电设备匹配的参数包括（　　）。

A．结构 B．尺寸 C．电压等级 D．耐压等级

81．严禁在（　　）等缆线密集区域布置电缆接头。

A．变电站电缆夹层 B．电缆终端站 C．桥架 D．竖井

82．接头工井尺寸应满足（　　）以及抢修的要求。

A．检修作业 B．接头作业 C．接头布置 D．敷设作业

83．对电缆终端油补偿装置的检查包括（　　）。

A．检查终端套管外观有无破损

B．检查终端支架是否存在锈蚀

C．检查油补偿装置外观有无破损、渗漏油情况

D．检查油压表是否正常

84．电缆中间接头外观检查包括（　　）。

A．检查电缆中间接头外观有无异常

B．检查电缆中间接头托架、夹具有无偏移、锈蚀、破损、部件缺失等情况

C．检查电缆中间接头防火设施是否完好

D．检查交叉互联系统接线是否正确

85．在施工前，应进行现场勘察，编制附件安装施工方案，明确（　　）。

A．安全措施 B．组织措施 C．技术措施 D．专业措施

86．附加绝缘材料的电气性能应满足要求，应与电缆本体绝缘具有相容性，两种材料的（　　）等物理性能指标应接近。

A．硬度 B．膨胀系数 C．抗张强度 D．断裂伸长率

87．（　　），允许设置接头，但接头必须连接牢固，并不应受到机械拉力。

A．当控制电缆敷设的长度小于其制造长度时

B．当控制电缆敷设的长度超过其制造长度时

C．当必须延长已敷设竣工的控制电缆时

D．当修复使用中的电缆故障时

88．制作电缆终端和接头前，符合要求的有（　　）。

A．电缆绝缘状况良好，无受潮，塑料电缆内不得进水，充油电缆施工前应对电缆本体、压力箱、电缆油桶及纸卷桶逐个取油样，做电气性能试验，并应符合标准

B．附件规格应与电缆一致，零部件应齐全无损伤，绝缘材料不得受潮，密封材料不得失效。壳体结构附件应预先组装，清洁内壁，试验密封，结构尺寸符合要求

C．施工用机具齐全，便于操作，状况清洁，消耗材料齐备，清洁塑料绝缘表面的溶剂宜遵循工艺导则进行准备

D．无须进行试装配

89．电缆附件安装人员应掌握的基本技能有（　　）。

A．电缆安装识图　　　B．电工仪表使用　　　C．工器具使用　　　D．安全防护

90．电缆附件安装人员进行高压电缆预处理时的专业技能点包括（　　）。

A．高压电缆外护套切及外半导电层处理　　　B．高压电缆金属护套清洁及底铅处理

C．高压电缆金属护套剥切　　　D．高压电缆加温校直处理

91．电缆附件安装人员进行高压电缆预处理时的步骤包括（　　）。

A．高压电缆最终切断处理

B．高压电缆绝缘屏蔽剥切及断口处理

C．高压电缆主绝缘剥切及铅笔头处理

D．高压电缆主绝缘打磨处理及尺寸测量

92．电缆附件安装人员进行高压电缆中间接头部件组装时的步骤包括（　　）。

A．高压电缆导体连接

B．高压电缆中间接头主体（预制件）安装

C．高压电缆中间接头金属保护壳安装

D．高压电缆终端应力锥安装

93．电缆附件安装人员进行高压电缆户外终端部件组装时的步骤包括（　　）。

A．高压电缆终端应力锥安装　　　B．高压电缆导体连接

C．高压电缆终端套管安装　　　D．高压电缆金具安装

94．电缆附件安装人员进行高压电缆 GIS 终端部件组装时的步骤包括（　　）。

A．高压电缆 GIS 终端应力锥安装　　　B．高压电缆 GIS 终端导体连接

C．高压电缆 GIS 终端各部件安装　　　D．高压电缆 GIS 终端进仓与固定

95．电缆附件安装人员进行高压电缆附件封铅时的步骤包括（　　）。

A．高压电缆中间接头保护壳封铅　　　B．高压电缆终端尾管封铅

C．高压电缆终端绝缘剂填充　　　D．高压电缆附件与接地线连接

96．电缆附件安装人员进行高压电缆接地系统安装时的步骤包括（　　）。

A．高压电缆直接接地箱安装　　　B．高压电缆附件与接地线连接

C．高压电缆保护接地箱安装　　　D．高压电缆交叉接地箱安装

一级／高级技师

97．制作安装电缆中间接头或终端时，对气象条件的要求有（　　）。

A．应在良好的天气下进行制作安装

B．制作安装处应有防止尘土和外来污物的措施

C．在雨天、风雪天或湿度较大的环境下，施工应采取有效的防护措施

D．电缆中间接头安装时的环境温度宜为 10～30℃

98．电缆附件采用封铅方式进行接地或密封时，应满足的技术要求是（　　）。

A．封铅应与电缆金属护套、电缆附件的金属护套管紧密连接

B．封铅致密性应良好，不应有杂质和气泡，且厚度不应小于 12mm

C．封铅时不应损伤电缆绝缘，应掌握好加热温度，封铅操作时间应尽量短

D．圆周方向的封铅厚度应均匀，外形应光滑对称

99．在安装电缆中间接头前，应检查电缆附件材料，应符合的要求包括（　　）。

A．电缆中间接头的规格应与电缆一致，零部件应齐全无损伤，绝缘材料不得受潮

B．壳体结构附件应预先组装，内壁清洁，结构尺寸符合工艺要求

C．各类消耗材料齐备，清洁绝缘表面的溶剂宜遵循工艺要求准备齐全

D．在接头支架定位安装完毕后，确保作业面水平

100．高压交联电缆附件安装时，电缆绝缘表面应进行打磨抛光处理，在操作过程中做法错误的是（　　）。

A．按照 600 号、400 号、240 号的顺序选择砂纸进行打磨

B．用 600 号的细砂纸抛光电缆主绝缘表面

C．用打磨完半导电层的砂纸打磨绝缘层

D．在绝缘处理完毕后，用无水酒精清洁电缆表面

101．电缆终端安装质量应满足的要求包括（　　）。

A．导体连接可靠　　　　　　　　B．接地与密封牢靠

C．耐化学腐蚀性能良好　　　　　D．绝缘恢复满足设计要求

102．全预制干式终端套装到定位标记后，应转动终端，消除终端套入过程中产生的（　　）。

A．扭转应力　　B．拉伸力　　C．侧压力　　D．压缩力

103．接头收尾工作应满足的技术要求是（　　）。

A．安装交叉互联换位箱与接地箱接地线时，接地线与接地线端子的连接应采用机械压接方式

B．接地线端子与接头铜盒、接地铜排的连接宜采用不锈钢螺栓或热镀锌防腐螺栓进行连接

C．同一线路、同类接头的接地线或同轴电缆的布置、排列、固定应统一，走向应一致，便于维护

D．电缆中间接头的接地连接线应尽可能短

104．组合预制绝缘件接头安装的技术要求有（　　）。

A．检查弹簧紧固件与应力锥是否匹配

B．先套入应力锥，再套入弹簧紧固件

C．在电缆绝缘、绝缘屏蔽层、应力锥的内表面涂硅油

D．检查弹簧所在螺栓是否有阻碍弹簧自由伸缩的部件

105．关于插入式电缆 GIS 终端安装技术要求，正确的是（　　）。

A．内锥环氧套管装入 GIS 电缆筒体后应安装封盖，防止潮气或杂质进入

B．电缆终端不宜多次进行插拔，不得超过附件制造商允许的插拔次数

C．电缆终端在安装时应确保对正内锥环氧套管的轴线，避免终端的前端触头损伤内锥环氧套管内壁

D．检查空气腔的液面或压力箱的压力是否符合工艺要求

106．安装 110kV 交联聚乙烯绝缘电力电缆终端时，需要遵守的工艺要求有（　　）。

A．必须严格控制施工现场的温度、湿度、清洁程度

B．温度宜控制在 0～35℃

C．相对湿度应控制在 70% 以下，或以供应商提供的标准为准，当湿度较大时，应采取适当除湿措施或暂停施工

D．应搭建工棚，并采取适当措施以净化施工环境

107．安装干、湿式电缆 GIS 终端时，应在（　　）上涂硅油。

A．电缆绝缘　　　　　　　　　　B．绝缘屏蔽层
C．应力锥的外表面　　　　　　　D．应力锥的内表面

108．电缆中间接头的资料检查包括（　　）。

A．接头安装记录及质量验评记录　B．产品合格证及试验证明
C．电缆敷设记录　　　　　　　　D．安装图纸等技术文件

109．电缆中间接头现场实物检查包括（　　）。

A．外观检查　　B．接头固定　　C．接头接地　　D．隧道支架接地

110．66kV～220kV 交联聚乙烯绝缘电力电缆户外终端质量评定及验收中，现场实物检查应包括（　　）。

A．现场检查　　B．外观检查　　C．终端固定检查　　D．终端接地检查

111．66kV～220kV 交联聚乙烯绝缘电力电缆户外终端质量评定及验收中，验收资料应包括（　　）。

A．终端安装记录　　　　　　　　B．质量评定记录
C．制造厂提供的产品合格证　　　D．试验证明及安装图纸

112．进行土建构筑物设计时，应为电缆户外终端的（　　）提供必要的便利。

A．施工　　　　B．运行　　　　C．检修　　　　D．试验工作

113．电缆终端施工所涉及的场地，如（　　）的建筑安装工作应在电缆终端安装前完成。

A．开关室　　　B．电缆夹层　　C．终端塔　　　D．终端站

114．应在施工过程中进行电缆中间接头的施工验收，应加强（　　）。

A．过程监控工作　B．质量抽检　C．最终附件验收工作　D．风险管控

115．110kV 及以上交联电缆中间接头按绝缘屏蔽层处理方式可分为（　　）。

A．绝缘接头　　B．冷缩接头　　C．直通接头　　D．热缩接头

116．（　　）属于电缆中间接头安装工艺流程。

A．主绝缘处理　　　　　　　　　B．擦拭线路
C．电缆加热校直处理　　　　　　D．质量验评

117．在装电缆中间接头前，应检查电缆，符合要求的是（　　）。

A．电缆状况良好，无受潮，电缆绝缘偏心度满足标准要求

B．电缆相位正确，外护套耐压试验合格

C．有制造厂提供的产品合格证

D．有试验证明及安装图纸

118．在安装电缆中间接头前，应检查电缆附件材料，符合要求的是（　　）。

A．电缆中间接头规格应与电缆一致，零部件应齐全无损伤，绝缘材料不得受潮。壳体结构附件应预先组装，内壁清洁，结构尺寸符合工艺要求

B．各类消耗材料齐备，清洁绝缘表面的溶剂遵循工艺要求且准备齐全

C．接头支架定位安装完毕，确保作业面水平

D．电缆中间接头安装现场的作业指导书、附件装配图纸齐全

119．（　　）是属于切割电缆及电缆护套的处理步骤。

A．根据工艺图纸要求确定的位置剥除电缆外护层，将接头施工范围内的外护层表面半导电层处理干净

B．电缆临时固定于运行位置，标记接头中心位置

C．检查电缆长度，确保在制作电缆中间接头时有足够的电缆长度和适当的余量

D．电缆中间接头安装现场的作业指导书、附件装配图纸齐全

120．预制绝缘件接头的安装技术要求包括（　　）。

A．检查弹簧紧固件与应力锥是否匹配

B．先套入弹簧紧固件，再安装应力锥

C．在电缆绝缘、绝缘屏蔽层和应力锥的内表面上涂硅油

D．在安装完弹簧紧固件后，应保证弹簧压缩长度在工艺要求的范围内

121．整体预制绝缘件接头安装技术要求包括（　　）。

A．预制式接头要求交联聚乙烯电缆绝缘的外径和预制橡胶绝缘件的内径之间有满足工艺规定的过盈配合，安装预制绝缘件的接头宜使用专用的扩张工具或牵引工具

B．扩张方式包括工厂预扩张与现场扩张。工厂预扩张是指在工厂内将预制橡胶绝缘件扩张，安装时将衬管抽出

C．机械扩张时，预制橡胶绝缘件经过扩张后，套在专用衬管上的时间不应超4h。预制橡胶绝缘件的扩张必须在工艺要求的温度范围内进行

D．现场扩张方式采用的专用扩张工具和专用衬管必须用无水酒精或其他合适的溶剂擦拭，并用电吹风吹干。专用衬管的外表面应清洁、光滑、无毛刺，专用衬管的使用次数宜按照工艺要求加以控制

122．在导体连接前，应将（　　）等部件按照工艺要求的顺序预先套入电缆，并确认同轴电缆连接方向正确，同轴电缆长度足够。

A．预制橡胶绝缘件　　B．接头铜盒　　C．热缩管　　D．内护套

123．采用围压压接法进行导体连接时应满足的要求是（　　）。

A．在压接前，检查核对连接金具和压接模具，选用合适的接线端子、压接模具和压接机

B．在压接前，清除导体表面的污迹与毛刺

C．在压接前，检查两端电缆是否在一直线上

D．在压接时，导体插入的长度应满足工艺要求

124．接头尾管与金属护套进行接地连接时可采用（　　）等方式。

A．封铅方式　　B．接地线焊接　　C．保护　　D．半导电屏蔽

125. 接头收尾工作应满足的技术要求是（　　）。

　　A．安装交叉互联换位箱和接地箱接地线时，接地线与接地线端子的连接应采用机械压接方式，接地线端子与接头铜盒、接地铜排的连接宜采用不锈钢或热镀锌防腐螺栓连接方式

　　B．同一线路同类接头的接地线或同轴电缆布置应统一，接地线、同轴电缆的走向应统一，易于维护

　　C．电缆中间接头接地线应尽可能短

　　D．伸缩比宜控制在 15%～25%

126. 电缆中间接头的施工验收应在施工过程中进行，应加强（　　）工作。

　　A．过程监控　　　　B．质量抽检　　　　C．最终附件验收　　　　D．提前验收

127. （　　）属于电缆终端站的作用。

　　A．支撑、固定电缆终端　　　　　　　　B．保证电缆终端间的安全距离

　　C．与架空线有效连接　　　　　　　　　D．与外界相对隔离

128. 电缆终端施工所涉及的（　　）的建筑及安装工作应在电缆终端安装前完成，并清理干净现场。

　　A．开关室　　　　B．电缆夹层　　　　C．终端塔　　　　D．终端站

129. 电缆终端安装质量应满足的要求有（　　）。

　　A．导体连接可靠　　　　　　　　　　　B．绝缘恢复满足设计要求

　　C．接地与密封牢靠　　　　　　　　　　D．现场阳光充足

130. （　　）属于电缆户外终端安装的工艺流程。

　　A．电缆加热校直处理　　　　　　　　　B．切割电缆

　　C．质量验评　　　　　　　　　　　　　D．部件安装

131. 在安装电缆终端前，应检查电缆，符合要求的是（　　）。

　　A．电缆绝缘状况良好，无受潮。电缆绝缘偏心度满足标准要求

　　B．电缆相位正确，护层绝缘合格

　　C．支撑、固定电缆终端

　　D．在电缆绝缘表面上应涂硅油

132. 在安装电缆终端前，应检查电缆附件材料，符合要求的是（　　）。

　　A．电缆附件型号、规格应与电缆相匹配。检查货箱在运输过程中是否有损伤。按安装指导书中所附的材料清单核实各零部件，并检查是否在运输过程中受损伤

　　B．绝缘材料不应受潮。密封材料不得失效，壳体结构附件应预先组装，内壁清洁。结构尺寸符合工艺要求

　　C．各类消耗材料齐备。清洁绝缘表面的溶剂宜遵循工艺要求准备齐全

　　D．必要时应进行附件试装配

133. 施工现场应具备（　　）等。

　　A．安装工艺图纸　　　　　　　　　　　B．施工方案

　　C．施工组织设计　　　　　　　　　　　D．作业指导书

134. 根据工艺图纸要求确定金属护套剥除位置，剥除金属护套时应符合的要求是（　　）。

A．必须严格控制金属护套切口深度，严禁损坏电缆绝缘屏蔽

B．断口应进行处理，去除尖口与残余金属碎屑

C．切割后的金属护套应扩张成喇叭口状

D．剥除电缆外护层

135．（   ）是打磨 110kV 以上电缆绝缘表面的砂纸。

A．400 号　　　　　B．600 号　　　　　C．800 号　　　　　D．200 号

136．对应力锥安装时说法正确的是（   ）。

A．安装应力锥前应确保电缆已固定牢靠，保证安装应力锥时电缆不会上下移动

B．根据产品安装图纸的规定标记尺寸

C．确保应力锥内表面无任何污染物，应力锥的内表面应均匀涂抹必要的润滑剂

D．在安装应力锥时，应做好应力锥外表面防护措施

137．对于套管的安装与充油，说法正确的是（   ）。

A．在安装套管前，应检查套管的型号、尺寸、外观，清洁内外表面

B．终端绝缘套管与底座法兰应采用螺栓连接，螺栓力矩应依照制造厂规定

C．锥托、弹簧压紧装置应按供应商的工艺要求进行安装

D．气温较低时，如果有必要，则应对油进行加热，待油温均匀并达到所需要温度时再充油，充油至规定油位。

138．关于干式终端安装，说法正确的是（   ）。

A．在安装瓷套型干式终端、复合套型干式终端前，应确保电缆已固定

B．电缆绝缘和干式终端内表面应无任何污染、划痕、凹坑，且均匀涂抹润滑剂

C．在全预制干式终端套装到定位标记后，应转动终端，消除终端套入时产生的拉伸、压缩和扭曲应力

D．安装干式终端时，可以由无经验的电缆安装人员进行安装

139．关于连接出线杆，说法正确的是（   ）。

A．在压接前，终端敞开部位用塑料薄膜包扎好，防止异物进入终端内部

B．导体内分隔层彻底清理干净，必要时可用金属刷子清理

C．出线杆套入电缆线芯，并在电缆线芯上做记号，以便压接时确定导电棒是否套入到位

D．用电缆导体对应规格的压接模具压接导电棒

140．对密封、接地、收尾工作说法正确的是（   ）。

A．户外终端尾管与金属护套进行接地连接时，可采用封铅方式或接地线焊接等方式

B．户外终端密封时，可采用封铅、环氧混合物、玻璃丝带等方式

C．户外终端尾管与金属护套采用焊接方式进行接地连接时，跨接接地线的截面积应满足设计要求

D．采用环氧混合物、玻璃丝带方式进行密封时，应满足工艺要求

141．电缆如需穿越楼板，应做好电缆孔洞的防火封堵措施。一般在安装完防火隔板后，（   ）。

A．填充防火包 B．浇注无机防火堵料

C．浇筑有机防火堵料 D．包裹有机防火堵料

142．电缆终端与接头应符合的要求是（ ）。

A．电缆终端的形式、规格应与电缆类型匹配

B．电缆终端的结构应复杂、松散

C．电缆终端的材料、部件应符合技术要求

D．330kV 和 500kV 电缆终端与接头的主要性能应符合国家现行相关产品标准的规定

143．电缆 GIS 终端安装的环境要求有（ ）。

A．施工所涉及的场地（如开关室、电缆夹层）的土建工作及装修工作应在电缆 GIS 终端安装前完毕

B．在设计土建设施时，应满足电缆 GIS 终端施工、运行及检修试验工作的需要

C．温度宜控制在 0～35℃

D．相对湿度宜低于 70% 或以供应商提供的标准为准

144．电缆 GIS 终端安装的质量要求包括（ ）。

A．导体连接可靠

B．绝缘恢复满足设计要求

C．接地与密封牢靠

D．满足变电站防火封堵要求

145．电缆 GIS 终端安装工艺流程包括（ ）。

A．切割电缆及电缆护套的处理 B．电缆加热校直处理

C．部件安装 D．质量验评

146．电缆 GIS 终端安装施工准备工作包括（ ）。

A．应由经过培训的熟悉安装工艺的技能人员进行

B．在施工前，应做好施工用工器具检查，确保施工用工器具齐全完好，便于操作

C．在施工前，应做好施工用电源及照明检查，确保施工用电及照明设备能正常工作

D．在施工前，宜搭制施工平台，防止施工作业杂物落下，影响施工质量及施工安全

147．电缆 GIS 终端安装前，应确保电缆符合的要求是（ ）。

A．电缆状况良好，无受潮 B．电缆绝缘偏心度满足标准要求

C．电缆相位正确 D．护层耐压试验合格

148．在安装电缆 GIS 终端前，应确保电缆附件符合的要求是（ ）。

A．规格与电缆一致 B．零部件应齐全无损伤

C．绝缘材料不得受潮 D．密封面不应失效

149．电缆 GIS 终端安装时，切割电缆及电缆护套处理这一工序的内容包括（ ）。

A．检查电缆长度，确保在制作电缆 GIS 终端时，电缆有足够的长度和适当的余量

B．根据工艺图纸要求确定电缆外护层剥除位置，将剥除位置以上部分的电缆外护层剥除干净

C．应按工艺要求进行搪铅，控制搪铅温度及时间，不应伤及电缆绝缘

D．在最终切割标记处，用锯子等工具沿电缆轴线垂直切断，要求导体切割端面平直

150．安装电缆 GIS 终端时，电缆加热校直处理这一工序的内容包括（　　）。

A．110kV 及以上的电缆每 600mm 长的弯曲偏移不大于 2mm

B．加热校直的温度宜控制在 75℃±2℃

C．保温时间宜大于 4h 或按工艺要求进行保温

D．采用校直管校直后，应自然冷却至常温

151．安装电缆 GIS 终端时，绝缘处理这一工序的内容包括（　　）。

A．确定绝缘屏蔽的长度

B．采用专用的切削刀具或玻璃去除电缆绝缘屏蔽

C．电缆绝缘表面应采用 240 号及以上的砂纸进行打磨抛光处理

D．在打磨处理完毕后，应测量绝缘表面直径

152．安装电缆 GIS 终端时，出线杆压接这一工序的内容包括（　　）。

A．在压接前，将已安装好的部件用塑料薄膜包扎好

B．出线杆可采用机械连接方法

C．出线杆可采用压缩连接方法

D．如果采用压缩连接，则应采用围压压接法

153．出线杆压接时，采用围压压接法进行导体连接应满足的条件有（　　）。

A．在压接前，应清除导体表面的污迹及毛刺

B．在压接前，检查压接管的平直度

C．在压接时，导体插入长度应满足工艺要求

D．压接比宜控制在 15%～25%

154．出线杆压接时，采用机械连接方法进行导体连接应满足的条件有（　　）。

A．用打紧套将压紧锥、接触环初步压紧

B．用专用工具将压紧锥和接触环压紧

C．在压接时，注意不要损伤接触环

D．如果接头供应商有特殊工艺要求，则应按照工艺要求执行

155．电缆 GIS 终端安装时，应力锥安装这一工序的内容包括（　　）。

A．在安装前，电缆应固定牢靠

B．在安装时，应清洁电缆绝缘表面

C．使用清洁专用手套在应力锥内表面涂抹硅脂或硅油

D．使用手工或专用工具套入应力锥

156．电缆干式 GIS 终端应力锥安装时的技术要求有（　　）。

A．检查弹簧紧固件与应力锥是否匹配

B．先将电缆线芯套入弹簧紧固件，再安装应力锥

C．在电缆绝缘、绝缘屏蔽层和应力锥内表面上涂抹硅油

D．检查是否有阻碍弹簧自由伸缩的部件

157．电缆湿式 GIS 终端应力锥安装时的技术要求有（　　）。

A．电缆导体出口宜采用带材密封或模塑密封方式

B．先套入密封底座，再安装应力锥

C．在电缆绝缘、绝缘屏蔽层和应力锥内表面涂抹硅油

D．使用手工或专用工具套入应力锥

158．电缆插入式 GIS 终端应力锥安装时的技术要求有（　　）。

A．在内锥环氧套管装入 GIS 电缆筒体后，应安装封盖

B．电缆终端不宜多次插拔

C．电缆终端应对正内锥环氧套管轴线安装

D．检查空气腔的液面或压力箱的压力是否符合工艺要求

159．电缆 GIS 终端安装时，安装套管和金具这一工序的内容包括（　　）。

A．用合适的溶剂将套管的内外表面清洁干净，检查套管内外表面，确认无杂质和污染物

B．如果是干式终端结构，则应将套管内表面与应力锥接触的区域清洁并涂抹硅油

C．彻底清洁电缆绝缘表面及应力锥表面，确认无杂质和污染物后，使用手工或起吊工具方式将套管套入电缆，在套入过程中，套管不能碰撞应力锥

D．应按照开关设备最终安装位置进行装配

160．安装电缆 GIS 终端时，安装套管及金具这一工序的内容包括（　　）。

A．清洁密封圈并均匀涂抹硅脂，将密封圈完全放入密封槽内

B．安装密封金具或屏蔽罩时，调整密封金具或屏蔽罩，使其上表面到开关设备的长度与电缆 GIS 终端分界面的长度满足相关要求

C．检查开关设备导电杆与密封金具或屏蔽罩的螺栓孔位是否匹配，最终固定密封金具或屏蔽罩，确认固定力矩

D．将尾管固定在套管上，确认固定力矩，确保电缆 GIS 终端与开关设备之间的密封质量

161．安装电缆 GIS 终端时，接地与密封首尾处理这一工序的内容包括（　　）。

A．电缆 GIS 终端尾管与金属护套接地连接可采用封铅方式

B．电缆 GIS 终端尾管密封可采用封铅方式

C．电缆 GIS 终端尾管与金属护套接地连接可采用接地线焊接等方式

D．电缆 GIS 终端尾管密封可采用环氧混合物、玻璃丝带等方式

162．安装电缆 GIS 终端时，接地与密封首尾处理这一工序的内容包括（　　）。

A．电缆 GIS 终端尾管与金属护套采用封铅方式进行接地连接时，跨接接地线截面应满足系统短路电流的通过要求

B．电缆 GIS 终端尾管与金属护套采用焊接方式进行接地连接时，跨接接地线截面应满足系统短路电流的通过要求

C．采用环氧混合物、玻璃丝带方式密封时，应满足工艺要求

D．电缆 GIS 终端内如果需灌入绝缘剂，则在安装前检验其密封性

163．安装电缆 GIS 终端时，应满足的技术要求有（　　）。

A．安装终端接地箱、接地线时，接地线与线端子的连接应采用机械连接方式，线端子

与终端尾管接地铜排的连接宜采用螺栓连接方式

B．在同一变电站内，同类电缆 GIS 终端的接地线布置应统一，终端尾管接地铜排的方向应统一，易于运行维护

C．采用带有绝缘层的接地线时，将电缆 GIS 终端尾管通过终端接地箱与电缆终端接地网相连，接地线的固定与走向应符合设计要求

D．电缆 GIS 终端如需穿越楼板，应做好电缆孔洞的防火封堵措施

164．高压电缆附件导体连接杆和导体连接管的技术要求包括（　　）。

A．制造导体连接杆和导体连接管时，应采用相关规定的铜材进行制造，并经退火处理

B．导体连接杆和导体连接管表面应光滑、清洁

C．导体连接杆和导体连接管表面应无损伤和毛刺

D．导体连接杆和导体连接管的压接连接件性能应符合相关规定的试验要求

165．高压电缆附件环氧预制件和环氧套管的技术要求有（　　）。

A．环氧预制件和环氧套管应无气泡、烧焦物和其他有害物质

B．环氧预制件和环氧套管内外表面应光滑，无有害杂质、气孔

C．绝缘和半导电屏蔽的界面应结合良好，应无裂纹和剥离现象

D．绝缘和预埋金属嵌件结合良好，无裂纹、变形等异常现象

166．关于电缆终端上杆塔处电缆的叙述，正确的是（　　）。

A．在电缆终端上杆塔处，电缆上杆底部基础应夯实，必要时应采取垫沙包等措施，防止地基下沉而使上杆电缆长期受力

B．电缆弯曲半径应满足要求，按厂家规定要求，保持电缆终端以下垂直固定，电缆终端底座以下应有不小于 1m 的垂直段，且刚性固定不应少于 1 处

C．电缆终端处应预留适量电缆，长度不小于制作一个电缆终端的裕度

D．220kV 电缆的最小弯曲半径为 12 倍电缆外径

三、填空题

三级 / 高级工

1．在同一户外终端塔中，电缆回路数不应超过（　　）回。

2．有防水要求的电缆应有纵向和径向阻水措施。电缆中间接头的防水应采用金属护套，必要时可增加（　　）外壳。

3．电缆密集区域的在役接头应加装（　　）或采取其他防火隔离措施。

4．水底电缆应是整根电缆。当整根电缆超过制造厂的制造能力时，可采用（　　）连接。

5．在电缆终端站安装接地装置时，接地电阻不合格的应（　　），必要时进行开挖检查修复。

6．电缆中间接头应加装防火槽盒或采取其他防火隔离措施。电缆中间接头两侧及相邻电缆 2～3m 的区段应采取涂刷（　　）、缠绕防火包带等措施。

7．110（66）kV 及以上电缆敷设及附件安装等关键环节应留有（　　）资料，资料应清晰记录关键环节安装过程，并经监理人员确认签字。

8．直通接头是金属外壳与接头两边电缆的（　　）和绝缘屏蔽在电气上连续的接头。

9．密集区域（4回及以上）的电缆中间接头应采用防火毯、（　　）、隔板、防爆壳等防火防爆隔离措施。

10．变电站夹层内不应布置（　　）。

11．电缆明敷时的接头应用（　　）固定，电缆中间接头两端应刚性固定，每侧固定点不少于（　　）处。

12．电缆中间接头两侧及相邻电缆（　　）m的区段应采取涂刷防火涂料、缠绕防火包带等措施。

13．电缆中间接头的防水应采用（　　），必要时可增加（　　）。

14．电缆终端上应有明显的（　　），且应与系统的相位一致。

15．预制式电缆终端和接头应保持直线状态，特别避免附件（　　）部位受力弯曲变形。

16．高压电缆附件安装人员应通过电缆附件安装培训与考核。对于重要的高压电缆及通道工程，电缆运检部门应对附件安装人员进行关键安装工艺水平的（　　）。

17．电缆如需穿越楼板，应做好电缆孔洞的（　　）工作。

18．电缆本体是指除去（　　）和（　　）等附件以外的电缆线段部分。

19．充油式电缆终端渗、漏油缺陷在停电更换或处理后，需静置（　　）h以后才能进行相关试验。

20．人流密集区域的电缆终端应选用（　　）。

21．严禁在变电站（　　）、（　　）和（　　）等缆线密集区域布置电缆中间接头。

22．现场验收包括电缆本体、附件、（　　）、附属设施和通道验收，依据《电力电缆及通道运维规程》(Q/GDW 1512—2014)运维技术要求执行。

23．电缆接头应牢靠固定在接头支架上，电缆接头两侧至少各有两副（　　）夹具。

24．对于重要的高压电缆及通道工程，电缆运检部门应对（　　）进行关键安装工艺水平的现场考核。

25．在施工前，应进行电缆附件及（　　）检查。

26．电缆GIS终端安装前，电缆应垂直固定在（　　）上。

27．按工艺要求在剥除电缆外护层后，应将接头施工范围内外护层表面的（　　）处理干净。

28．如果终端安装在终端塔上，则终端塔的（　　）需考虑装设上塔防坠设施以及终端检修平台。

29．高压电缆户外终端应优先设置在站内，采用终端塔形式，应设置（　　）及（　　），登杆装置应采用典型设计。

30．在安装电缆中间接头处，电缆土沟应加宽和加深，这一段加宽加深的电缆土沟称为（　　）。

31．在剥切电缆时，不应损伤线芯和保留的绝缘层。附加绝缘的（　　）等应清洁。

32．电缆终端和接头应采取加强绝缘、（　　）、机械保护等措施。

33．电缆通过零序电流互感器时，电缆金属护层和接地线应对地绝缘，电缆接地点在互感器以下时，接地线应（　　）。

34. 电缆通过零序电流互感器时，电缆金属护层和接地线应对地绝缘，电缆接地点在互感器以上时，接地线应（　　）。

二级/技师

35. 高压电缆高频局部放电现场在某个测试点测试到异常信号时，应逐个对电缆中间接头进行测试，找到离局部放电源位置最近的电缆附件，通过分析该电缆附件检测到的（　　）、频率分布、反射波时间等信息初步判断局部放电源的位置。

36. 定期巡视周期是指110（66）kV及以上电缆通道外部及户外终端的巡视，每（　　）月巡视一次。

37. 电缆红外测温重点检测电缆终端、（　　）、电缆分支处及（　　）。

38. 超高频局部放电测试主要适用于（　　）的检测。

39. 进行外护套直流电压试验时，应对单芯电缆外护套连同接头外保护层施加10kV直流电压，试验时间为（　　）min。

40. 电缆终端本体同部位相间温度差超过（　　）K时，应加强监测，超过（　　）K应停电检查。

41. 电缆终端站接地装置接地电阻不合格的应（　　），必要时进行开挖检查修复。

42. 检查电缆终端设备线夹发热温度时，同一线路相间温差不超过（　　）K，温度不超过（　　）℃。

43. 移动电缆中间接头一般应停电进行移动，如果必须带电移动，则应先调查该电缆的历史记录，由有经验的施工人员在（　　）指挥下，平正移动。

44. 在电缆及通道的检修中，"电缆整条更换""电缆附件整批更换"这两类项目属于（　　）类检修。

45. 接头坑应避免设置在道路交叉口、有车辆进出的建筑物门口、电缆线路转弯处及地下管线密集处。接头坑的位置应选择在电缆线路（　　），与导管口的距离应在（　　）m以上。

46. 接头坑的大小要能满足接头的操作需要。一般接头坑宽度为电缆土沟宽度的2~3倍，接头坑的深度要使接头保护盒与电缆有相同的埋设深度，接头坑的长度需满足（　　）和接头外壳临时套在电缆上的直线距离需要。

47. 制作塑料绝缘电力电缆终端与接头时，应防止（　　）落入绝缘内。

48. 采用的附加绝缘材料除电气性能应满足要求外，还应与电缆本体绝缘具有相容性。两种材料的硬度、膨胀系数、（　　）等物理性能指标应接近。

一级/高级技师

49. 组合预制绝缘件接头是采用（　　）及预制环氧绝缘件现场组装的接头。

50. 加热校直的目的是消除电缆生产和敷设过程中产生的（　　），保证电缆和附件的界面配合，也可减少电缆投运后因绝缘受热而导致的回缩。

51. 终端接地连接线应尽量短，连接线截面应满足系统单相接地电流通过时的热稳定要求，连接线的绝缘水平不得小于电缆（　　）的绝缘水平。

52. 绝缘接头用绝缘材料将电缆中间接头两端的（　　）、金属屏蔽和金属护套隔开。

53．复合套作为外绝缘，内部有应力锥并填充有不流动弹性体的终端称为（　　）。

54．电缆 GIS 终端出线杆连接时，采用围压压接法进行导体压接，其压缩比应控制在（　　）。

55．尾管与金属护套采用封铅方式接地连接时，封铅要与金属护套紧密连接，封铅致密性要好，不应有杂质和气泡，结合处厚度不应小于（　　）mm。

56．电缆 GIS 终端制作完毕后，应保持静止（　　）h 以上，才能做电缆交接试验。

57．最终的附件验收应包括资料和（　　）两个方面。

58．户外终端的密封可采用封铅方式或（　　）等方式。

59．电缆中间接头安装质量应满足导体连接可靠、（　　）满足设计要求、接地与密封牢靠等要求。

60．组合预制绝缘件接头安装技术要求包括在电缆绝缘层、绝缘屏蔽层和应力锥的内表面上涂上（　　）。

61．整体预制绝缘件接头安装的现场扩张包括机械扩张和（　　）扩张两种方式。

62．预制附件是指以具有（　　）作用的预制橡胶元件作为主要绝缘件的电缆附件。

63．安装高压交联电缆附件时，电缆弯曲半径不宜小于（　　）倍电缆外径。

64．户外终端尾管与金属护套进行接地连接时，可采用（　　）方式或接地线焊接方式。

65．在安装电缆中间接头前，应对电缆中间接头部分的电缆进行加热校直，并应达到的工艺要求是每 600mm 长度，弯曲偏移应不大于（　　）。

66．电缆 GIS 终端与终端接地箱、接地线相连时，线端子与终端尾管接地铜排的连接宜采用（　　）。

67．直通接头是金属外壳与接头两边电缆的（　　）和（　　）在电气上连续的接头。

68．66kV～220kV 交联聚乙烯绝缘电力电缆中间接头的最终附件验收一般包括资料和现场（　　）检查。

69．66kV～220kV 交联聚乙烯绝缘电力电缆 GIS 终端的现场实物检查应包括（　　）、终端固定、终端接地等。

70．制作 66kV～220kV 交联聚乙烯绝缘电力电缆户外终端时，应及时做好现场质量检查、报表填写工作。电缆终端安装应强化（　　），实现质量抽检及最终验收分段验收。

71．电缆 GIS 终端安装现场的作业指导书、（　　）应齐全。

72．电缆 GIS 终端施工时，应由经过培训的熟悉（　　）的技能人员进行操作。

73．电缆终端安装完毕应做到（　　）。

74．户外终端安装平台位置离地面的高度不宜超过（　　）。

75．终端支撑结构定位安装完毕后，确保作业面（　　）。

76．高压电缆附件导体连接杆和导体连接管应采用（　　）进行制造，并经退火处理。

77．高压电缆附件导体连接杆和导体连接管表面应无（　　）。

78．高压电缆附件环氧预制件和环氧套管应（　　）。

79．高压电缆附件环氧预制件和环氧套管内外表面应（　　），无有害杂质、气孔。

80．高压电缆附件绝缘和半导电屏蔽的界面应结合良好，应无（　　）和（　　）现象。

81．高压电缆附件绝缘和预埋金属嵌件应（　　）良好，无裂纹、变形等异常现象。

82．电缆终端和接头的结构应符合电缆绝缘类型的特点，使电缆的导体、绝缘、屏蔽和（　　）这四个结构层分别得到延伸。

83．目前的理论认为，电缆及其附件的使用寿命约为（　　）年。

84．当与电缆金属护套进行铅锡合金焊接时，连续焊接时间应不超过（　　）min，并可在焊接过程中采取局部冷却措施，以免因焊接时金属护套温度过高而损伤电缆绝缘芯。

85．500kV 高压电缆旁站监督工作由（　　）负责。

86．220kV 及以下高压电缆旁站监督工作原则上由（　　）负责，或由各省运检部门统一协调。

87．整体预制式接头要求是：交联聚乙烯电缆绝缘的外径和预制橡胶绝缘件的内径之间的界面应有满足工艺规定的（　　）配合。

四、判断题

三级 / 高级工

1．制作电缆终端与接头前，应核对电缆相序或极性。（　　）

2．水下敷设的电缆不应有电缆中间接头。（　　）

3．生产厂房和变电站内的电缆终端、电缆中间接头处，应装设电缆标示牌。（　　）

4．控制电缆不应有电缆中间接头。（　　）

5．直埋电缆在直线段每隔 100m 处、中间接头处、转弯处、进入建筑物等位置，应设置明显的路径标志或标桩。（　　）

6．并列敷设的电缆，其接头位置应对齐。（　　）

7．电缆接头应加装防火槽盒或采取其他防火隔离措施。（　　）

8．在未采用阻燃电缆时，电缆接头两侧及相邻电缆 1～2m 长的区段应采取涂刷防火涂料、绕防火包带等措施。（　　）

9．干式终端安装方便，110kV 及以上电压等级电缆线路应优先选用干式终端安装。（　　）

10．110kV 及以上电力电缆站外终端应有检修平台，并满足安全距离的要求，对高度无要求。（　　）

11．在现场安装 110（66）kV 及以上电缆附件之前，组装部件应试装配。（　　）

12．电缆附件安装人员是指有附件安装经验的人员。（　　）

13．封闭式电缆终端分为 GIS 电缆终端和油中电缆终端两种。（　　）

14．电缆中间接头禁止带电进行移动。（　　）

15．有防水要求的电缆应有径向阻水措施。电缆中间接头应采用铜套进行防水，必要时可增加玻璃钢防水壳。（　　）

16．采用复合套管的电缆终端应使用酒精进行清扫，保证套管外绝缘无污秽或放电痕迹。（　　）

17．被测电缆本体及附件应当绝缘良好，存在故障的电缆可以进行测试。（　　）

18．可带电插拔的肘型电缆中间接头不宜带负荷操作。（　　）

19．110kV 交联电缆的 GIS 终端和油浸终端均使用预制橡胶应力锥进行应力控制。（   ）

20．水底应采用整根的电缆，中间不允许有软接头。（   ）

21．电缆中间接头一般应停电进行移动。如果必须带电移动，则应先查阅历史记录，在专人统一指挥下，平正移动。（   ）

22．户外终端应满足当地污秽等级要求，同一负载或重要电缆线路的电缆和附件应选用不同厂家的产品。（   ）

23．终端站（塔）应设置围墙、围栏等防盗、防入侵措施，应确保运维人员能正常开展电缆设备的检测、检修工作。（   ）

24．高压电缆户外终端应优先设置在站外。（   ）

25．同一构件相邻纵向受力钢筋的绑扎搭接接头宜相互错开，绑扎的铁丝头应向外弯折。（   ）

26．高压电缆附件安装人员应进行电缆附件安装培训与考核。对于重要高压电缆和通道工程，电缆运检部门应对附件安装人员进行关键安装工艺水平的现场考核。（   ）

27．在安装电缆中间接头时，必须严格控制施工现场的温度与湿度，相对湿度应控制在 75% 及以下，或以供应商提供的标准为准。（   ）

28．电缆附件现场实物检查包括外观检查、终端固定检查、终端接地检查等。（   ）

29．对于首次中标的电缆敷设单位或附件厂家，运维单位应加强对厂家关键工艺的现场监督和质量把控，明确具体考核关键节点和需提供的技术资料。（   ）

30．如果必须移动电缆终端，则施工现场必须有防止电缆和电缆终端损伤的安全措施。（   ）

31．电缆和附件的选型应符合系统和环境要求，人流密集区域的电缆终端应选用铝套管。（   ）

32．同一负载的双路或多路重要电缆线路的电缆和附件应选用同一厂家的产品。（   ）

33．防火设施应与主体工程同时设计，严禁在变电站电缆夹层、桥架和竖井等缆线密集区域布置电缆中间接头。（   ）

34．高压电缆户外终端优先设置在站内，应确保运维人员能正常开展电缆中间接头制作及安装工作。（   ）

35．电缆附件安装人员应经过专业培训，并取得由厂家或具备资质的单位颁发的操作证，方可从事电缆附件安装工作。对于新的电缆附件厂家，运行单位应对附件安装人员的技能水平进行现场评价。（   ）

36．电缆终端与接头的制作应由经过培训的熟悉工艺的人员进行操作。（   ）

37．制作电缆终端及接头时，可以按照自身的熟练度随意进行制作。充油电缆应遵守真空工艺等有关规程的规定。（   ）

38．在室内及充油电缆施工现场，无须备有消防器材。室内或隧道中施工应有临时电源。（   ）

二级 / 技师

39．电缆高频局部放电检测适用于 110kV 及以上的电缆线路，重点检测电缆终端、接头

绝缘缺陷。(   )

40. 在同一受电端的双回或多回电缆线路中,不应选用同一制造商的电缆、附件。(   )

41. 如果高压电缆线路终端和接头的红外诊断测试结果相间温差≥4℃,则结果判断为缺陷。(   )

42. 在高压电缆超声波现场检测时,电缆本体、电缆中间接头、终端等处均可设置测试点。选取测试点时,务必注意带电设备的安全距离,并保持每次测试点的位置一致,便于进行比较分析。(   )

43. 终端站、终端塔上相位牌悬挂应正确,铭牌应规范悬挂。(   )

44. 超高频局部放电测试主要适用于电缆 GIS 终端的检测。(   )

45. 在局部放电检测中,如果发现测试点(接头)两边有异常信号,则应对相邻的电缆附件进行测试,用 3 个测试点的检测信号进行比较分析。(   )

46. 电缆金属护层、铠装出现变形或破损,以及被评价为"异常状态"的电缆线路应进行停电处理,去除受损电缆金属护层、铠装,并重新安装电缆中间接头。(   )

47. 工井的设计应满足运行、检修的要求,三通及以上工井不应设置电缆中间接头。(   )

48. 高压电缆户外终端优先设置在站内,具备双回检修的作业空间,并保证足够的安全距离。(   )

49. 110kV 及以上高压电缆终端与接头施工时,应搭临时工棚,应严格控制环境湿度,温度宜为 10～30℃。制作塑料绝缘电力电缆终端与接头时,应防止尘埃、杂物落入绝缘内。严禁在雾或雨中施工。(   )

50. 附加绝缘材料除电气性能应满足要求外,还应与电缆本体绝缘具有相容性。(   )

51. 当电缆线芯连接金具时,应采用符合标准的连接管和接线端子,其内径应与电缆线芯紧密配合,间隙应大一些。(   )

52. 当电缆敷设的长度超过其制造长度时,控制电缆可以设置接头,但接头必须连接牢固,并不应受到机械拉力。(   )

53. 在制作电缆终端和接头前,应熟悉安装工艺资料,并做好检查工作。(   )

54. 在连接电缆终端与电气装置时,应符合现行国家标准的有关规定。(   )

55. 在制作电缆终端与接头时,从剥切电缆开始应连续操作直至完成,应增长绝缘暴露时间。(   )

56. 充油电缆线路有接头时,应先制作接头。若电缆两端有位差时,则应先制作低位终端。(   )

57. 电缆终端和接头应采取加强绝缘、密封防潮、机械保护等措施。(   )

58. 三芯油浸纸绝缘电缆应保留统包绝缘 45mm,不得损伤绝缘。剥除屏蔽碳墨纸时,端部应平整。(   )

59. 充油电缆终端和接头绕包附加绝缘时,应该完全关闭压力箱。(   )

60. 在连接电缆线芯时,应除去线芯和连接管内壁的油污及氧化层。(   )

61. 在连接电缆线芯时,应采用锡焊连接铜芯,使用中性焊锡膏,不得烧伤绝缘。(   )

62. 三芯电力电缆中间接头两侧电缆的金属屏蔽层(或金属护套)、铠装层应连接良好,

可以中断。（　　）

63．埋设电缆中间接头的金属外壳及金属护层应做防腐处理。（　　）

64．三芯电力电缆终端处的金属护层无须接地，塑料电缆每相的铜屏蔽和钢铠应通过锡焊接地。（　　）

65．电缆通过零序电流互感器时，电缆金属护层和接地线应对地绝缘，当接地点在互感器以下时，接地线应直接接地；当接地点在互感器以上时，接地线应穿过互感器接地。（　　）

66．单芯电力电缆的交叉互联箱、接地保护箱、护层保护器等电缆附件的安装无须符合设计要求。（　　）

67．装配、组合电缆终端和接头时，各部件间的配合或搭接处必须采取堵漏、防潮、通风措施。（　　）

68．在铅包电缆铅封时，应擦去表面氧化物，搪铅时间不宜过长，铅封必须密实无气孔。（　　）

69．充油电缆的铅封应分两次进行：一次封堵油，二次成型和加强。高位差铅封应用环氧树脂进行加固。（　　）

70．塑料电缆宜采用自粘带、粘胶带、胶黏剂（　　）等方式密封，塑料护套表面应打毛，粘接表面应用溶剂除去油污，粘接应良好。（　　）

71．电缆终端、接头及充油电缆供油管路均不应有渗漏。（　　）

72．充油电缆供油系统的金属油管与电缆终端间应有绝缘接头，其绝缘强度不低于电缆外护层。（　　）

73．在电缆终端上，应有明显的相色标志，且应与系统的相位一致。（　　）

74．控制电缆终端可简单包扎，接头应有防潮措施。（　　）

75．电缆附件安装人员掌握的基本技能包括电缆安装识图、电工仪表使用、工器具使用、安全防护。（　　）

76．能独立看懂高压电缆附件安装图纸，准确提出电缆附件安装所需防尘棚、操作平台、电源、照明、工器具、试验设备等技术要求是高压电缆附件安装人员应具备的能力。（　　）

77．正确选择、使用和保养高压电缆附件安装所需的常用及专用工器具是高压电缆附件安装人员应具备的能力。（　　）

78．熟练掌握高压电缆附件安装过程中的电缆固定、预切割、加热校直、电缆本体处理、接线棒压接、主体（应力锥）安装、环氧筒安装、金属保护壳组装、终端套管吊装、接地线焊接、尾管封铅、防水绝缘处理等电缆附件组装工艺流程、操作技能与要求是高压电缆附件安装人员应具备的能力。（　　）

79．熟练掌握电缆主绝缘层剥切、内半导电层剥切、外半导电层剥切、外半导电层断口处理、电缆铅笔头处理（反应力锥状为佳）、绝缘打磨、半导电斜坡打磨和清洁防尘等电缆本体处理关键工艺的操作技能与要求是高压电缆附件安装人员应具备的能力。（　　）

80．熟练掌握终端出线杆和接头连接管的压接方法是高压电缆附件安装人员应具备的能力。（　　）

81．熟练掌握各种类型的终端和接头部件的组装是高压电缆附件安装人员应具备的能力。

（ ）

82. 熟练掌握接地线、同轴引线、直接接地箱、交叉互联箱等接地系统的连接及相序的核对是高压电缆附件安装人员应具备的能力。（ ）

83. 熟练掌握终端下部电缆和接头两侧电缆的固定方法和技术要求是高压电缆附件安装人员应具备的能力。（ ）

84. 在高压电缆附件安装考核中，电缆外护套剥切这一技能的评价时长为10min。（ ）

85. 在高压电缆附件安装考核中，电缆金属护套剥切这一技能的评价时长为10min。（ ）

86. 高压电缆GIS终端导体连接属于高压电缆GIS终端部件组装中的步骤。（ ）

87. 高压电缆GIS终端进仓及固定属于高压电缆GIS终端部件组装中的步骤。（ ）

一级/高级技师

88. 在安装电缆中间接头时，应确保接地电缆连接处密封牢靠、无潮气进入。（ ）

89. 电缆GIS终端是指使用六氟化硫气体绝缘、金属封闭组合电器中的电缆终端。（ ）

90. 电缆GIS终端内如需灌入绝缘剂，在安装前宜检验终端的密封性，采用抽真空法时应满足工艺要求。（ ）

91. 在处理户外终端绝缘时，打磨抛光处理的重点部位是安装应力锥的部位。（ ）

92. 在安装电缆终端时，电缆的弯曲半径不宜小于20倍电缆外径。（ ）

93. 户外终端安装平台位置离地面高度不宜超过10m，电缆终端底座以下应有2m长的可靠固定电缆的装置。（ ）

94. 整体预制橡胶绝缘件接头的要求是橡胶绝缘件具有较大的断裂伸长率及较高的应力松弛度。（ ）

95. 对于全预制干式终端，可不设计检修平台，但终端下部0.1m处应有可靠固定电缆的装置，终端的接线端子处应有附加固定装置，如悬式绝缘子、支柱绝缘子、避雷器等。（ ）

96. 根据户外终端安装规程的要求，高压电缆终端安装电缆引下时，电缆弯曲半径不宜小于12倍电缆外径。（ ）

97. 高压交联聚乙烯绝缘电缆终端在安装前应进行加热校直，带屏蔽网或波纹金属护套的电缆应在割除外护套和金属护套之前进行加热校直。（ ）

98. 终端支撑结构定位在安装完毕时，应确保作业面水平。检查支撑结构是否有足够的空间安装电缆尾管，支撑支柱绝缘子的上下表面应平行。（ ）

99. 电缆中间接头的安装质量应满足的要求是导体连接可靠、绝缘恢复满足设计要求、接地与密封牢靠。（ ）

100. 电力电缆GIS终端安装时，电缆应垂直固定在电缆支架上，电缆筒底部以下至少0.5m的电缆应保持垂直，如果必须移动电缆终端，则施工现场必须有防止电缆和终端损伤的安全措施。（ ）

101. 交联聚乙烯电缆GIS终端在安装前应进行加热校直，并达到下列工艺要求：110kV及以上电缆每500mm长的弯曲偏移不大于2mm。（ ）

102. 整体预制绝缘件接头采用现场扩张方式时，专用扩张工具和专用衬管必须用酒精或者其他合适的溶剂仔细擦净，并用吹风机吹干。（ ）

103．接头密封可采用封铅方式或采用环氧混合物、玻璃丝带方式。如果接头运行在可能浸水的环境中，则尽量采用环氧混合物、玻璃丝带方式。（　　）

104．电缆中间接头施工收尾时，同一线路的同类接头、接地线、同轴电缆布置应根据现场实际情况而定。（　　）

105．最终附件验收资料应包括接头安装记录、质量评定记录、制造厂提供的产品合格证、试验证明及安装图纸等技术文件。（　　）

106．电缆加热时可以提高电缆周围空气温度。（　　）

107．将电缆的金属护套、接地金属屏蔽和绝缘屏蔽在电气上断开的接头称为绝缘接头。（　　）

108．接头的金属外壳与被连接电缆的金属屏蔽在电气上连续的接头称为直通接头。（　　）

109．电缆终端应由经过专业培训且熟悉本型号终端安装工艺的技能人员进行操作。（　　）

110．全预制干式终端套装到定位标记后，应拉动终端，以消除终端套入时产生的拉伸、压缩和扭曲应力。（　　）

111．普通户外终端制作完毕后，应至少静止5h后，再进行电缆交接试验。（　　）

112．330kV和500kV电缆终端与接头的主要性能应符合国家现行相关产品标准的规定。（　　）

113．66kV及以上交联电缆终端和接头制作前，电缆应按要求加热校直。（　　）

114．在安装电缆中间接头前，应做好施工用工器具检查，确保施工用工器具齐全完好，便于操作。（　　）

115．在安装电缆中间接头前，应做好施工用电源及照明检查，确保施工用电源及照明设备能正常工作。（　　）

116．110kV及以上电缆应尽可能使用200号及以上的砂纸。（　　）

117．导体连接方式宜采用人工压接连接方法，如果采用压缩连接，则应采用围压压接法。如果接头供应商有特殊工艺要求，则应按照工艺执行。（　　）

118．施工所涉及的场地的土建工作、装修工作应在电缆GIS终端安装前完成。（　　）

119．电缆GIS终端安装环境要求是温度控制在0～40℃。（　　）

120．电缆GIS终端安装环境要求是相对湿度低于70%。（　　）

121．电缆GIS终端的安装质量要求是导体连接可靠。（　　）

122．电缆GIS终端的安装质量要求是绝缘恢复满足设计要求。（　　）

123．电缆GIS终端的安装质量要求是接地与密封牢靠。（　　）

124．电缆GIS终端的安装质量要求是满足变电站防火封堵要求，并与周边环境协调。（　　）

125．电缆GIS终端安装前，应确保电缆附件规格与电缆一致。（　　）

126．电缆GIS终端安装前，应确保电缆状况良好，无受潮。（　　）

127．电缆GIS终端安装前，应做好施工用电及照明检查，确保施工用电及照明设备能

正常工作。（　　）

128．在安装电缆 GIS 终端时，电缆加热校直的温度宜控制在 75℃ ±1℃。（　　）

129．在安装电缆 GIS 终端时，应检查电缆长度，确保电缆在制作电缆 GIS 终端时有足够的长度和适当的余量。（　　）

130．在安装电缆 GIS 终端时，应采用专用的切削刀具或玻璃去除电缆绝缘屏蔽。（　　）

131．在安装电缆 GIS 终端时，电缆绝缘表面应采用 240 号及以上的砂纸进行打磨抛光处理。（　　）

132．在安装电缆 GIS 终端时，出线杆压接不可采用压缩连接方法。（　　）

133．在安装电缆 GIS 终端时，出线杆压接采用机械连接方法进行导体连接时，注意不要损伤接触环的表面。（　　）

134．在安装电缆干式电缆 GIS 终端应力锥时，应检查弹簧锁在螺栓上是否有阻碍弹簧自由伸缩的部件。（　　）

135．在安装电缆湿式电缆 GIS 终端应力锥时，应先套入密封底座，再安装应力锥。（　　）

136．在安装电缆插入式电缆 GIS 终端应力锥时，在内锥环氧套管装入 GIS 电缆筒体后，应安装封盖。（　　）

137．在安装电缆 GIS 终端时，应用合适的溶剂将套管的内外表面清洁干净，检查套管内外表面，确认无杂质和污染物。（　　）

138．在电缆 GIS 终端采用封铅方式进行接地或密封时，封铅要与电缆金属护套和电缆附件的金属护套管紧密连接，封铅致密性要好，不应有杂质和气泡，且厚度不应小于 10mm。（　　）

4.1.4　电缆运行维护与检修

4.1.4.1　电缆运行维护与检修（中压）

一、单选题

五级 / 初级工

1．电缆金属护层接地电流的带电测试，接地电流 / 负荷的比值应（　　）。

A．＜ 20%　　　　B．＜ 10%　　　　C．＞ 20%　　　　D．＞ 10%

2．电缆金属护层接地电流的带电测试，接地电流需满足≤（　　）的要求。

A．100A　　　　B．80A　　　　C．50A　　　　D．20A

3．电缆金属护层接地电流的带电测试，其单相接地电流的最大值与最小值之比应小于（　　）。

A．1　　　　B．2　　　　C．3　　　　D．4

4．以下说法正确的是（　　）。

A．万用表不能测量电阻

B．万用表既能测量直流电压，又能测量交流电压

C. 万用表不能测量阻抗

D. 从原理层面来看，万用表只有电子式，没有磁电式或整流式

5. 使用电池供电时，当电池电压偏离额定值（　　）时，电池应能正常地工作。按制造厂的规定进行初调后，由电池特性变化引起的参数变化不应使万用电表的指示超过其准确度等级要求。

　　A. 5%　　　　　　B. -5%　　　　　　C. ±5%　　　　　　D. ±10%

6. 在选择电缆路径时，尽可能取直线，在转弯和折角处应增设工井。在直线部分，两工井之间的距离不宜大于（　　）m，排管在工井处的管口应封堵。

　　A. 100　　　　　　B. 150　　　　　　C. 200　　　　　　D. 250

7. 直埋电缆的埋设深度在穿越农田或在车行道下时不应小于（　　）m。

　　A. 0.5　　　　　　B. 1　　　　　　C. 1.5　　　　　　D. 2

8. 直埋电缆的埋设深度（地面至电缆外护套顶部的距离）不应小于（　　）m。

　　A. 0.6　　　　　　B. 0.5　　　　　　C. 0.7　　　　　　D. 0.8

9. 聚氯乙烯绝缘电缆在持续工作的情况下，导体最高允许温度为（　　）℃。

　　A. 70　　　　　　B. 80　　　　　　C. 85　　　　　　D. 90

10. 交联聚乙烯绝缘电缆在持续工作的情况下，导体最高允许温度为（　　）℃。

　　A. 70　　　　　　B. 80　　　　　　C. 85　　　　　　D. 90

11. 自容式充油电缆（普通牛皮纸绝缘）在持续工作条件下，导体最高的允许温度为（　　）℃。

　　A. 70　　　　　　B. 80　　　　　　C. 85　　　　　　D. 90

12. 自容式充油电缆在持续工作的情况下，其导体的最高允许温度是（　　）℃。

　　A. 70　　　　　　B. 80　　　　　　C. 85　　　　　　D. 90

13. 聚氯乙烯绝缘电缆在短路暂态的情况下，其导体的最高允许温度是（　　）℃。

　　A. 140　　　　　　B. 160　　　　　　C. 180　　　　　　D. 250

14. 聚氯乙烯绝缘电缆（截面积大于300mm²）在短路暂态的情况下，其导体的最高允许温度是（　　）℃。

　　A. 140　　　　　　B. 160　　　　　　C. 180　　　　　　D. 250

15. 交联聚乙烯绝缘电缆在短路暂态的情况下，其导体的最高允许温度是（　　）℃。

　　A. 140　　　　　　B. 160　　　　　　C. 180　　　　　　D. 250

16. 自容式充油电缆在短路暂态的情况下，其导体的最高允许温度是（　　）℃。

　　A. 140　　　　　　B. 160　　　　　　C. 180　　　　　　D. 250

17. 电力企业应对有限空间作业人员、负责人等开展专项安全培训，培训课时不少于（　　）个学时。

　　A. 8　　　　　　B. 12　　　　　　C. 24　　　　　　D. 48

18. 开启工井井盖后，应先进行通风，通风时间不应小于（　　）min。

　　A. 10　　　　　　B. 20　　　　　　C. 30　　　　　　D. 25

19. 电力管道有限空间水位深度大于（　　）mm时，应进行抽水作业。

A．10 B．20 C．30 D．400

20．作业小组应在作业前对电力管道有限空间进行气体检测，氧气含量的检测结果应为（　　）。

A．19%～22% B．18%～22%
C．19.5%～23% D．19.5%～23.5%

21．作业小组应在作业前对电力管道有限空间进行气体检测，可燃性气体浓度的检测结果应低于爆炸下限的（　　）。

A．10% B．20% C．15% D．5%

22．作业小组应在作业前对电力管道有限空间进行气体检测，当气体检测时间与作业者进入作业的时间间隔超过（　　）min 时，应进行二次检测。

A．10 B．20 C．30 D．25

23．进入有积水、结露的电力管道进行有限空间作业时，手持工具和手持照明设备的电压应不大于（　　）V。

A．5 B．12 C．24 D．36

24．（　　）主要适用于电流致热型设备。

A．表面温度判断法 B．相对温差判断法
C．图像特征判断法 D．同类比较判断法

25．外护套破损严重导致接地的缺陷类型属于（　　）类。

A．A B．B C．C D．D

26．外护套破损严重导致接地，需要（　　）进行外护套绝缘电阻测量。

A．停电后 B．带电 C．短路状态下 D．断线

27．跨步电压法的原理是（　　）。

A．测量电缆的电压波动
B．施加脉动或脉冲信号，测量电场梯度
C．测量电缆的电阻
D．计算电缆的电流密度

28．外护套故障判别标准以绝缘电阻表测量为准，绝缘电阻表的挡位为（　　）。

A．100V B．220V C．500V D．1000V

29．在外护套故障测寻中，使用的测量仪器是（　　）。

A．电流表 B．电位表 C．电压表 D．电阻表

30．接地保护箱、交叉互联箱箱体破损、缺失时，检修类型为（　　）。

A．A 类 B．B 类 C．C 类 D．D 类

31．接地保护箱、交叉互联箱基础破损、沉降时，检修类型为（　　）。

A．A 类 B．B 类 C．C 类 D．D 类

32．接地保护箱、交叉互联箱的总接地电缆、回流线破损、缺失时，检修类型为（　　）。

A．A 类 B．B 类 C．C 类 D．D 类

33．交叉互联连接方式不正确时，检修内容为（　　）。

A．更换电缆　　　　　　　　　　　　B．增加保护器
C．恢复正确的交叉互联连接方式　　　D．清洁接地箱

34．在恶劣气象条件下，对户外配电设备及其他无法直接验电的设备可采用（　　）的方式。

A．直接验电　　B．间接验电　　C．带电验电　　D．停电验电

35．对同杆塔架设的多层线路、同一横担多回线路进行验电时，应先验（　　）。

A．上层　　　　B．下层　　　　C．中间层　　　D．任一层

36．直接验电时，（　　）。

A．不需要确认验电器状态　　　　　B．需要确认验电器良好
C．可以随意使用验电器　　　　　　D．以上都不对

37．在验电时，应当使用（　　）。

A．绝缘手套　　B．绝缘鞋　　　C．绝缘屏蔽服　　D．绝缘靴

38．在线路上装设接地线前，首先需要进行（　　）操作。

A．接地　　　　B．验电　　　　C．安装设备　　　D．安装个人保安线

39．在同杆塔架设的多回线路上装设接地线时，先装（　　）。

A．上层　　　　B．下层　　　　C．中间层　　　D．任一层

40．装设接地线的顺序是（　　）。

A．先装导线端，后装接地端　　　　B．先装接地端，后装导线端
C．任意顺序

四级/中级工

41．铜屏蔽电阻与导体电阻的比值较初值减少时，表明附件中的导体连接点的电阻有可能（　　）。

A．增大　　　　B．减少　　　　C．不变　　　　D．变化

42．35kV及以下橡塑绝缘电力电缆线路的电缆外护套绝缘电阻应采用（　　）兆欧表进行测量。

A．500V　　　　B．1000V　　　C．2500V　　　D．5000V

43．在同一次试验中，吸收比是指（　　）s时的绝缘电阻值与15s时的绝缘电阻值之比。

A．60　　　　　B．30　　　　　C．20　　　　　D．40

44．对于大容量和吸收过程较长的电缆线路，有时吸收比为60s绝缘电阻值与（　　）s绝缘电阻值之比还不足以反映吸收的全过程，可采用较长时间的绝缘电阻比值，即用10min时的绝缘电阻与1min时的绝缘电阻的比值来描述绝缘吸收的全过程。

A．15　　　　　B．60　　　　　C．30　　　　　D．15

45．接地装置的接地电阻是指接地极或自然接地极的对地电阻和（　　）的总和。

A．对地电阻　　B．接地线电阻　C．接触电阻　　D．金属电阻

46．接地电阻测量的三极法是指由（　　）、电流极、电压极组成的三个电极测量接地装置接地电阻的方法。

A．接地装置　　B．接地线　　　C．电气装置　　D．接地极

47. （　　）不是设备线夹发热的原因。
    A. 螺栓型设备线夹长时间运行后连接处不紧密
    B. 压接型设备线夹压接不规范
    C. 螺栓松动
    D. 使用过多润滑油

48. 在检查设备线夹的外观时，不需要检查（　　）这一项。
    A. 弯曲　　　　　B. 氧化　　　　　C. 灼伤　　　　　D. 颜色变化

49. （　　）不属于设备线夹的检修要求。
    A. 外观无异常　　　　　　　　　B. 高压引线、接地线连接正常
    C. 螺栓应有轻微锈蚀　　　　　　D. 搭接良好

50. 设备线夹发热时，在（　　）状态下，不需要更换线夹。
    A. 注意　　　　　B. 异常　　　　　C. 严重　　　　　D. 严重和异常

51. （　　）不是设备线夹发热的检修内容。
    A. 除锈　　　　　B. 涂抹电力复合脂　　　C. 紧固螺栓　　　D. 更换电缆

52. 在安装单芯电力电缆的交叉互联箱时，（　　）不是必须的安装要求。
    A. 箱体应安装牢固　　　　　　　B. 密封良好
    C. 标识正确、清晰　　　　　　　D. 安装在地面上

53. 单芯电力电缆金属护层在交叉互联方式下，在安装护层保护器前应进行（　　）。
    A. 导通测试　　　B. 检测　　　　　C. 清洁处理　　　D. 温度测量

54. 交叉互联线路中，绝缘接头处的护层电压限制器的连接不包括（　　）方式。
    A. 桥形非接地　　B. Y0接地　　　　C. 桥形接地　　　D. 单点接地

55. 护层电压限制器连接线应尽量短，其截面应满足（　　）。
    A. 导电性要求　　B. 热稳定要求　　C. 机械强度要求　D. 绝缘性能要求

56. 护层电压限制器接地箱的防护等级应满足（　　）。
    A. 美观要求　　　B. 环境使用要求　C. 便于安装要求　D. 经济性要求

57. 护层电压限制器的配置方式不需要考虑的因素是（　　）。
    A. 暂态过电压抑制效果　　　　　B. 工频感应过电压参数匹配
    C. 便于监察维护　　　　　　　　D. 经济收益

58. 护层电压限制器在单点直接接地的电缆线路中宜采取的接线方式是（　　）。
    A. 桥形非接地　　B. Y0接地　　　　C. 桥形接地　　　D. 双端接地

59. 护层电压限制器的连接回路中，绝缘导线的绝缘性能不得低于（　　）。
    A. 电缆内护层绝缘水平　　　　　B. 电缆导体绝缘水平
    C. 电缆外护层绝缘水平　　　　　D. 电缆整体绝缘水平

60. 护层电压限制器的连接线应尽量短，其截面应满足（　　）。
    A. 导电性要求　　B. 热稳定要求　　C. 机械强度要求　D. 绝缘性能要求

61. 护层电压限制器的接地箱的材质应满足（　　）。
    A. 美观要求　　　B. 环境使用要求　C. 便于安装要求　D. 经济性要求

62．同轴电缆驳接时，箱内电缆应预留不小于（　　）的裕量。
A．300mm　　　　B．400mm　　　　C．500mm　　　　D．600mm
63．同轴电缆驳接时，接插件的焊接部位应（　　）。
A．随意驳接　　　B．虚焊　　　　　C．假焊　　　　　D．饱满
64．进行10kV配网一次电力设备交接试验时，测量电缆的相间和对地绝缘电阻值不应相差超过（　　）倍。
A．5　　　　　　　B．1　　　　　　　C．3　　　　　　　D．10

三级/高级工

65．电缆路径仪的信号接收机的主要功能是（　　）。
A．加载电流　　　B．接收电磁信号　C．显示路径　　　D．发出声信号
66．电缆路径仪具有（　　）的功能。
A．路径查找　　　B．电压测量　　　C．频率测量　　　D．电流测量
67．路径仪的发射机具有（　　）的功能。
A．电压调节　　　B．功率调节　　　C．频率调节　　　D．电流调节
68．电缆线路危急缺陷的消除时间不得超过（　　）h。
A．24　　　　　　B．12　　　　　　C．48　　　　　　D．10
69．电缆线路严重缺陷的消除时间不得超过（　　）天。
A．7　　　　　　　B．8　　　　　　　C．9　　　　　　　D．10
70．配电避雷器在进行动作负载试验时，施加波形为（　　）的电流冲击来验证热稳定性。
A．8/20μs　　　　B．10/20μs　　　C．8/16μs　　　　D．10/16μs
71．雷电放电能力是专门为线路避雷器试验引入的概念。在进行避雷器的形式试验中，对每个样品（在静止空气中的金属氧化物电阻片）应进行（　　）次冲击。
A．10　　　　　　B．20　　　　　　C．30　　　　　　D．50
72．直流法可以诊断避雷器的性能，主要用于测量避雷器的直流参考电压及其（　　）倍直流参考电压下的漏电流。
A．0.85　　　　　B．0.65　　　　　C．0.95　　　　　D．0.75
73．对于10kV电压等级配电网设备，在测量金属氧化物避雷器绝缘电阻时，应采用（　　）V绝缘电阻表。
A．500　　　　　B．1500　　　　　C．2000　　　　　D．2500
74．在测量金属氧化物避雷器绝缘电阻时，使用规定的绝缘电阻表测量，绝缘电阻不应小于（　　）MΩ。
A．500　　　　　B．1500　　　　　C．1000　　　　　D．2500
75．护层保护器在安装前应进行（　　）。
A．清洁　　　　　B．测试　　　　　C．调整　　　　　D．标识
76．在进行需要线路或配电设备全部停电或部分停电的工作时，应填写（　　）。
A．电力线路第一种工作票　　　　　B．电力线路第二种工作票
C．电力线路带电工作票　　　　　　D．电力线路停电工作票

77. （　　）的数条线路上依次进行的带电作业，可填用一张电力线路带电作业工作票。

　　A．同一电压等级

　　B．同类型采取相同安全措施

　　C．同类型

　　D．同一电压等级、同类型采取相同安全措施

78. 工作票一份交给工作负责人，另一份交给（　　）。

　　A．工作票签发人　　　　　　　　B．工作许可人

　　C．工作票签发人或工作许可人　　D．工作监护人

79. 一个工作负责人不应同时执行（　　）工作票。

　　A．一张　　　B．两张　　　C．三张　　　D．两张及以上

80. 电力线路第一种工作票的有效时间以批准的（　　）计划工作时间为限，延期应办理手续。

　　A．停电　　　B．调度停电　　　C．检修　　　D．修试

81. 作业人员应经医师鉴定，无妨碍工作的病症，体格检查每（　　）至少检查一次。

　　A．半年　　　B．一年　　　C．两年　　　D．三年

82. 识别电缆通常采用的仪器是（　　）。

　　A．万用表　　　　　　　　B．电缆路径探测仪

　　C．电缆故障定位仪　　　　D．电缆维修车

83. 在进行交接试验时，主绝缘交流耐压试验有特殊规定时，可施加正常系统对地电压（　　）h代替交流耐压。

　　A．12　　　B．24　　　C．36　　　D．48

84. 在35kV及以下油纸绝缘电力电缆线路的直流耐压试验中，当6/10kV以下电缆的泄漏电流小于（　　）μA时，对不平衡系数不作规定。

　　A．10　　　B．20　　　C．30　　　D．40

85. 在35kV及以下油纸绝缘电力电缆线路的直流耐压试验中，当6/10kV及以上电缆的泄漏电流小于（　　）μA时，对不平衡系数不作规定。

　　A．10　　　B．20　　　C．30　　　D．40

86. 在35kV及以下油纸绝缘电力电缆线路的直流耐压试验中，10kV电压等级电缆的试验电压为（　　）。

　　A．$1.5U_0$　　　B．$2.5U_0$　　　C．$3.5U_0$　　　D．$4.5U_0$

87. 在35kV及以下油纸绝缘电力电缆线路的直流耐压试验中，6kV电压等级电缆的试验电压为（　　）。

　　A．$1.5U_0$　　　B．$2.5U_0$　　　C．$3.5U_0$　　　D．$4.5U_0$

88. 在35kV及以下油纸绝缘电力电缆线路的直流耐压试验中，35kV电压等级电缆的试验电压为（　　）。

　　A．$1.5U_0$　　　B．$2.5U_0$　　　C．$3.5U_0$　　　D．$4.5U_0$

89. 在35kV及以下油纸绝缘电力电缆线路的直流耐压试验中，标准试验电压下的加压

时间为（　　）min。

A．1　　　　　　　B．3　　　　　　　C．5　　　　　　　D．10

90．在35kV及以下油纸绝缘电力电缆线路的直流耐压试验中，三相之间的泄漏电流不平衡系数不应大于（　　）。

A．1　　　　　　　B．2　　　　　　　C．3　　　　　　　D．4

二级/技师

91．在去潮处理过程中，在没有电缆油的情况下，可以用变压器油加入（　　）的松香。

A．10%～20%　　　B．25%～30%　　　C．35%～40%　　　D．45%～50%

92．在去潮处理过程中，应从电缆的（　　）向中心去潮。

A．中间接头　　　　B．统包处　　　　C．芯线　　　　　D．隔带

93．电缆终端尾管发热的判断和检查方法是（　　）。

A．通电检查　　　　B．停电检查　　　C．目视检查　　　D．温度测量

94．当电缆主绝缘出现变色、碳化时，应（　　）。

A．重新焊接接地线　　　　　　　　　B．封铅处理
C．切除电缆终端与受损电缆　　　　　D．不作处理

95．处理电缆终端尾管发热时，（　　）表示需要切除电缆终端。

A．电缆主绝缘无明显变化　　　　　　B．电缆主绝缘出现变色、碳化
C．电缆变软　　　　　　　　　　　　D．电缆变短

96．电缆金属护层、铠装变形、破损，状态为"注意"时的检修类别是（　　）。

A．A类　　　　　　B．B类　　　　　C．C类　　　　　D．D类

97．电缆金属护层、铠装变形、破损，状态为"异常"时的检修类别是（　　）。

A．A类　　　　　　B．B类　　　　　C．C类　　　　　D．D类

98．电缆金属护层、铠装变形、破损，状态为"严重"时的检修类别是（　　）。

A．A类　　　　　　B．B类　　　　　C．C类　　　　　D．D类

99．电缆金属护层、铠装变形、破损，状态为"注意"时，检修内容是（　　）。

A．持续观察，停电进行修复　　　　　B．停电处理，去除受损金属护层、铠装
C．停电处理，重新安装电缆接头　　　D．持续观察，不需要处理

100．电缆金属护层、铠装变形、破损，状态为"异常"时，要求去除受损的（　　）。

A．电缆主绝缘　　　　　　　　　　　B．电缆外护套
C．金属护层、铠装　　　　　　　　　D．电缆接头

101．电缆金属护层、铠装变形、破损，状态为"严重"时，要求切除受损段电缆，并重新安装（　　）。

A．电缆终端　　　　B．电缆接头　　　C．金属护层　　　D．铠装

102．电缆金属护层、铠装变形、破损，状态为"异常"时，金属护层和导体的电阻比（　　）。

A．应有明显变化　　B．应无明显变化　C．应低于标准值　D．应高于标准值

103．电缆金属护层、铠装变形、破损，状态为"严重"时，检修内容包括（　　）。

A．持续观察　　　　　　　　　　　　B．修复金属护层

C．重新安装电缆接头　　　　　　　　D．安装新电缆

104．水底电缆磨损的处理方法不包括（　　）。

A．加固保护　　　B．抛石　　　C．深埋　　　D．清洁电缆表面

105．判断和检查水底电缆磨损的依据是检查电缆是否有（　　）。

A．水底沉积物　　B．明显的磨损痕迹　　C．电缆通道　　D．电缆护套

106．10kV 肘型头附件安装工艺应力体的安装过程中，金属屏蔽层与外半导电层过渡段应使用（　　）绕包成圆柱体台阶。

A．绝缘带　　　B．PVC 带　　　C．半导电胶带　　　D．导电胶带

107．在安装可分离连接器前插头时，清洁应力体外表面和前插头内表面时，不得触碰到（　　）。

A．电缆本体　　　B．接线端子　　　C．绝缘混合剂　　　D．绝缘管

108．10kV 肘型头附件安装工艺应力体的安装过程中，电缆主绝缘表面和应力体内表面应均匀涂抹（　　）。

A．导电胶　　　B．绝缘膏　　　C．绝缘混合剂　　　D．硅脂

109．在安装可分离连接器前插头时，电缆终端的接线端子应与前插头接线孔中心处于（　　）。

A．同一垂直位置　　B．同一水平位置　　C．同一平行位置　　D．对角位置

110．在安装可分离连接器时，接地线应固定在（　　）。

A．插头外部连接端子上　　　　　　　B．接地桩上
C．绝缘体上　　　　　　　　　　　　D．开关柜上

111．安装 10kV 肘型头附件时，应力体应安装到（　　）处。

A．接地线端子　　B．定位台阶　　C．电缆屏蔽层　　D．外半导电层

112．在安装可分离连接器前插头之前，应均匀涂抹绝缘混合剂的部位是（　　）。

A．电缆终端接线端子　　　　　　　　B．前插头内表面
C．电缆主绝缘表面　　　　　　　　　D．应力体外表面

113．安装前插头至开关柜插座前，需要进行的步骤是（　　）。

A．清洁前插头内表面　　　　　　　　B．涂抹绝缘混合剂
C．确认接线端子与接线孔的位置　　　D．以上全部

114．清洁绝缘端盖内表面后，需要进行的操作是（　　）。

A．安装绝缘端盖　　　　　　　　　　B．安装接地线
C．清洁前插头内表面　　　　　　　　D．清洁开关柜插座内表面

115．声磁同步法中的传感器主要用于监听（　　）。

A．磁信号　　　B．电信号　　　C．声音信号　　　D．光信号

116．在跨步电压法中，如果电缆故障点存在破损并接地，则在故障点附近存在（　　）。

A．无向电场　　B．有向电场梯度　　C．磁场　　D．光场

117．跨步电压法通过测量（　　）两个参数来找到故障点。

A．电压和电流　　B．电场和磁场　　C．幅度和方向　　D．电阻和电导

118. 声磁同步法利用声音信号和（　　）来找到故障点。

A．磁场信号　　　B．电场信号　　　C．光信号　　　D．热信号

119. 当电位表显示为零时，电位表的两个电极的中心即为（　　）。

A．电缆起点　　　B．电缆终点　　　C．故障点　　　D．测试点

一级/高级技师

120. 金属护套感应电动势的大小与以下因素有关：电缆金属护套的电气通路上任一部位与其直接接地处的距离、（　　）、频率、电缆金属护套的平均半径、各电缆相邻之间的中心距。

A．导体电阻　　　　　　　　　　　B．电缆导体正常工作电流

C．电缆长度　　　　　　　　　　　D．电缆重量

121. 交流单芯电力电缆金属护套的接地方式不包括（　　）。

A．单点直接接地　　　　　　　　　B．两端直接接地

C．交叉互联接地　　　　　　　　　D．多点直接接地

122. （　　）不是金属护层接地电流、感应电压异常的原因。

A．接地电缆缺失　　　　　　　　　B．电缆护层过电压限制器击穿

C．接地装置接地电阻偏小　　　　　D．接地系统接线错误

123. 6kV～35kV电缆振荡波局部放电测试系统主要由电感和电缆试品及相关的电源组件构成，可分为（　　）、交流激励两种激励方式。

A．直流激励　　　B．高频激励　　　C．高压激励　　　D．低压激励

124. 6kV～35kV电缆振荡波局部放电测试系统的振荡波是频率在（　　）范围内，波幅按指数衰减的交流电压波。

A．20～500Hz　　B．20～800Hz　　C．30～500Hz　　D．30～800Hz

125. 在6kV～35kV电缆振荡波局部放电测试中，被测电缆线路的绝缘电阻应不小于（　　）MΩ。

A．30　　　　　　B．50　　　　　　C．100　　　　　　D．200

126. 充油式电缆终端渗油、漏油的原因不包括（　　）。

A．应力锥破损　　B．油封错位　　　C．绝缘老化　　　D．密封圈老化

127. 充油式电缆终端渗油、漏油时，首先应做的是（　　）。

A．更换电缆终端瓷瓶

B．拆除电缆终端出线杆金具

C．打开电缆终端下方的尾管，清除尾管内及电缆本体上的残油

D．重新绕包防火包带

128. 充油式电缆终端渗油、漏油后，需重新填充终端内的（　　）。

A．冷却液　　　　B．绝缘油　　　　C．导电胶　　　　D．油封

129. 处理充油式电缆终端渗油、漏油时，更换应力锥或油封后，需对更换的部件进行（　　）。

A．定位　　　　　B．清洗　　　　　C．压力测试　　　D．封装

130. 处理电缆终端渗油、漏油时，更换电缆终端瓷瓶底座法兰上的密封圈后，（   ）。
A. 起吊电缆终端瓷瓶　　　　　　　　B. 拆除电缆终端出线杆金具
C. 电缆终端瓷瓶重新就位　　　　　　D. 打开终端屏蔽罩和上封盖

131. 非连续进行的事故修复工作应使用（   ）。
A. 书面申请单　　B. 工作票　　C. 紧急抢修单　　D. 工作任务单

132. 电缆及通道的检修工作应遵循的方针是（   ）。
A. 安全第一，预防为主，综合治理　　B. 修必修好
C. 应修必修　　　　　　　　　　　　D. 以上全部

133. （   ）检修是在不停电状态下进行的。
A. A类　　B. B类　　C. C类　　D. D类

134. 在安排检修计划时，应协调相关设备的（   ）。
A. 使用时间　　B. 维护周期　　C. 检修周期　　D. 操作时间

135. 被评价为"异常状态"的电缆线路应安排（   ）检修。
A. D类　　B. C类　　C. B类　　D. A类

136. 城区配网抢修到达故障现场的时间要求为：自工单受理起至到达现场的时间不超过（   ）。
A. 30min　　B. 45min　　C. 60min　　D. 90min

137. 电缆和通道应按照有关规定，采取相应的（   ）措施。
A. 维修　　B. 防护　　C. 检修　　D. 运行

138. 防火重点部位的出入口应按设计要求设置（   ）。
A. 防火墙　　　　　　　　　　　　　B. 防火门或防火卷帘
C. 报警装置　　　　　　　　　　　　D. 灭火装置

139. 未采取任何防护措施的情况下，电缆通道两侧（   ）内的区域禁止机械施工。
A. 1m　　B. 2m　　C. 5m　　D. 10m

140. 在10kV配网一次电力设备局部放电检测振荡波试验过程中，试验电压测量值应≤规定电压值的（   ）%。
A. ±3　　B. ±6　　C. ±5　　D. ±4

141. 在10kV配网一次电力设备的局部放电检测超低频试验中，超低频试验电压频率应为（   ）Hz。
A. 0.01　　B. 0.05　　C. 0.1　　D. 1

142. 在10kV配网一次电力设备的局部放电检测中，全新电缆的最高振荡波试验电压为（   ）。
A. U_0　　B. $2U_0$　　C. $3U_0$　　D. $4U_0$

143. 在10kV配网一次电力设备的局部放电检测中，非全新电缆的最高振荡波试验电压为（   ）
A. $1.7U_0$　　B. $2U_0$　　C. $3U_0$　　D. $4U_0$

144. 10kV配网一次电力设备的局部放电检测中，最高振荡波试验电压激励次数不少于

( )次。

A. 2 B. 3 C. 4 D. 5

145．10kV 配网一次电力设备的局部放电检测中，最高超低频正弦波电压为（ ）。

A. U_0 B. $2U_0$ C. $3U_0$ D. $4U_0$

146．10kV 配网一次电力设备的局部放电检测中，最高超低频正弦波电压为（ ）。

A. U_0 B. $2U_0$ C. $3U_0$ D. $2.5U_0$

147．10kV 配网一次电力设备的局部放电检测中，最高超低频余弦波电压为（ ）。

A. U_0 B. $2U_0$ C. $3U_0$ D. $2.5U_0$

148．10kV 配网一次电力设备的局部放电检测中，最高超低频余弦波电压为（ ）。

A. $1.7U_0$ B. $2U_0$ C. $3U_0$ D. $4U_0$

149．10kV 配网一次电力设备的局部放电检测中，最高超低频正弦波电压的激励时间不少于（ ）。

A. 20min B. 30min C. 40min D. 15min

150．10kV 配网一次电力设备的局部放电检测中，最高超低频余弦波电压的激励时间不少于（ ）。

A. 20min B. 30min C. 40min D. 15min

151．10kV 配网一次电力设备的局部放电检测中，新投运电缆的起始局部放电电压不低于（ ）。

A. $1.2U_0$ B. $2U_0$ C. $3U_0$ D. $4U_0$

152．10kV 配网一次电力设备的局部放电检测中，新投运 10kV 电缆的本体局部放电检出值不应大于（ ）pC。

A. 100 B. 200 C. 300 D. 400

153．10kV 配网一次电力设备局部放电检测中，新投运 10kV 电缆的接头局部放电检出值不应大于（ ）pC。

A. 100 B. 200 C. 300 D. 400

154．10kV 配网一次电力设备的局部放电检测中，新投运电缆的终端局部放电检出值不应大于（ ）pC。

A. 1000 B. 2000 C. 3000 D. 4000

155．10kV 配网一次电力设备的局部放电检测中，非新投运电缆的本体局部放电检出值不应大于（ ）pC。

A. 100 B. 200 C. 300 D. 400

156．10kV 配网一次电力设备的局部放电检测中，非新投运电缆的接头局部放电检出值不应大于（ ）pC。

A. 100 B. 200 C. 300 D. 400

157．10kV 配网一次电力设备的局部放电检测中，非新投运电缆的终端局部放电检出值不应大于（ ）pC。

A. 1000 B. 2000 C. 3000 D. 4000

158．10kV 配网一次电力设备的介质损耗检测中，全新电缆的电压形式为工频电压时，试验电压应为（   ）。

A．U_0 B．2.5U_0 C．2.0U_0 D．2.5U_0

159．10kV 配网一次电力设备中的介质损耗检测中，非全新电缆的电压形式为工频电压时，试验电压应为（   ）。

A．U_0 B．1.5U_0 C．2.0U_0 D．0.5U_0

160．10kV 电缆交接试验的介质损耗检测项目中，每级电压下测量的介质损耗不少于（   ）次。

A．1 B．2 C．4 D．5

161．10kV 配网一次电力设备交接试验的介质损耗检测中，对于全新电缆的超低频正弦波试验，1U_0 下介损值偏差应<（   ）。

A．0.1×10^{-3} B．0.2×10^{-3} C．0.3×10^{-3} D．0.4×10^{-3}

162．10kV 配网一次电力设备交接试验的介质损耗检测中，对于全新电缆的超低频正弦波试验，2.0U_0 与 1.0U_0 超低频介损平均值的差值<（   ）。

A．0.7×10^{-3} B．0.8×10^{-3} C．0.9×10^{-3} D．0.6×10^{-3}

163．10kV 配网一次电力设备交接试验的介质损耗检测中，对于全新电缆的超低频正弦波试验，1.0U_0 下的介损平均值<（   ）。

A．0.7×10^{-3} B．0.8×10^{-3} C．0.9×10^{-3} D．1.0×10^{-3}

164．10kV 配网一次电力设备交接试验的介质损耗检测中，对于非全新电缆的超低频正弦波试验，1.0U_0 下的介损值偏差<（   ）。

A．0.1×10^{-3} B．0.2×10^{-3} C．0.3×10^{-3} D．0.5×10^{-3}

165．10kV 配网一次电力设备交接试验的介质损耗检测中，对于非全新电缆的超低频正弦波试验，0.5U_0 与 1.5U_0 下的超低频介损平均值的差值<（   ）。

A．70×10^{-3} B．80×10^{-3} C．90×10^{-3} D．60×10^{-3}

166．10kV 配网一次电力设备交接试验的介质损耗检测中，对于非全新电缆的超低频正弦波试验，1.0U_0 下的介损平均值<（   ）。

A．70×10^{-3} B．80×10^{-3} C．50×10^{-3} D．60×10^{-3}

167．故障定位电桥外置或内置高压直流电源的输入端、输出端，与外壳及地之间的绝缘电阻不应小于（   ）MΩ。

A．10 B．20 C．30 D．40

168．低阻短接线安装于电缆测试末端，用于短接电缆故障相、非故障相，一般是包含夹具、铜质的金属引线，截面面积不低于（   ）mm²。

A．50 B．60 C．70 D．80

169．定位电桥的高压输出端应能承受最大的输出电压，历时（   ）min 应无击穿或闪络现象。

A．10 B．20 C．30 D．40

二、多选题

五级/初级工

1. （　　）的电缆接头缺陷需要缩短电缆金属护层的接地电流检测周期。
   A."正常状态"　　B."注意状态"　　C."异常状态"　　D."严重状态"
2. 电缆金属护层接地电流带电测试结果正常的条件为（　　）。
   A. 接地电流≤100A　　　　　　　　B. 接地电流与负荷之比小于0.2
   C. 单相接地电流最大值与最小值之比小于3　　D. 接地电流与负荷之比大于0.2
3. 万用电表用于测量（　　）。
   A. 交直流电压　　B. 交直流电流　　C. 电阻　　D. 阻抗
4. 万用电表及附件在不包装条件下，在室内存放的条件为（　　）。
   A. 温度为0～40℃
   B. 相对湿度为40%～85%
   C. 空气中不应含有引起腐蚀的有害物质
   D. 相对湿度为50%～80%
5. 电缆线路的附属设备包括（　　）。
   A. 油路系统　　B. 交叉互联系统　　C. 接地系统　　D. 监控系统
6. 电缆线路的附属设施主要包括（　　）、电缆沟、电缆桥、电缆终端站等。
   A. 电缆隧道　　B. 电缆竖井　　C. 排管　　D. 工井
7. 电力电缆线路是由（　　）所组成的系统。
   A. 电缆　　B. 附件　　C. 附属设备　　D. 附属设施
8. 带电设备红外诊断人员应具备的水平包括（　　）。
   A. 熟悉红外诊断技术的基本原理和诊断程序，了解红外热像仪的工作原理、技术参数和性能，掌握热像仪的操作程序和使用方法
   B. 基本了解被检测设备的结构特点、工作原理、运行状况和导致设备故障的基本因素
   C. 熟悉和掌握相关标准
   D. 经过电气红外检测技术专业培训
9. 红外检测可以诊断设备的运行状态，判断方法包括（　　）。
   A. 表面温度判断法　　　　　　　B. 相对温差判断法
   C. 图像特征判断法　　　　　　　D. 同类比较判断法
10. 电缆外护套的检修方法包括（　　）。
    A. 将故障点及两侧100mm内的电缆外护套用砂纸打磨
    B. 绕包绝缘带、防水带
    C. 使用锤子敲打故障点
    D. 使用半导电带恢复外电极
11. 外护套故障距离测寻与定点测寻适用的方法包括（　　）。
    A. 绝缘电阻表测量　　B. 低压脉冲法　　C. 跨步电压法　　D. 高压直流测试法
12. 接地保护箱、交叉互联箱支架锈蚀、破损、部件缺失时，检修内容包括（　　）。

A．停电处理 B．带电处理
C．加固或修复 D．更换接地保护箱、交叉互联箱

13．接地保护箱、交叉互联箱基础破损、沉降时，状态为"注意、异常、严重"的检修内容包括（   ）。

A．停电处理 B．带电处理
C．加固或修复 D．更换接地保护箱、交叉互联箱

14．接地电缆、同轴电缆、护层直接接地箱的总接地电缆破损、缺失时的检修类型包括（   ）。

A．A类 B．B类 C．C类 D．D类

15．对同杆塔架设的多层线路、同一横担多回线路验电时的顺序是（   ）。

A．先验高压 B．先验低压 C．先验近侧 D．先验远侧

16．（   ）需要进行间接验电。

A．恶劣气象条件下 B．室内设备
C．户外配电设备 D．无法直接验电的设备

17．线路停电作业装设接地线应遵守的规定包括（   ）。

A．工作地段各端装设接地线
B．直流接地极线路的作业点两端装设接地线
C．停电的线路可只在工作地点装设接地线
D．配合停电的线路不必装设接地线

18．装设接地线的工具包括（   ）。

A．绝缘棒 B．绝缘绳 C．绝缘手套 D．绝缘靴

四级/中级工

19．运行单位应制定缺陷和隐患管理流程，对缺陷和隐患的（   ）环节实行闭环管理。

A．上报 B．定性 C．处理 D．验收

20．对（   ）中发现的电缆线路缺陷及隐患应及时进行处理。

A．巡视检查 B．状态检测 C．状态检修 D．例行试验

21．电缆线路缺陷分为（   ）三类。

A．一般缺陷 B．严重缺陷 C．危急缺陷 D．重大缺陷

22．35kV及以下橡塑绝缘电力电缆线路的红外测温试验周期为（   ）。

A．6个月 B．3个月 C．7个月 D．必要时

23．35kV及以下橡塑绝缘电力电缆线路的主绝缘绝缘电阻的试验周期是（   ）。

A．检修后 B．≤6年 C．必要时 D．≤3年

24．35kV及以下橡塑绝缘电力电缆线路的电缆外护套绝缘电阻的试验周期是（   ）。

A．检修后（新作终端或接头后） B．≤6年
C．必要时 D．≤3年

25．绝缘电阻表电压通常有100V、250V、（   ）、10000V等多种。

A．500V B．1000V C．2500V D．5000V

26. 关于绝缘电阻表上接线端,正确的有（　　）。
A．E 为接地端,是正极性
B．L 为高压端
C．G 为屏蔽端
D．W 为电阻端

27. 设备线夹发热的可能原因包括（　　）。
A．螺栓型设备线夹长时间运行后连接处不紧密
B．压接型设备线夹压接不规范
C．螺栓松动
D．电压过高

28. 处理设备线夹发热的方法包括（　　）。
A．使用压接型设备线夹　B．紧固螺栓　C．停电检查　D．更换电缆

29. 检查螺栓时,应检查螺栓的（　　）情况。
A．锈蚀　　　　　B．松动　　　　　C．螺帽缺失　　　D．螺栓长度

30. 在设备线夹的技术要求中,（　　）是正确的。
A．外观无异常
B．高压引线、接地线连接正常
C．螺栓存在轻微锈蚀
D．搭接良好

31. （　　）属于设备线夹在"注意状态"下的检修内容。
A．除锈、修整螺栓　B．涂抹电力复合脂　C．紧固螺栓　D．更换螺栓

32. 在"异常状态"下,设备线夹的检修内容包括（　　）。
A．除锈、修整螺栓　B．涂抹电力复合脂　C．紧固螺栓　D．更换螺栓

33. 关于单芯电力电缆的交叉互联箱、接地保护箱的安装,箱体应（　　）。
A．符合设计要求　B．安装牢固　C．密封良好　D．标识清晰

34. 单芯电力电缆金属护层采取交叉互联方式时,（　　）等操作是必须的。
A．逐相进行导通测试
B．确保连接方式正确
C．护层保护器检测合格
D．安装后通电测试

35. 护层电压限制器的连接回路应符合（　　）的规定。
A．连接线尽量短
B．连接线截面应满足热稳定要求
C．绝缘导线的绝缘性能不得低于电缆外护层的绝缘水平
D．防护等级符合使用环境要求

36. 在交叉互联线路中,护层电压限制器配置及其连接可以采用（　　）三相接线方式。
A．桥形非接地△　B．Y0 接地　C．桥形接地　D．双端接地

37. 同轴电缆驳接中,分配器、分支器与同轴电缆相连时,连接器应具备的条件是（　　）。
A．与同轴电缆型号相匹配
B．连接可靠
C．防止信号泄露
D．易于安装

38. 同轴电缆驳接中,屏蔽缆线的芯线剥去屏蔽层后,裸露的长度应符合的要求是（　　）。
A．小于 20mm
B．大于 30mm
C．裸露的芯线应在设备屏蔽之内
D．无要求

39. 电力电缆交接试验应包括的项目有（　　）。
    A．绝缘电阻测量　　　　　　　　　　B．主绝缘交流耐压试验
    C．相位检查　　　　　　　　　　　　D．直流电阻测量

40. 检测周期中的"必要时"是指（　　）。
    A．怀疑设备可能存在缺陷，需要进一步跟踪诊断分析
    B．需要缩短试验周期
    C．在特定时期需要加强监视
    D．对带电检测、在线监测进一步验证

41. 35kV 及以下油纸绝缘电力电缆线路的预防性试验项目有（　　）。
    A．红外测温　　　B．主绝缘电阻试验　　　C．直流耐压试验　　D．相位检查

42. 35kV 及以下橡塑绝缘电力电缆线路的预防性试验项目有（　　）。
    A．主绝缘绝缘电阻试验　　　　　　　B．主绝缘交流耐压试验
    C．电缆外护套绝缘电阻试验　　　　　D．局部放电试验

三级 / 高级工

43. 电缆路径仪的发射机主要包括（　　）模块。
    A．波形发生　　　B．功率放大　　　　　C．处理器　　　　　D．显示

44. 路径仪的基本功能包括（　　）。
    A．探测电缆路径走向　　　　　　　　B．探测电缆埋设深度
    C．电缆识别　　　　　　　　　　　　D．测量电压

45. 应将事故隐患排查治理纳入日常工作中，按照作业流程，在验收前应进行的流程包括（　　）。
    A．发现　　　　　B．评估　　　　　　　C．报告　　　　　　D．治理

46. 电缆线路的一般事故隐患包括（　　）。
    A．人身重伤事故　B．一般电网事故　　　C．一般设备事故　　D．供电事故

47. 配电用避雷器一般应可以通过（　　）大电流冲击来预处理和验证避雷器内部的介电强度。
    A．65 kA　　　　B．200 kA　　　　　　C．50 kA　　　　　　D．100 kA

48. 电缆的波阻抗值比架空线的波阻抗值小很多，因此当行波从架空线进入电缆时，过电压幅值明显降低。以下属于电缆波阻抗值的有（　　）。
    A．20Ω　　　　　B．10Ω　　　　　　　C．100Ω　　　　　　D．60Ω

49. 避雷器承受的电压包括（　　）。
    A．运行电压　　　　　　　　　　　　B．暂时过电压
    C．缓波前（操作）过电压　　　　　　D．快波前（雷电）过电压

50. 雷电放电能力是专门为线路避雷器试验引入的概念，其试验电流波形近似于正弦波，合理的持续时间有（　　）μs。
    A．150　　　　　B．200　　　　　　　C．230　　　　　　　D．250

51. 关于试验电流波形说法正确的是（　　）。

A．试验电流波形按波头和波尾半峰值时间进行表述

B．试验电流波形按波头和波尾全峰值时间进行表述

C．试验电流波形可表示为 90/200 μs 的电流波

D．试验电流波形可表示为 100/230 μs 的电流波

52．在确定避雷器时，过电压的类型很重要，因为过电压类型决定了（　　）。

A．避雷器的 TOV 能力　　　　　　B．保护裕度

C．能量吸收能力　　　　　　　　　D．额定电压

53．为了验证避雷器的能量吸收能力，按照规程要求，需要进行（　　）。

A．长时间冲击电流耐受试验　　　　B．操作冲击动作负载试验

C．阻性电流检测　　　　　　　　　D．耐压试验

54．对于无间隙的避雷器，性能诊断方法有（　　）两大类。

A．直流法　　　B．电容法　　　C．绝缘电阻法　　　D．交流法

55．交流法可以诊断无间隙的避雷器的性能，可使用专用仪器测量避雷器的（　　）。

A．阻性电流　　　B．全电流　　　C．漏电流　　　D．功耗的变化

56．单芯电力电缆的交叉互联箱、接地保护箱、护层保护器等安装要求有（　　）。

A．应符合设计要求　　　　　　　　B．箱体应安装牢固

C．密封良好　　　　　　　　　　　D．标识应正确、清晰

57．工作票签发人的安全责任包括（　　）。

A．确认工作的必要性和安全性

B．确认工作票上所列安全措施正确完备

C．确认所派工作负责人和工作班成员适当、充足

D．组织执行工作票中所列的安全措施

58．工作许可人的安全责任包括（　　）。

A．确认工作票所列安全措施是否正确完备、符合现场条件

B．确认线路停电、送电和许可工作的命令正确

C．确认工作票上所列安全措施正确完备

D．确认安全措施正确实施

59．工作班成员的安全责任包括（　　）。

A．熟悉工作内容、工作流程

B．遵守安全规章制度、技术规程和劳动纪律，执行安全规程和实施现场的安全措施

C．正确使用施工机具、安全工器具和劳动防护用品

D．熟悉工作内容、工作流程，掌握安全措施，明确工作中的危险点，并在工作票上履行确认手续

60．根据工作任务，可以组织（　　）进行现场勘查。

A．工作票签发人　　B．工作负责人　　C．工作许可人　　D．工作监护人

61．现场勘查应查看现场检修作业范围内的设施情况，如（　　）。

A．停电的设备　　　　　　　　　　B．保留或邻近的带电部位

C. 现场作业条件、环境　　　　　　D. 交叉跨越

62. （　　）上的工作可填用一张电力线路第一种工作票。

A. 一条线路

B. 同一个电气连接部位的几条线路

C. 同杆塔架设

D. 同杆塔架设且同时停送电的几条线路

63. （　　）上的不停电工作可填用一张电力线路第二种工作票。

A. 同一电压等级　　　　　　　　　B. 同类型的数条线路

C. 不同一电压等级　　　　　　　　D. 不同类型的数条线路

64. 工作票可以由（　　）签发。

A. 设备运行维护单位

B. 经设备运行维护单位审核合格并经批准的其他单位

C. 设备管理单位

D. 经设备管理单位审核合格并经批准的其他单位

65. 许可工作可采用的命令方式包括（　　）。

A. 电话下达　　B. 短信发送　　C. 当面下达　　D. 派人送达

66. 工作终结后，工作负责人应及时报告工作许可人，报告方式包括（　　）。

A. 电话报告　　B. 短信报告　　C. 当面报告　　D. 派人报告

67. 带电作业工作负责人在带电作业工作开始前，应与（　　）联系并履行有关许可手续。

A. 设备运行维护单位　B. 值班调度员　C. 工作票签发人　D. 工作许可人

68. 在测量极化指数时，接通被试品后记录时间，分别读出（　　）时的绝缘电阻值。

A. 1 min　　　B. 5 min　　　C. 10 min　　　D. 15min

69. 在测量绝缘电阻时，试验人员应（　　）。

A. 比较同样条件下的不同相绝缘电阻值

B. 比较同样设备的历次试验结果

C. 比较其他试验结果

D. 直接判断被试品有问题

70. 避雷器的（　　）等情况均可以通过直流法测出的漏电流数值进行反映。

A. 劣化　　　B. 受潮　　　C. 电阻片老化　　D. 老化

二级 / 技师

71. 去潮处理过程中涉及的材料包括（　　）。

A. 黑漆隔带　　B. 纱布带　　C. 电缆油　　D. 橡皮布

72. 在去潮处理过程中，拆除三角架时需要拆除的物品有（　　）。

A. 三角架　　　B. 油浸带　　C. 相色纸　　D. 中间接头

73. 电缆终端尾管发热时，停电检查主绝缘表面没有明显变化，应（　　）。

A. 更换电缆　　　　　　　　　　　B. 重新进行接地线焊接

C. 封铅　　　　　　　　　　　　　D. 切除电缆终端

74. 电缆终端尾管发热的可能原因有（　　）。
A. 接地线虚焊　　　　B. 封铅虚焊　　　　C. 电缆过长　　　　D. 电缆质量差
75. 电缆金属护层、铠装变形、破损的状态包括（　　）。
A. 注意　　　　　　　B. 正常　　　　　　C. 异常　　　　　　D. 严重
76. 电缆金属护层、铠装变形、破损，状态为"异常"时，检修内容包括（　　）。
A. 停电处理　　　　　　　　　　　　　　B. 去除受损金属护层、铠装
C. 修复电缆主绝缘　　　　　　　　　　　D. 测量金属护层和导体电阻比
77. 电缆金属护层、铠装变形、破损且状态为"严重"时，检修内容包括（　　）。
A. 停电处理　　　　　　　　　　　　　　B. 去除受损电缆金属护层、铠装
C. 切除受损段电缆　　　　　　　　　　　D. 重新安装电缆接头
78. 电缆金属护层、铠装变形、破损且状态为"注意"时，检修内容包括（　　）。
A. 持续观察　　　　　　　　　　　　　　B. 停电进行修复
C. 停电处理　　　　　　　　　　　　　　D. 修复电缆主绝缘
79. 电缆金属护层、铠装变形、破损且状态为"严重"时，检修内容包括（　　）。
A. 停电处理　　　　　　　　　　　　　　B. 去除受损电缆金属护层、铠装
C. 测量电缆主绝缘电阻　　　　　　　　　D. 切除受损段电缆
80. 水底电缆腐蚀的处理方法包括（　　）。
A. 跟踪检查　　　　　　　　　　　　　　B. 采取必要的防腐措施
C. 更换电缆　　　　　　　　　　　　　　D. 清洁电缆表面
81. 可分离连接器的安装工艺包括（　　）。
A. 安装接地线　　　　　　　　　　　　　B. 安装三芯指套
C. 安装绝缘管　　　　　　　　　　　　　D. 剥除金属屏蔽层和外半导电层
82. 10kV 肘型头附件安装工艺中，应力体的安装符合的要求有（　　）。
A. 金属屏蔽层使用半导电胶带绕包成圆柱体台阶
B. 应力体内表面涂抹绝缘混合剂
C. 应力体安装至定位台阶
D. 应力体下部使用 PVC 带绕包作为定位标记
83. 安装可分离连接器前插头时，需要清洁和涂抹绝缘混合剂的部位有（　　）。
A. 应力体外表面　　　　　　　　　　　　B. 前插头内表面
C. 电缆主绝缘表面　　　　　　　　　　　D. 开关柜插座内表面
84. 声磁同步法的优势包括（　　）。
A. 能区分放电信号与干扰信号　　　　　　B. 适用于复杂环境
C. 判断故障点位置准确　　　　　　　　　D. 所需设备简单

一级/高级技师

85. （　　）方式适用于交流单芯电力电缆金属护套。
A. 单点直接接地　　B. 两端直接接地　　C. 交叉互联接地　　D. 三端直接接地
86. 金属护层接地电流、感应电压异常的原因包括（　　）。

A．接地电缆缺失 B．电缆护层过电压限制器击穿
C．接地装置接地电阻偏大 D．绝缘接头安装错误

87．6kV～35kV 电缆振荡波局部放电测试系统主要由电感和电缆试品及相关的电源组件构成，可分为（　　）两种激励方式。

A．直流激励 B．交流激励 C．高压激励 D．低压激励

88．6kV～35kV 电缆振荡波局部放电测试系统对测试对象的要求包括（　　）。

A．被测电缆与其他设备断开

B．电缆被测相终端有足够绝缘距离

C．其他相可靠接地

D．被测电缆线路绝缘电阻应不小于 30MΩ

89．充油式电缆终端渗漏油的原因有（　　）。

A．应力锥破损 B．油封错位 C．密封圈老化 D．终端套管破裂

90．在线路和配电设备上，保证安全的技术措施有（　　）。

A．停电 B．验电

C．装设接地线和个人保安线 D．悬挂标示牌和装设遮栏

91．在电力线路及配电设备上，应有保证安全的工作程序，包括（　　）。

A．工作申请 B．现场勘察

C．工作布置 D．工作许可

E．工作监护

92．事故紧急抢修工作使用（　　），非连续进行的事故修复工作使用工作票。

A．书面申请单 B．工作票 C．紧急抢修单 D．工作任务单

93．电缆与通道检修工作的步骤包括（　　）。

A．状态检测 B．状态评价 C．检修策略制定 D．检修计划实施

94．A 类、B 类、C 类检修的共同点是均需（　　）。

A．停电 B．解体检查 C．试验 D．维修

95．年度检修计划的制订应考虑的因素有（　　）。

A．最近一次设备状态评价结果 B．设备风险评估

C．制造厂家的要求 D．检修费用

96．配网抢修到达故障现场的时间要求在（　　）有所不同。

A．城区 B．农村 C．特殊边远区域 D．工业区

97．在电缆通道保护区内，禁止的行为有（　　）。

A．在通道保护区内种植林木

B．堆放杂物

C．兴建建筑物和构筑物

D．未采取防护措施情况下，在电缆通道两侧各 2m 内进行机械施工

98．电缆的防火阻燃措施包括（　　）。

A．采用耐火或阻燃型电缆

B．设置报警和灭火装置

C．设置防火门或防火卷帘

D．封堵已运行电缆的孔洞、阻火墙

99．在电缆和通道保护区内从事的行为造成事故或设施损坏者，应视情节与后果移交相关执法部门依法处理的情形包括（　　）。

A．违章施工　　　　　　　　　　B．违章搭建

C．违章开挖　　　　　　　　　　D．威胁电网安全运行的行为

100．电缆和通道的检修应积极采用先进的（　　）。

A．材料　　　B．工艺　　　C．方法　　　D．工器具

101．电桥法的优点是（　　）。

A．比较简单

B．精确度符合现场工程测试要求

C．对于电缆线路的两相短路故障，测量起来比较方便

D．适用范围广

102．10kV 配网一次电力设备主绝缘局部放电检测时，电压激励形式可采用（　　）。

A．振荡波　　　　　　　　　　　B．超低频正弦波

C．超低频余弦波　　　　　　　　D．超低频余弦方波

103．10kV 配网一次电力设备交接试验的局部放电检测中，超低频试验电压的波形为（　　）。

A．超低频正弦波　　　　　　　　B．超低频余弦方波

C．超低频正弦方波　　　　　　　D．超低频余弦波

104．10kV 配网一次电力设备交接试验的局部放电检测中，关于超低频试验过程中的试验电压测量值，说法正确的有（　　）。

A．试验电压测量值应保持在规定电压值的 ±3%

B．试验电压测量值应保持在规定电压值的 ±5%

C．正负电压峰值偏差不应超过 1%

D．正负电压峰值偏差不应超过 2%

105．10kV 配网一次电力设备交接试验的主绝缘介质损耗检测中，电压激励形式可采用（　　）。

A．工频　　　B．超低频余弦方波　　　C．超低频正弦波　　　D．超低频余弦波

106．10kV 配网一次电力设备交接试验的介质损耗检测中，全新电缆（电压形式为超低频正弦波电压）的试验电压应为（　　）。

A．$1.0U_0$　　　B．$2.5U_0$　　　C．$2.0U_0$　　　D．$2.5U_0$

107．10kV 配网一次电力设备交接试验的介质损耗检测中，非全新电缆（电压形式为超低频正弦波电压）的试验电压应为（　　）。

A．$1.0U_0$　　　B．$1.5U_0$　　　C．$2.0U_0$　　　D．$0.5U_0$

108．35kV 及以下橡塑绝缘电力电缆线路的局部放电试验可在带电或停电状态下进行，

可采用（　　）等检测方法。

　　A．高频电流　　　　B．振荡波　　　　C．超声波　　　D．超高频

109．定位电桥形式检验必做的项目有（　　）。

　　A．外观和结构检查　　　　　　　　B．外壳等级防护试验

　　C．环境适应性试验　　　　　　　　D．电磁兼容试验

110．定位电桥出厂检验必做的项目有（　　）。

　　A．电气安全试验　　　　　　　　　B．短路试验

　　C．定位误差试验　　　　　　　　　D．电磁兼容试验

111．定位电桥周期检验必做的项目有（　　）。

　　A．外观和结构检查　　　　　　　　B．功能检查

　　C．环境适应性试验　　　　　　　　D．电磁兼容试验

112．根据检验规则规定，定位电桥应进行检验，检验分为（　　）。

　　A．形式检验　　　　B．例行检验　　　C．出厂检验　　　D．周期检验

113．直阻比较法定位电桥时，组成部分包括（　　）。

　　A．高压直流电源　　　　　　　　　B．电压采集单元

　　C．电流采集单元　　　　　　　　　D．检流计

114．Murray定位电桥主要由（　　）和低阻短接线等组成。

　　A．高压直流电源　　　　　　　　　B．比例臂电阻

　　C．检流计　　　　　　　　　　　　D．输出电压表

　　E．输出电流表

三、填空题

五级/初级工

1．当电缆接头缺陷为"（　　）""异常状态"时，需要缩短电缆金属护层接地电流的检测周期。

2．使用电池作为电源测量电阻时，如果电池电压的偏移额定电压过大，则电阻量限应能正常工作。按制造厂的规定进行初调后，由于电池特性变化引起的误差，不应使万用电表的指示超过（　　）。

3．如果外护套破损严重，导致接地，则修复后再次测量外护套绝缘电阻，并进行直流耐压试验，直流耐压试验的电压应为（　　）kV。

4．如果外护套破损严重，导致接地，则修复后再次测量外护套绝缘电阻，并进行直流耐压试验，直流耐压试验的加压时间应为（　　）s。

5．修复外护套破损后，最后一步是绕包（　　）带。

6．寻找外护套故障时，找到故障点后，将故障点及两侧（　　）mm内的电缆外护套用砂纸打毛。

7．寻找外护套故障时，找到故障点并将外护套打毛后，需要先后绕包（　　）、防水带。

8．寻找外护套故障时，找到故障点后，需要用（　　）恢复外电极。

9. 低压脉冲法可以探测低阻或开路故障，也可用于电缆（　　）故障测寻，但不能测寻高阻性故障和闪络性故障。

10. 故障测寻时，当电位表显示为零时，电位表的两个电极的中心即为（　　）。

11. 接地箱、交叉互联箱箱体破损、缺失时，状态为"严重"的检修内容包括（　　）。

12. 接地箱、交叉互联箱破损、沉降时，修复后接地保护箱、交叉互联箱基础应（　　），无破损、沉降等情况。

13. 接地电缆、同轴电缆、护层直接接地箱的总接地电缆破损、缺失时，外皮、绝缘破损的电缆应进行（　　）修复。

14. 交叉互联连接方式不正确时，检修类型为（　　）。

15. 在线路上装设接地线前，应在接地部位验明线路确实无（　　）。

16. 当直接验电时，应使用相应电压等级的验电器在接地处（　　）验电。

17. 在验电前，验电器应在（　　）上确认验电器良好。

18. 在验电时，应戴（　　）。

19. 在验电时，人体与被验电设备的距离的要求为：10kV及以下电压等级的安全距离是（　　）m。

20. 在验电时，人体与被验电设备的距离的要求为：20kV和35kV电压等级的安全距离是（　　）m。

21. 在验电时，人体与被验电设备的距离应符合（　　）距离要求。

22. 装设接地线时不宜（　　）进行操作。

23. 线路在验明确无电压后，应立即装设接地线并（　　）相短路。

24. 电缆接地前，应逐相充分（　　）。

25. 拆除接地线时应先拆（　　）端。

26. 接地线或个人保安线应接触良好、连接（　　）。

27. 成套接地线应由有透明护套的多股软（　　）线和专用线夹组成。

28. 成套接地线截面不应小于（　　）mm²。

29. 临时接地体的埋深不应小于（　　）m。

30. 需要断开耐张杆塔引线时，应先在其两侧装设（　　）线。

31. 个人保安线应使用有透明护套的多股软铜线，截面积不应小于（　　）mm²。

32. 无接地引下线的杆塔装设接地线时，可采用临时（　　）。

33. 成套接地线应满足装设地点（　　）电流的要求。

34. 临时接地体的截面积不应小于（　　）mm²。

35. 个人保安线应有绝缘手柄或（　　）部件。

36. 个人保安线应在接触或接近（　　）前装设。

四级/中级工

37. 杆塔工频接地电阻的测量方法分为（　　）和（　　）。

38. 设备线夹发热的原因之一是螺栓型设备线夹长时间运行后（　　）。

39. 当设备线夹发热或相间温差较大时，判断和检查的方法是（　　）。

40．处理设备线夹发热问题时，建议使用的设备线夹类型为（　　）。

41．处理设备线夹发热问题后需要（　　）螺栓。

42．设备线夹发热问题的检修类别为（　　）。

43．设备线夹的电气搭接面应涂抹适量（　　）。

44．设备线夹发热缺陷处理的技术要求是同一线路温度不超过（　　）。

45．设备线夹发热缺陷处理的技术要求是同一线路相间温差不超过（　　）。

46．安装单芯电力电缆的交叉互联箱、接地保护箱、护层保护器时应符合（　　）的要求。

47．单芯电力电缆金属护层采取交叉互联方式时，应逐相进行（　　）测试，确保连接方式正确。

48．护层电压限制器的配置方式应综合考虑暂态过电压抑制效果、（　　）感应过电压下参数匹配、便于监察维护等因素。

49．护层电压限制器连接线的截面应满足系统最大暂态电流通过时的（　　）。

50．护层电压限制器的连接线应尽量（　　）。

51．护层电压限制器的配置方式应按暂态过电压抑制效果、工频感应过电压下的（　　）匹配综合确定。

52．绝缘电阻是指在绝缘结构的两个电极之间施加直流电压时，与流经该对电极的（　　）之比。

53．在一次设备交流耐压试验中，若无特殊说明，试验值一般为有关设备出厂试验电压的（　　）%，加至试验电压后的持续时间为（　　）min，并在耐压前后测量绝缘电阻。

54．电力设备的额定电压与实际使用的额定工作电压不同，当采用额定电压较高的设备以加强绝缘时，应按照（　　）确定其试验电压。

55．电力设备的额定电压与实际使用的额定工作电压不同，当采用额定电压较高的设备作为代用设备时，应按照（　　）确定其试验电压。

56．电力设备的额定电压与实际使用的额定工作电压不同，为满足高海拔地区的要求而采用较高电压等级的设备时，应在安装地点按（　　）确定其试验电压。

57．根据电力设备预防性试验规程要求，在进行直流高压试验时，应采用（　　）性接线。

58．根据电力设备预防性试验规程要求，新设备经过交接试验后，电压等级为10kV的设备超过2年投运，投运前宜重新进行（　　）。

59．根据电力设备预防性试验规程要求，新设备经过交接试验后，停运6个月以上重新投运的设备应进行（　　）。

60．根据电力设备预防性试验规程要求，设备投运1个月内宜进行一次全面的（　　）。

61．根据电力设备预防性试验规程要求，在进行35kV及以下橡塑绝缘电力电缆线路的红外测温时，用红外热像仪对（　　）和（　　）进行测温。

62．35kV及以下橡塑绝缘电力电缆线路的铜屏蔽层电阻预防性实验和导体电阻比预防性试验仅适用于（　　）电缆。

63．35kV及以下橡塑绝缘电力电缆线路的铜屏蔽层电阻预防性实验和导体电阻比预防性试验中，用双臂电桥在同温度下测量铜屏蔽层和导体的（　　）电阻。

64．（　　）是电气设备在现场安装完后，设备投运前和试运行期间所进行的检查和试验。

65．（　　）在设备出厂前对每一个运输单元进行试验，以保证出厂产品与通过形式试验的产品一致，出厂试验报告应随产品一起出厂。

66．10kV 电缆的交接试验中，各相主绝缘应进行（　　）和（　　）。

67．对高海拔地区选用的设备进行绝缘试验时，应按照相关标准进行高海拔修正。进行绝缘试验时，被试品的温度不应低于（　　）℃；户外试验应在良好天气下进行，空气相对湿度不宜高于（　　）%。

68．10kV 电缆设备进行交接试验时，振荡波试验的频率应为（　　）。

三级/高级工

69．电缆路径仪是以（　　）原理为基础，结合数字信号处理、软件控制而设计的电缆路径测量仪器。

70．电缆路径仪由信号发射机和（　　）组成。

71．信号发射机向被测电缆加载（　　）电流。

72．电缆线路的（　　）是指不涉及设备的安全运行，可列入小修计划进行处理的缺陷。

73．配电用避雷器应吸收的能量主要是与（　　）有关的能量。

74．金属氧化物避雷器的基本电气特性包括（　　）、额定电压、（　　）、标称放电电流残压、（　　）和操作冲击残压。

75．在检修工作前应进行工作布置，明确（　　）、（　　）、工作负责人、作业环境、工作方案和书面安全要求，以及工作班成员的任务分工。

76．填用电力线路（　　）工作票时，不必履行工作许可手续。

77．（　　）应在线路可能受电的各方面拉闸停电、装设好接地线后，方可发出线路停电检修的许可工作命令。

78．工作许可后，（　　）、（　　）应向工作班成员交代工作内容和现场安全措施。

79．（　　）应始终在工作现场，对工作班成员进行监护工作。

80．工作票签发人或工作负责人应根据现场的安全条件、施工范围、工作需要等具体情况，增设（　　），确定（　　）。

81．填用数日内有效的电力线路第一种工作票时，每日收工时若将工作地点所装设的接地线拆除，则次日恢复工作前应重新（　　）。

82．完工后，（　　）应检查线路检修地段的状况，确认现场无遗留物，人员已撤离。

83．电缆识别是指在多根并行敷设的电缆中识别（　　）。

84．对测试大容量电缆读取绝缘电阻后，发电机型绝缘电阻表应先断开接被试品高压端的连接线，再将绝缘电阻表停止运转，防止被试品的电容再测量时，所充的电荷经绝缘电阻表（　　）而使绝缘电阻表损坏。

85．使用发电机型绝缘电阻表时，若被试品电容量较大时，应断开绝缘电阻表，对被试品短接放电并（　　）。

二级/技师

86．如果发现电缆纸绝缘有潮气侵入时，应逐段（　　），直至没有潮气为止。

87. 在去潮处理过程中，拆除三角架后，用（   ）沾酒精把芯线擦净。
88. 电缆终端尾管发热的原因可能是接地线或（   ）虚焊。
89. 电缆终端尾管发热时，如果停电检查发现放电现象严重，电缆主绝缘出现变色、碳化等情况，则应（   ）电缆终端及受损电缆。
90. 电缆金属护层、铠装变形、破损且状态为"注意"时的检修类别为（   ）。
91. 电缆金属护层、铠装变形、破损且状态为"异常"时的检修类别为（   ）。
92. 电缆金属护层、铠装变形、破损且状态为"严重"时的检修类别为（   ）。
93. 电缆金属护层、铠装变形、破损且状态为"注意"时的检修内容为（   ），结合停电进行修复。
94. 电缆金属护层、铠装变形、破损且状态为"异常"时，检修内容包括停电处理，去除受损金属护层、铠装，（   ）不能受损。
95. 电缆金属护层、铠装变形、破损且状态为"异常"时，检修内容包括测量（   ）和导体电阻比。
96. 电缆金属护层、铠装变形、破损且状态为"严重"时，检修内容包括切除受损段电缆，重新安装（   ）。
97. 电缆金属护层、铠装变形、破损且状态为"注意"时的检修技术要求是应无明显（   ）。
98. 水底电缆磨损的原因是电缆随（   ）的移动过程中与水底基岩等摩擦。
99. 海底电缆腐蚀的原因是（   ）、电化学、水中生物等造成的电缆腐蚀。
100. 水底电缆磨损的检修类别为（   ）。
101. 水底电缆腐蚀的检修类别为（   ）。
102. 安装可分离连接器前插头时，应力体外表面与前插头内表面应（   ），且清洁时不得触碰到接线端子。
103. 10kV 肘型头附件安装工艺中，电缆终端接线端子应与前插头接线孔中心处于（   ）水平位置。
104. 10kV 肘型头附件安装工艺中，应清洁绝缘端盖内表面，并安装（   ）。
105. 10kV 肘型头附件安装工艺中，接地线应固定在插头外部连接端子上，并接入（   ）。
106. 声磁同步法可以准确判断（   ）的位置。
107. 跨步电压法给被测电缆施加（   ）或脉冲信号。
108. 跨步电压法通过测量信号的（   ）和（   ）来找到故障点。
109. 10kV 油浸纸绝缘电缆进行直流耐压预防性试验时，应分阶段均匀升压，每阶段停留（   ）min，并读取泄漏电流。
110. 10kV 电缆进行耐压试验后，对导体放电时，应通过每 kV（   ）kΩ 的限流电阻反复几次放电，直至无火花后，再直接接地放电。
111. （   ）是对绝缘物施加高于工作电压数倍的交流试验电压，并加压一定时间，以鉴定设备绝缘强度的试验。

一级 / 高级技师

112. 单芯交流电力电缆金属护套上应至少在一端（   ）。

113. 根据电缆金属护层感应电动势大小的不同，线路应（   ）直接接地或划分适当的单元后进行交叉互联接地。

114. 电缆金属护层感应电动势的大小与电缆金属护套的（   ）、各电缆相邻之间的中心距有关。

115. 电缆金属护层感应电动势的大小与电缆金属护套电气通路上任一部位到直接接地处的（   ）有关。

116. 绝缘接头安装错误时，做成直通接头会导致金属护层接地电流、感应电压（   ）。

117. 已投运 2 年的电缆线路最高试验电压是 $1.7U_0$，本体局部放电超过（   ）pC 应及时更换。

118. 已投运 2 年的电缆线路最高试验电压是 $1.7U_0$，接头局部放电超过（   ）pC 应及时更换。

119. 已投运 2 年的电缆线路最高试验电压是 $1.7U_0$，终端局部放电超过（   ）pC 应及时更换。

120. 充油式电缆终端渗油、漏油的检修分类为（   ）。

121. 处理电缆终端渗漏油时，需打开电缆终端屏蔽罩和上封盖，用（   ）把终端套管内的绝缘油全部抽出存放在容器内。

122. 处理电缆终端渗漏油后，静置（   ）h 以后再进行相关试验。

123. 在处理充油式电缆终端渗漏油时，打开电缆终端下方的（   ），清除尾管内和电缆本体上的残油。

124. 安全组织措施作为保证安全的制度措施之一，包括（   ）等。

125. A 类检修是指电缆与通道的整体（   ）、维修、更换和试验。

126. D 类检修是指电缆与通道在不停电状态下进行的（   ）测试、外观检查和维修。

127. 被评价为（   ）的电缆线路应立即安排 A 类或 B 类检修。

128. 状态检测设备应定期（   ），确保状况良好。

129. 状态检测和评价结果用于动态制定（   ）策略。

130. A 类、B 类、C 类检修都是（   ）检修。

131. 配网抢修指挥值班员应跟踪故障处理进度，督促（   ）站点及时处置故障。

132. 直埋电缆两侧各（   ）m 以内，禁止倾倒酸、碱、盐及其他有害化学物品。

133. 改建、扩建工程施工中，对于贯穿已运行的电缆孔洞、阻火墙，应及时恢复（   ）。

134. 10kV 电缆进行交接试验时，振荡波试验的波形为连续（   ）个半波峰值呈指数规律衰减的近似正弦波。

135. 定位电桥用于电力电缆接地故障距离的测试，按工作原理分为 Murray 定位电桥和（   ）定位电桥。

四、判断题

五级 / 初级工

1．"严重状态"的电缆接头缺陷需要缩短电缆金属护层接地的电流检测周期。（   ）

2. 万用电表及其附件若存放在仓库内,应在制造厂包装库条件下放在货架上保管。( )

3. 在有限空间进行作业时,作业小组人数应符合作业需要,并应至少指定1名作业负责人。( )

4. 进行抽水、清淤作业时,需进入有限空间内部时应先进行易燃易爆气体检测。( )

5. 工井井盖有预留孔的,应在井盖开启前使用气体检测报警仪检测井口处是否存在可燃性气体和水蒸气。( )

6. 应向电力管道有限空间内输送纯氧并进行通风。( )

7. 电缆分接箱主要用于城市电网供电末端。( )

8. 电缆分接箱不具备控制、测量和保护等二次功能。( )

9. 因外部原因对电缆线路安全运行形成威胁时,电缆线路还可继续运行的线路状况称为电缆线路隐患。( )

10. 在跨步电压法中,如果被测位置与检流计指针所指的方向相反,则可能存在电缆的故障点。( )

11. 接地保护箱、交叉互联箱支架锈蚀、破损、部件缺失时,检修类型为D类。( )

12. 接地保护箱、交叉互联箱内部连接片锈蚀、缺失的检修类型为A类。( )

13. 在检修线路中,联络用的断路器、隔离开关及其组合进行检修时,应在两侧分别进行验电。( )

14. 在验电时,先验高压、后验低压是正确的操作顺序。( )

15. 在验电时,先验远侧、再验近侧。( )

16. 不应用缠绕的方法进行接地或短路。( )

17. 在土壤电阻率较高的地方应采取措施改善接地电阻。( )

18. 在同杆塔多回路部分,线路停电装设接地线时,应采取防止接地线摆动的措施。( )

19. 可用个人保安线代替接地线。( )

20. 在杆塔或横担接地良好的条件下装设接地线时,接地线可单独连接,也可以合并接到杆塔上。( )

21. 线路经验明确无电压后,可以不立即装设接地线。( )

22. 在同杆塔架设的多回线路上,装设接地线时可以先装高压。( )

23. 人体可以碰触未接地的导线。( )

24. 接地线或个人保安线应接触良好、连接可靠。( )

四级/中级工

25. 铜屏蔽电阻与导体电阻之比增大时,表明铜屏蔽层的直流电阻增大,铜屏蔽层有可能被腐蚀。( )

26. 35kV及以下橡塑绝缘电力电缆线路的主绝缘电阻一般不小于1000MΩ。( )

27. 设备线夹处于正常状态时,电缆终端检修不需要检查外观。( )

28. 设备线夹发热在"注意状态"下的检修内容包括更换线夹。( )

29. 单芯电力电缆的交叉互联箱和接地保护箱的安装技术要求只规定标识正确清晰即可。（　）

30. 交叉互联线路中护层电压限制器和绝缘接头处可以采用桥形接地的三相接线方式。（　）

31. 护层电压限制器连接线的截面不需要考虑系统最大暂态电流的热稳定要求。（　）

32. 驳接同轴电缆时，现场制作的接插件不需要检测即可使用。（　）

33. 驳接同轴电缆时，同轴电缆可以有中间接头，但中间接头必须密封。（　）

34. 介质损耗检测试验前后，各相主绝缘电阻值应无明显变化。（　）

35. 局部放电检测试验前后，各相主绝缘电阻值应无明显变化。（　）

36. 10kV 电缆进行交接试验时，应检查电路线路两端的相位与电网的相位是否一致。（　）

37. 测量绝缘电阻时，应同时测量被试品温度、周围空气温度和空气湿度。（　）

38. 对于分相屏蔽的三芯电缆和单芯电缆，可一相或多相同时进行试验，非被试相导体或金属的屏蔽、金属护套、铠装层应接地。（　）

39. 设备进行交接试验时，试验结果应与自身出厂的试验结果进行比较分析，或与同类设备的试验结果进行比较分析。（　）

三级/高级工

40. 电缆路径仪的接收机主要包括信号滤波、信号放大、采样、处理器、显示等模块。（　）

41. 电缆路径仪结合数字信号处理和软件控制进行设计。（　）

42. 路径仪的发射机具有输出短路保护与报警功能。（　）

43. 路径仪没有测试频率选择功能。（　）

44. 通常配电用避雷器不直接表示吸收的能量，只给出额定转移电荷量，通过额定转移电荷量与施加电流下避雷器的额定电压，可以间接地评估配电避雷器的能量吸收能力。（　）

45. 电流不受避雷器残压的影响，残压越高，散出的能量越少。（　）

46. 避雷器限制电力系统操作过电压是依靠吸收操作过电压的能量实现的。（　）

47. 在出现直接危及人身安全的紧急情况时，现场负责人无权停止作业和组织人员撤离作业现场。（　）

48. 配电设备全部停电是指供给该配电设备上的所有负荷线路均已断开。（　）

49. 工作票应使用统一的票面格式。（　）

50. 在承发包工程中，工作票必须实行单方签发形式。（　）

51. 同一个电气连接部位是指电气上相互连接的几个电气单元设备。（　）

52. 持线路工作票进入变电站进行电缆工作时，不必得到变电站工作许可人的许可。（　）

53. 变更工作负责人时，需履行变更手续。变更工作班成员不必履行变更手续。（　）

54. 对于电力线路第一种工作票的工作，工作负责人应在得到主要工作许可人的许可后，便可开始工作。（　）

55. 只要双方做好沟通，可以约时停电、送电。（ ）

56. 一般应在空气相对湿度不高于80%的条件下进行绝缘电阻试验。（ ）

57. 绝缘电阻值的测量是常规试验中最基本的项目。根据测得的绝缘电阻值，可以初步估计设备的绝缘状况，通常也可决定是否能继续进行其他施加电压的绝缘试验项目。（ ）

58. 在进行交接试验时，主绝缘交流耐压试验可采用有效值为 $3U_0$ 的 0.1Hz 电压，并施加电压 60min。（ ）

二级 / 技师

59. 在去潮处理前，用加热到150℃的电缆油从电缆中心向两端进行处理。（ ）

60. 去潮处理完成后，需要在中间接头下面铺好橡皮布。（ ）

61. 水底电缆腐蚀严重时，如果电缆金属护层、铠装金属丝层出现严重锈蚀、断股等情况，则建议继续使用电缆。（ ）

62. 可分离连接器安装工艺中，电缆附件检查是第一步。（ ）

63. 在安装可分离连接器后插头时，前插头与后插头的连接应符合产品的技术要求。（ ）

64. 在可分离连接器安装工艺中，剥除金属屏蔽层及外半导电层是安装绝缘管之前的步骤。（ ）

65. 声磁同步法不能区分放电信号与干扰信号。（ ）

66. 在跨步电压法中，如果电缆故障点处存在破损并接地，则故障点附近存在无向电场。（ ）

一级 / 高级技师

67. 电缆金属护套上的感应电动势与电缆的长度无关。（ ）

68. 外护套破损严重导致接地会引起金属护层接地电流、感应电压异常。（ ）

69. 充油式电缆终端渗油、漏油后，停电更换或处理电缆终端是必要的步骤。（ ）

70. 在处理充油式电缆终端渗油、漏油时，更换应力锥或油封时无须对应力锥或油封进行定位。（ ）

71. 在线路与配电设备上进行全部停电工作或部分停电工作时，只需向设备运行维护单位提出停电申请。（ ）

72. 检修人员在实施检修工作前，不需要进行技术培训。（ ）

73. 电缆线路的状态检修策略包括年度检修计划的制订。（ ）

74. C类检修是指电缆与通道的整体解体性检查。（ ）

75. 抢修站点在接到配网抢修指挥值班员派发的故障工单后，可以选择不接收工单。（ ）

76. 应做好电缆与通道的防火、防水、防外力破坏。（ ）

77. 在水底电缆保护区内禁止抛锚、拖锚、炸鱼、挖掘。（ ）

78. 电缆与通道检修应制定安全防护方案，并开展动态巡视和安全防护值守。（ ）

79. 电桥法抗干扰能力强，可用于三相统包电缆和分相电缆。（ ）

80. 电桥法的原理是将被测电缆故障相与非故障相短接，电桥两臂分别接故障相与非故

障相，调节电桥两臂上的一个可调电阻器，使电桥平衡，利用比例关系和已知的电缆长度就能得出故障距离。（　　）

81．根据交接试验规程要求，10kV 电缆的交接试验应进行局部放电试验。（　　）

82．定位电桥应能承受输出端最大输出电压下的瞬态短路冲击，冲击后仪器可以正常工作。（　　）

83．定位比例是指被测电缆故障距离等效电阻与全长或 2 倍全长等效电阻的比例，通常用百分数或千分数形式进行表示。（　　）

84．Murray 定位电桥采用电桥平衡的技术原理确定电缆故障位置。（　　）

85．直阻比较法定位电桥分别测试故障距离和全长电缆相关的两组电阻，通过比较确定电缆故障位置。（　　）

86．Murray 定位电桥一般体积小、质量轻、成本低，适用于新投运或共沟单芯电缆停运等磁感应干扰较强的场合。（　　）

87．直阻比较法定位电桥智能化水平高、质量大、成本高，适用于新投运电缆线路、在运电缆线路的故障定位。（　　）

4.1.4.2　电缆运行维护与检修（高压）

一、单选题

五级 / 初级工

1．当单芯电缆的金属屏蔽（金属护套）单端接地时，为了抑制单相接地故障电流形成的磁场对外界的影响，并降低金属屏蔽（金属护套）上的感应电压，应沿电缆线路敷设一根阻抗（　　）的接地线。

　　A．较高　　　　　　B．较低　　　　　　C．无穷大　　　　　D．无穷小

2．在同一户外终端塔中，电缆回路数不应超过（　　）回。

　　A．1　　　　　　　B．2　　　　　　　　C．3　　　　　　　　D．4

3．220kV 高压电缆线路主绝缘的雷电冲击绝缘水平不应低于（　　）。

　　A．550kV　　　　　B．1050kV　　　　　C．1175kV　　　　　D．1550kV

4．主绝缘雷电冲击耐受电压在 380kV 以下时，外护套的雷电冲击耐受电压为（　　）kV。

　　A．37.5　　　　　　B．20　　　　　　　C．47.5　　　　　　D．62.5

5．主绝缘雷电冲击耐受电压为 380kV～750kV 时，外护套的雷电冲击耐受电压为（　　）kV。

　　A．37.5　　　　　　B．20　　　　　　　C．47.5　　　　　　D．62.5

6．主绝缘雷电冲击耐受电压为 1050kV 时，外护套的雷电冲击耐受电压为（　　）kV。

　　A．37.5　　　　　　B．20　　　　　　　C．47.5　　　　　　D．62.5

7．主绝缘雷电冲击耐受电压为 1175kV～1425kV 时，外护套的雷电冲击耐受电压为（　　）kV。

　　A．37.5　　　　　　B．20　　　　　　　C．47.5　　　　　　D．62.5

8. 主绝缘雷电冲击耐受电压为1550kV时，外护套的雷电冲击耐受电压为（　　）kV。
   A．37.5　　　　　B．72.5　　　　　C．47.5　　　　　D．62.5
9. 交联聚乙烯电缆在额定负荷下允许的长期最高运行温度为（　　）℃。
   A．60　　　　　　B．80　　　　　　C．90　　　　　　D．100
10. 交联聚乙烯铜芯电缆在短路下允许的长期最高运行温度为（　　）℃。
    A．160　　　　　B．175　　　　　C．200　　　　　D．250
11. 在同通道敷设的电缆中，应按电压等级（　　）分层布置，不同电压等级电缆间宜设置防火隔板等防护措施。
    A．从上向下　　　B．从左到右　　　C．从前到后　　　D．从下向上
12. 通信光缆应布置在（　　），且应设置防火隔槽等防护措施。
    A．中间层　　　　B．最下层　　　　C．最上层　　　　D．都可以
13. 关于电缆敷设验收标准，错误的是（　　）。
    A．原则上10kV以下与10kV及以上电压等级的电缆宜分开敷设
    B．电力电缆和控制电缆不应配置在同一层支架上
    C．不同电压等级的电缆间宜设置防火隔板等防护措施
    D．同通道敷设的电缆应按电压等级从下向上分层布置
14. 关于电缆敷设验收标准，错误的是（　　）。
    A．重要变电站和重要用户的双路电源电缆不宜同通道敷设
    B．通信光缆应布置在最上层且应设置防火隔槽等防护措施
    C．交流单芯电缆穿越的闭合管、闭合孔应采用非铁磁性材料
    D．同通道敷设的电缆应按电压等级从上向下分层布置
15. 在电缆固定要求中，进行垂直敷设或超过45°倾斜敷设时，电缆刚性固定间距不大于（　　）m。
    A．1　　　　　　B．2　　　　　　C．3　　　　　　D．4
16. 在电缆固定要求中，进行桥架敷设时，电缆刚性固定间距应不大于（　　）m。
    A．1　　　　　　B．2　　　　　　C．3　　　　　　D．4
17. 关于电缆固定的要求，正确的是（　　）。
    A．垂直敷设或超过45°倾斜敷设时，电缆刚性固定间距应不大于2m
    B．垂直敷设或超过60°倾斜敷设时，电缆刚性固定间距应不大于2m
    C．垂直敷设或超过45°倾斜敷设时，电缆刚性固定间距应不大于1.5m
    D．垂直敷设或超过60°倾斜敷设时，电缆刚性固定间距应不大于1.5m
18. 关于电缆固定要求，错误的是（　　）。
    A．桥架敷设时，电缆刚性固定间距应不大于1.5m
    B．水平敷设的电缆应在电缆首末两端及转弯、电缆接头的两端处固定
    C．当对电缆间距有要求时，应在每隔5～10m处固定
    D．交流单芯电缆的固定夹具应采用非铁磁性材料
19. 未采取防止人员任意接触金属护套或屏蔽层的安全措施时，满载情况下金属护套或

屏蔽层上任一点非接地处的正常感应电压不得大于（　　）。

A．30V　　　　B．40V　　　　C．50V　　　　D．60V

20．采取防止人员任意接触金属护套或屏蔽层的安全措施时，满载情况下金属护套或屏蔽层上任一点非接地处的正常感应电压不得大于（　　）。

A．70V　　　　B．80V　　　　C．90V　　　　D．100V

21．电缆外护套表面的信息不包括（　　）。

A．电缆重量　　B．出厂日期　　C．码长　　　　D．型号

22．户外终端的正常使用条件为海拔高度不超过（　　）。

A．2000m　　　B．1500m　　　C．1000m　　　D．800m

23．电缆终端、设备线夹、与导线连接部位不应出现温度异常现象，电缆终端套管相同位置部件的温差不宜超过（　　）K。设备线夹、与导线连接部位相同位置的部件温差不宜超过（　　）%。

A．2　20　　　B．3　30　　　C．4　40　　　D．5　50

24．电缆明敷时的接头应用托板托置固定，电缆接头两端应刚性固定，每侧固定点不少于（　　）处。

A．2　　　　　B．4　　　　　C．6　　　　　D．8

25．高压电缆接头两端应（　　）固定，每侧固定点不少于（　　）处。

A．挠性　1　　B．挠性　2　　C．刚性　1　　D．刚性　2

26．关于避雷器技术要求，错误的是（　　）。

A．避雷器外绝缘爬距应满足所在地区污秽等级要求

B．避雷器连接法兰、连接螺栓不应存在严重锈蚀或油漆脱落现象

C．避雷器连接端子和引流线热点温度不应超过70℃，相对温差不应超过10%

D．避雷器安装位置应便于在线监测，配套在线监测仪应安装到位，监测仪应视读方便

27．电缆线路的交叉互联箱和接地箱箱体不得选用（　　），固定牢固可靠，密封满足长期浸水的要求。

A．铁磁材料　　B．绝缘材料　　C．复合材料　　D．金属材料

28．电缆线路的交叉互联箱和接地保护箱箱体不得选用铁磁材料，固定牢固可靠，密封满足长期浸水的要求，防护等级不低于（　　）。

A．IP54　　　　B．IP65　　　　C．IP68　　　　D．IP76

29．电缆护层过电压限制器和电缆金属护层连接线宜在（　　）m以内，连接线应与电缆护层的绝缘水平一致。

A．3　　　　　B．4　　　　　C．5　　　　　D．6

30．金属护层接地电流绝对值应小于（　　）A，或金属护层接地电流与负荷之比小于（　　）%，或金属护层接地电流相间最大值与最小值之比小于3。

A．50　20　　　B．100　30　　C．100　20　　D．50　30

31．关于接地装置技术的要求，错误的是（　　）。

A．限制器和电缆金属护层连接线宜在5m以内，连接线应与电缆护层的绝缘水平一致

B. 接地保护箱内的接地缆出线管口空隙应进行防火泥封堵

C. 接地保护箱和交叉互联箱应有运行编号

D. 接地保护箱和交叉互联箱箱体侧面应有不锈钢设备铭牌

32. 在线监测装置应具备数据（　　）功能，能响应上位机的召唤，并能传送记录数据，断开装置的通信网络连接时，应能正确报出通信中断。

    A. 召唤   B. 识别   C. 传送   D. 接收

33. 在线监测装置外壳的防护性能应符合（　　）级要求。

    A. IP54   B. IP65   C. IP68   D. IP76

34. （　　）kV 及以上电缆应采用金属支架。

    A. 35   B. 66   C. 110（66）   D. 220

35. （　　）kV 及以下电缆可采用金属支架或抗老化性能好的复合材料支架。

    A. 66   B. 35   C. 20   D. 10

36. 支架应平直、牢固、无扭曲，各横撑间的垂直净距与设计偏差不应大于（　　）mm。

    A. 3   B. 5   C. 10   D. 15

37. 支架应满足电缆承重要求，金属电缆支架应进行（　　）处理。

    A. 防腐   B. 防弯   C. 防震   D. 防刮

38. 使用复合材料的支架寿命应（　　）电缆使用寿命。

    A. 低于   B. 不低于   C. 高于   D. 不高于

39. 电缆支架的层间允许最小距离为：当设计无规定时，层间净距不应小于 2 倍电缆外径加（　　）mm。

    A. 5   B. 10   C. 15   D. 20

40. 电缆支架的层间允许最小距离为：（　　）kV 及以上高压电缆支架的层间允许最小距离不应小于 2 倍电缆外径加 50mm。

    A. 35   B. 66   C. 110（66）   D. 220

41. 35kV 及以上高压电缆支架的层间允许最小距离不应小于（　　）。（D 代表电缆外径）

    A. $2D$+10mm   B. $2D$+30mm   C. $2D$+50mm   D. $2D$+70mm

42. 电缆支架应安装牢固，横平竖直，托架支吊架的固定方式应按要求进行设计。各支架的同层横档应在同一水平面上，其高低偏差不应大于（　　）。

    A. 5mm   B. 10mm   C. 15mm   D. 20mm

43. 电缆支架应安装牢固，横平竖直，托架支吊架的固定方式应按要求进行设计。托架支吊架沿桥架走向左右的偏差不应大于（　　）mm。

    A. 5mm   B. 10mm   C. 15mm   D. 20mm

四级/中级工

44. 在电缆支架安装时，隧道内支架同层横档应在同一水平面，水平间距为（　　）m。

    A. 0.5   B. 1   C. 1.5   D. 2

45. 关于电缆支架验收要求，错误的是（　　）。

    A. 110（66）kV 及以上的电缆应采用金属支架

B．35kV 及以下的电缆可采用金属支架或抗老化性能好的复合材料支架
C．支架应平直、牢固无扭曲，各横撑间的垂直净距与设计偏差不应大于 5mm
D．在有坡度的电缆沟内或建筑物上安装的电缆支架，应比电缆沟或建筑物的坡度大 0.2%

46．关于电缆支架验收要求，错误的是（　　）。
A．隧道内支架同层横档应在同一水平面，水平间距 1m
B．分相布置的单芯电缆，其支架应采用非铁磁性材料
C．各支架的同层横档应在同一水平面上，其高低偏差不应大于 5mm
D．托架支吊架沿桥架走向左右的偏差不应大于 5mm

47．关于电缆支架层间允许最小距离的验收要求，错误的是（　　）。
A．控制电缆明敷时，支架的层间允许最小距离值为 130mm
B．电力电缆明敷 10kV 及以下（除 6kV～10kV 交联聚乙烯绝缘外），支架的层间距离值可为 180mm
C．电力电缆明敷 10kV 及以下（除 6kV～10kV 交联聚乙烯绝缘外），桥架的层间的距离值为 250mm
D．电缆敷设于槽盒内时，支架的层间距离值为槽盒外壳高度外加 80mm

48．110kV 户外终端相与相之间导电部分的最小净距是（　　）mm。
A．2000　　　　　B．1500　　　　　C．1000　　　　　D．900

49．110kV 户内终端相与相之间导电部分的最小净距是（　　）mm。
A．2000　　　　　B．1500　　　　　C．1000　　　　　D．900

50．220kV 户外终端相与相之间导电部分的最小净距是（　　）mm。
A．2000　　　　　B．1500　　　　　C．1000　　　　　D．900

51．220kV 户内终端相与相之间导电部分的最小净距是（　　）mm。
A．2000　　　　　B．1500　　　　　C．1000　　　　　D．900

52．35kV 户外终端相与相之间导电部分的最小净距是（　　）mm。
A．500　　　　　　B．400　　　　　　C．300　　　　　　D．200

53．35kV 户内终端相与相之间导电部分的最小净距是（　　）mm。
A．500　　　　　　B．400　　　　　　C．300　　　　　　D．200

54．在海浪可触及的海缆终端站，四周的围墙一般应高于（　　）m，面向大海一侧的围墙应采用实体围墙，并适当采用弧形（向外）结构，高度应大于（　　）m。
A．2　3　　　　　B．2　3.5　　　　C．2.5　3　　　　D．2.5　3.5

55．关于终端站、终端塔的验收要求，错误的是（　　）。
A．终端站、终端塔接地应独立设置
B．终端站、终端塔无基础下沉和歪斜现象
C．电缆上塔引上部分应装设电缆磁性保护管
D．终端站、终端塔上的相位牌悬挂正确，铭牌规范悬挂

56．电缆通道的警示牌应在通道两侧对称设置，警示牌应根据周边环境按需设置，沿线警示牌的间距一般不大于（　　）。

A. 100m   B. 150m   C. 70m   D. 50m

57. 关于标识和警示牌的验收要求，错误的是（   ）。

A. 在电缆终端、电缆接头、拐弯处、夹层内、隧道、竖井两端、工井内等地方，应装设标识

B. 标识和警示牌的规格应统一，字迹清晰，防腐不易脱落，挂装应牢固

C. 标识和警示牌宜选用可回收的金属材质

D. 在电缆终端塔、围栏、电缆通道等地方装设警示牌

58. 关于标识和警示牌的验收要求，错误的是（   ）。

A. 电缆通道的警示牌在通道左侧

B. 警示牌应根据周边环境按需设置

C. 沿线警示牌间距一般不大于50m

D. 电缆路径转弯处两侧宜增加电缆埋设

59. 未采用阻燃电缆时，电缆接头两侧及相邻电缆（   ）m长的区段应采取涂刷防火涂料、缠绕防火包带等措施。

A. 1～2   B. 1～3   C. 2～3   D. 3～5

60. 电缆周围不应有石块、其他硬质杂物，以及强腐蚀性物质，沿电缆全线上下各铺设（   ）mm厚的细土或沙层，并在上面加盖保护板，保护板覆盖宽度应超过电缆两侧各（   ）mm。

A. 50   50   B. 50   100   C. 100   50   D. 100   100

61. 直埋电缆在直线段每隔（   ）m处、电缆接头处、转弯处、进入建筑物等处，应设置明显的路径标志或标桩。

A. 10～20   B. 20～40   C. 30～50   D. 50～100

62. 电缆沟应有不小于（   ）的纵向排水坡度，并沿排水方向适当距离设置集水井。

A. 0.5%   B. 1%   C. 1.5%   D. 2%

63. 电缆沟应合理设置接地装置，接地电阻应小于（   ）Ω。

A. 3   B. 4   C. 5   D. 10

64. 根据《电力电缆及通道运维规程》(Q/GDW 1512—2014)，隧道应按重要电力设施标准建设，应采用钢筋混凝土结构，主体结构设计使用年限不应少于（   ）年，防水等级不应低于二级。

A. 30   B. 50   C. 100   D. 150

65. 隧道应有不小于（   ）的纵向排水坡度，底部应有流水沟，必要时设置排水泵，排水泵应有自动启闭装置。

A. 0.5%   B. 1%   C. 1.5%   D. 2%

66. 隧道工井的人孔内径应不小于（   ）mm。

A. 650   B. 700   C. 800   D. 900

67. 隧道三通井、四通井应满足最高电压等级电缆的弯曲半径要求，井室顶板内表面应高于隧道内顶（   ）m，并应预埋电缆吊架，在敷设最大容量电缆后，电缆各个方向同向

高度不低于（　　）m。

A．0.5　1　　　　B．0.5　1.5　　　　C．1　1　　　　D．1　1.5

68．隧道宜在变电站、电缆终端站以及路径上方每（　　）km 处的适当位置设置出入口，出入口下方应设置方便运行人员上下的楼梯。

A．0.5　　　　　　B．1　　　　　　C．1.5　　　　　　D．2

69．隧道内应建设低压电源系统，并具备漏电保护功能，电源线应选用（　　）电缆。

A．延燃　　　　　B．阻燃　　　　　C．无卤　　　　　D．无烟

70．关于隧道的验收要求，错误的是（　　）。

A．主体结构的使用年限不应少于100年，防水等级不应低于二级

B．隧道应有不小于0.5%的纵向排水坡度

C．底部应有流水沟，必要时设置排水泵，排水泵应有自动启闭装置

D．隧道工井的人孔内径应不小于600mm，在隧道交叉处设置的人孔不应垂直设置在交叉处的正上方，应错开布置

71．工井内连接管孔的位置应布置合理，上管孔与盖板间距宜在（　　）cm 以上。

A．10　　　　　　B．15　　　　　　C．20　　　　　　D．25

三级 / 高级工

72．工井高度超过（　　）m 时应设置多层平台，且每层设固定式或移动式爬梯。

A．2　　　　　　　B．3　　　　　　　C．5　　　　　　　D．7

73．工井应采用钢筋混凝土结构，设计使用年限不应低于（　　）年，防水等级不应低于（　　）级，隧道工井按隧道建设标准执行。

A．50　一　　　　B．50　二　　　　C．100　一　　　　D．100　二

74．在直线部分，两工井之间的距离不宜大于（　　）m，排管连接处应设立管枕。

A．120　　　　　　B．140　　　　　　C．150　　　　　　D．160

75．排管的内径不宜小于电缆外径或多根电缆包络外径的（　　）倍，一般不宜小于（　　）mm。

A．1.2　150　　　B．1.5　150　　　C．1.2　175　　　D．1.5　175

76．排管在（　　）以上的斜坡中，应在标高较高一端的工井内设置防止电缆因热伸缩而滑落的构件。

A．2%　　　　　　B．5%　　　　　　C．10%　　　　　　D．15%

77．排管上方沿线土层内应铺设（　　），其宽度不小于排管。

A．带有电力标识的警示带　　　　　　B．标示桩

C．警示牌　　　　　　　　　　　　　D．标示牌

78．（　　）kV 及以上电压等级的电缆不应采用非开挖定向钻施工。

A．35　　　　　　B．110（66）　　　C．220　　　　　　D．500

79．非开挖定向钻施工时，拖拉管的出入口角度不应大于（　　）。

A．5°　　　　　　B．10°　　　　　　C．15°　　　　　　D．20°

80．非开挖定向钻施工时，拖拉管的长度不应超过（　　）m，应预留不少于（　　）

个抢修备用孔。

　　A．100　1　　　　B．150　1　　　　C．100　2　　　　D．150　2

81．非开挖定向钻施工时，拖拉管出入口（　　）范围内应有配筋混凝土包封保护措施。

　　A．1m　　　　　　B．2m　　　　　　C．3m　　　　　　D．4m

82．当直线段钢制电缆桥架超过（　　）时，应有伸缩缝。

　　A．15m　　　　　B．20m　　　　　C．25m　　　　　D．30m

83．当直线段铝合金或玻璃钢制电缆桥架超过（　　）时，应有伸缩缝。

　　A．10m　　　　　B．15m　　　　　C．20m　　　　　D．25m

84．悬吊架设的电缆与桥梁架构之间的距离不应小于（　　）m。

　　A．0.5　　　　　　B．1　　　　　　　C．1.5　　　　　　D．2

85．在水底敷设电缆时，电缆平放于水底，不得悬空。条件允许时，电缆应尽可能埋设在河床下，浅水区的埋深不宜小于（　　）m，深水航道的埋深不宜小于（　　）m。

　　A．0.5　1　　　　B．0.5　2　　　　C．1　1　　　　　D．1　2

86．水底电缆平行敷设时，电缆间距不宜小于最高水位的（　　）倍。

　　A．2　　　　　　　B．3　　　　　　　C．4　　　　　　　D．5

87．电缆线路的参数试验中，参数不包括（　　）。

　　A．正序阻抗　　　B．负序阻抗　　　C．零序阻抗　　　D．导体交流电阻

88．（　　）巡视包括对电缆及通道的检查，可以按全线或区段进行巡视。巡视周期相对固定，并可动态调整。

　　A．定期　　　　　B．正常　　　　　C．保电　　　　　D．特殊

89．（　　）巡视应在气候剧烈变化、自然灾害、外力影响、异常运行和对电网安全稳定运行有特殊要求时进行，巡视的范围视情况可分为全线、特定区域和个别组件。

　　A．正常　　　　　B．故障　　　　　C．保电　　　　　D．特殊

90．单电源、重要电源、重要负荷、网间联络等电缆及通道的巡视周期不应超过（　　）。

　　A．半个月　　　　B．一个月　　　　C．三个月　　　　D．每年

91．对于通道环境恶劣的区域，如易受外力破坏区、偷盗多发区、采动影响区、易塌方区等区域，应在相应时段加强巡视，巡视周期一般为（　　）。

　　A．10天内　　　　B．半个月内　　　C．1个月内　　　D．3个月内

92．通道巡视应对通道周边环境、施工作业等情况进行检查，及时发现并掌握通道环境的（　　）情况。

　　A．动态变化　　　B．静态变化　　　C．稳态变化　　　D．暂态变化

93．地下电力电缆保护区应为地下电力电缆线路地面标桩两侧各（　　）m所形成两平行线内的区域。

　　A．0.5　　　　　　B．0.75　　　　　C．0.1　　　　　　D．0.15

94．江河电缆保护区的区域为：敷设于二级及以上航道时，线路两侧各（　　）m所成的两平行线内的水域。

　　A．50　　　　　　B．100　　　　　C．150　　　　　D．200

95．江河电缆保护区的区域为：敷设于三级及以下航道时，线路两侧各（　　）m所成的两平行线内的水域。

A．50　　　　　　B．100　　　　　　C．150　　　　　　D．200

96．海底电缆导管道保护区的范围按照下列规定确定：在沿海宽阔海域，保护区为海底电缆导管道两侧各500m；在海湾等狭窄海域，保护区为海底电缆导管道两侧各（　　）m；在海港区内，保护区为海底电缆导管道两侧各（　　）m。

A．50　50　　　　B．50　100　　　　C．100　50　　　　D．100　100

97．禁止在直埋电缆两侧各（　　）以内倾倒酸、碱、盐及其他有害化学物品。

A．100m　　　　　B．50m　　　　　　C．15m　　　　　　D．10m

98．临近电缆通道的基坑开挖工程，如果开挖深度超过（　　）m，则应在基坑围护方案中增加相应的电缆专项保护方案，并组织专家论证会进行讨论。

A．2　　　　　　　B．5　　　　　　　C．8　　　　　　　D．10

99．挖掘时露出的电缆应（　　）。

A．加装保护罩　　B．覆盖保护膜　　C．覆盖土层　　　D．加装保护膜

100．挖掘时露出的电缆应加装保护罩，需要悬吊电缆时，悬吊间距应不大于（　　）m。

A．0.5　　　　　　B．1.5　　　　　　C．2　　　　　　　D．2.5

101．电缆路径上应设立明显的（　　）。

A．标志　　　　　B．警示　　　　　C．警示标志　　　D．符号

102．运维单位应开展定期评价和动态评价,35kV及以上电缆应每（　　）定期评价1次。

A．半年　　　　　B．1年　　　　　　C．2年　　　　　　D．3年

103．重要电缆应每（　　）年评价1次，一般电缆每（　　）年评价1次。

A．1　2　　　　　B．1　3　　　　　C．2　2　　　　　D．2　3

104．新设备投运后，应在（　　）个月内组织开展首次状态评价，并在（　　）个月内完成评价。

A．1　2　　　　　B．1　3　　　　　C．2　2　　　　　D．2　3

105．危急缺陷的消除时间不得超过（　　）小时。

A．15　　　　　　B．10　　　　　　C．24　　　　　　D．30

106．严重缺陷的消除时间不得超过（　　）天。

A．15　　　　　　B．10　　　　　　C．24　　　　　　D．30

二级/技师

107．电力电缆危急缺陷的消除时间不得超过24h，严重缺陷应在（　　）天内消除，一般缺陷可结合检修计划尽早消除，但应处于可控状态。

A．30　　　　　　B．60　　　　　　C．90　　　　　　D．120

108．新投运的电缆终端、接头的红外检测周期是（　　）。

A．10天　　　　　B．1个月内　　　　C．3个月　　　　　D．6个月

109．进行电缆线路测温检测时，新设备投运、A类检修、B类检修后应在（　　）内完成检测。

A．1个月 B．3个月 C．6个月 D．12个月

110．220kV橡塑绝缘电缆线路应每（　　）个月开展1次红外测温检测。

A．1 B．2 C．3 D．6

111．110kV橡塑绝缘电缆线路应每（　　）个月开展1次红外测温检测。

A．1 B．2 C．3 D．6

112．电缆线路金属护层接地电流检测时，220kV在运设备应每（　　）检测1次。

A．1个月 B．3个月 C．6个月 D．12个月

113．电缆线路金属护层接地电流检测时，110（66）kV及以下的在运设备应每（　　）检测1次。

A．1个月 B．3个月 C．6个月 D．12个月

114．电缆红外测温宜在设备负荷高峰状态下进行，一般不低于（　　）额定负荷。

A．10% B．20% C．30% D．40%

115．红外热像设备校验周期为每年（　　）次。

A．1 B．2 C．3 D．4

116．高频、超高频局部放电检测设备的检测周期为每（　　）年1次。

A．1 B．2 C．3 D．4

117．验收生产管理资料时，可不包含的资料是（　　）。

A．年度技改、大修计划及完成情况统计表　　B．反事故措施计划
C．运行维护设备分界点协议　　D．外力破坏防护记录

118．验收运行资料时，应包含的资料是（　　）。

A．年度技改、大修计划及完成情况统计表　　B．反事故措施计划
C．运行维护设备分界点协议　　D．隐患排查治理和缺陷处理记录

119．110kV及以上交联聚乙烯绝缘铜芯电力电缆正常运行和短路时，电缆导体允许的最高工作温度分别应为（　　）。

A．70　250 B．90　250 C．80　160 D．70　160

120．35kV及以下三芯有铠装电缆敷设时，最小弯曲半径为电缆直径的（　　）倍。

A．10 B．12 C．15 D．20

121．在线监测装置试验项目中，需要现场试验的项目是（　　）。

A．测量误差及重复性试验　　B．通信功能试验
C．低温试验　　D．绝缘电阻试验

122．在线监测装置试验项目中，介质强度试验按规定可不做（　　）。

A．形式试验 B．出厂试验 C．入网检测试验 D．现场试验

123．当电缆直埋敷设时，电缆与热力管沟相互间的最小交叉净距为（　　）。

A．0.25m B．0.5m C．1m D．2m

124．当电缆直埋敷设时，电缆与热力管沟相互间的最小平行净距为（　　）。

A．0.25m B．0.5m C．1m D．2m

125．电缆与油管、易燃气管道之间的最小平行净距为（　　）。

A．0.5m B．0.7m C．1m D．2m

126．当电缆直埋敷设时，电缆与非直流电气化铁路路轨相互间最小平行净距为（   ）。
A．0.5m B．1m C．3m D．10m

127．当电缆直埋敷设时，电缆与非直流电气化铁路路轨相互间最小交叉净距为(   )m。
A．1 B．3 C．5 D．10

128．橡塑绝缘电缆的交接试验项目不包括（   ）。
A．测量主绝缘与外护套电阻
B．交流耐压试验
C．电缆系统的局部放电测量
D．直流耐压试验和泄漏电流测量

129．自容式充油电缆的交接试验项目不包括（   ）。
A．测量绝缘电阻
B．直流耐压试验和泄漏电流测量
C．检查电缆线路两端的相位
D．交叉互联系统试验

130．橡塑电缆外护套的绝缘电阻用（   ）V兆欧表测量，每千米绝缘电阻不低于（   ）MΩ。
A．500 0.5 B．500 1 C．1000 0.5 D．1000 1

131．电缆泄漏电流的三相不平衡系数（最大值与最小值之比）不应大于（   ）。当泄漏电流小于20μA，其不平衡系数不作规定。
A．1 B．2 C．3 D．4

132．像素电缆采用（   ）Hz的交流耐压试验。
A．10～300 B．20～300 C．100～300 D．200～3000

133．66kV及以上的电缆线路中，在主绝缘交流耐压试验期间应同步开展（   ）。
A．外护套直流耐压试验
B．接触电阻试验
C．局部放电检测
D．交叉互联系统试验

134．交叉互联系统试验要求：在每段电缆金属屏蔽或金属护套与地之间施加（   ）kV的直流电压，加压时间为（   ）min，交叉互联系统对地绝缘部分不应击穿。
A．5 1 B．5 5 C．10 1 D．10 5

135．进行主绝缘电阻测量时，在排除测量仪器和天气因素后，主绝缘电阻值与上次测量相比明显下降，各相之间主绝缘电阻值的不平衡系数大于（   ）属于严重缺陷。
A．1.0 B．1.5 C．2.0 D．3.0

136．电缆终端设备线夹明显弯曲属于（   ）缺陷。
A．一般 B．严重 C．特别严重 D．危急

137．电缆终端导体连接棒发热时，相对温差超过（   ）K时属于严重缺陷。
A．5 B．8 C．10 D．12

138．开展电缆终端套管的测温工作时，本体相间温度超过（   ）K时属于严重缺陷。
A．1 B．2 C．3 D．4

139．电缆附属设备避雷器引流线连接部位发热时，相对温差大于（   ）K时属于严重缺陷。
A．5 B．8 C．10 D．12

140. 电缆接地箱箱体接地电阻大于（　　）Ω时属于严重缺陷。
    A．1　　　　　　　　B．2　　　　　　　　C．5　　　　　　　　D．10

141. 运维人员巡视中发现某条110kV电缆线路的充油式终端存在渗油现象，此缺陷应在（　　）内消除。
    A．1天　　　　　　　B．7天　　　　　　　C．30天　　　　　　D．90天

142. YJLW02-64/110 1×630电缆是指（　　）。
    A．额定电压为64/110kV、单芯、铜导体、标称截面为630mm² 的交联聚乙烯绝缘、聚氯乙烯护套电力电缆
    B．额定电压为64/110kV、单芯、铝导体、标称截面为630mm² 的交联聚乙烯绝缘、聚氯乙烯护套电力电缆
    C．额定电压为64/110kV、单芯、铜导体、标称截面为630mm² 的交联聚乙烯绝缘、聚乙烯护套电力电缆
    D．额定电压为64/110kV、单芯、铝导体、标称截面为630mm² 的交联聚乙烯绝缘、聚乙烯护套电力电缆

143. 电缆接头和终端等附件以外的电缆线段部分称为（　　）。
    A．电缆附件　　　　　B．电缆本体　　　　　C．C类检修　　　　　D．D类检修

144. （　　）是指避雷器、接地装置、供油装置、在线监测装置等电缆线路附属装置的统称。
    A．电缆通道　　　　　B．电缆装置　　　　　C．附属设备　　　　　D．附属设施

145. （　　）是指电缆支架、标识标牌、防火设施、防水设施、电缆终端站等电缆线路附属部件的统称。
    A．电缆通道　　　　　B．电缆装置　　　　　C．附属设备　　　　　D．附属设施

146. 属于诊断性试验的是（　　）。
    A．红外测温　　　　　　　　　　　　　　　B．局部放电检测
    C．金属屏蔽的接地电流测试　　　　　　　　D．交叉互联系统试验

147. 电缆与通道的整体解体性检查、维修、更换和试验为（　　）。
    A．A类检修　　　　　B．B类检修　　　　　C．C类检修　　　　　D．D类检修

148. 电缆与通道局部性的检修，以及部件的解体检查、维修、更换和试验为（　　）。
    A．A类检修　　　　　B．B类检修　　　　　C．C类检修　　　　　D．D类检修

149. 电缆与通道常规性检查、维护和试验为（　　）。
    A．A类检修　　　　　B．B类检修　　　　　C．C类检修　　　　　D．D类检修

150. 电缆与通道在不停电状态下进行的带电测试、外观检查和维修为（　　）。
    A．A类检修　　　　　B．B类检修　　　　　C．C类检修　　　　　D．D类检修

151. （　　）是不停电检修的。
    A．A类检修　　　　　B．B类检修　　　　　C．C类检修　　　　　D．D类检修

152. "严重状态"下的电缆外护套损伤缺陷检修类别为（　　）。
    A．A类检修　　　　　B．B类检修　　　　　C．C类检修　　　　　D．D类检修

153. "严重状态"下的电缆金属护层、铠装变形、破损缺陷检修类别为（　　）。

A．A类检修　　　　B．B类检修　　　　C．C类检修　　　　D．D类检修

154．"异常状态"下的电缆主绝缘电阻异常缺陷检修类别为（　　）。

A．A类检修　　　　B．B类检修　　　　C．C类检修　　　　D．D类检修

155．正常状态下，电缆终端的支柱绝缘子的绝缘电阻用（　　）V兆欧表测量，阻值不得低于10MΩ。

A．100　　　　B．500　　　　C．1000　　　　D．1500

156．正常状态下，电缆终端的支柱绝缘子的绝缘电阻用1000V兆欧表测量，阻值不得低于（　　）Ω。

A．10M　　　　B．20M　　　　C．50M　　　　D．100M

157．电缆终端上的设备线夹螺栓不应存在锈蚀、松动、螺帽缺失等情况，电气搭接面应涂抹适当（　　）。

A．中性凡士林　　　　B．电力复合脂　　　　C．硅油　　　　D．硅脂

158．电缆设备线夹同一线路的相间温差应不超过（　　）K，温度不超过90℃。

A．5　　　　B．10　　　　C．15　　　　D．20

159．"严重状态"下的电缆终端表面严重积污缺陷检修类别为（　　）。

A．A类检修　　　　B．B类检修　　　　C．C类检修　　　　D．D类检修

160．电缆接头变形、破损缺陷达到"严重状态"的检修内容应为（　　）。

A．利用超声波、高频局部放电等先进技术手段进行检测

B．缩短电缆金属护层接地电流的检测周期

C．更换电缆接头

D．缩短巡视周期，加强观察

161．电缆接头发热缺陷达到"严重状态"的检修内容应为（　　）。

A．结合接地环流检测、超声波检测、高频局部放电检测、超高频局部放电检测等先进技术手段

B．停电检查接头两侧的铅封情况，检查是否存在虚焊、铅封脱落等情况

C．更换电缆接头

D．缩短巡视周期，加强观察

162．在电缆线路中，避雷器例行试验不包括的试验有（　　）。

A．在U_{1mA}与$0.75U_{1mA}$下的漏电流测量

B．避雷器主绝缘电阻测量

C．放电计数器功能检查、电流表校验

D．计数器上引线绝缘检查

163．"严重状态"下的避雷器绝缘套管破损缺陷的检修类别为（　　）。

A．A类检修　　　　B．B类检修　　　　C．C类检修　　　　D．D类检修

164．"严重状态"下的接地保护箱、交叉互联箱内部连接片锈蚀、缺失缺陷的检修类别为（　　）。

A．A类检修　　　　B．B类检修　　　　C．C类检修　　　　D．D类检修

165. 电缆金属支架接地不良缺陷属于（　　）检修类别。
A．B类　　　　　　B．C类　　　　　　C．D类　　　　　　D．A类

166. 电缆终端站围墙（围栏）开裂、破损、坍塌缺陷属于（　　）检修类别。
A．B类　　　　　　B．C类　　　　　　C．D类　　　　　　D．A类

167. 水底电缆终端站（房）围墙应满足海浪泼溅高度,最高泼溅线应低于围墙（　　）m。
A．0.2　　　　　　B．0.5　　　　　　C．1　　　　　　　D．1.5

168. 潮间带水底电缆应深埋，埋深应大于（　　）m，无法深埋的电缆应采用盖板或套管等防范措施。
A．0.2　　　　　　B．0.5　　　　　　C．1　　　　　　　D．1.5

169. 水底电缆路由变化与上次探测结果进行比较，应不大于（　　）m，并与其他水底管线间距离应不小于设计值。
A．20　　　　　　　B．50　　　　　　　C．100　　　　　　D．150

170. 水底电缆磨损缺陷属于（　　）检修类别。
A．B类　　　　　　B．C类　　　　　　C．D类　　　　　　D．视缺陷状态而定

171. 水底电缆保护设施损坏缺陷属于（　　）检修类别。
A．B类　　　　　　B．C类　　　　　　C．D类　　　　　　D．视缺陷状态而定

172. 外护套故障测寻的适用方法是（　　）。
A．跨步电压法　　　B．电容法　　　　　C．低压脉冲法　　　D．电桥法

173. 电缆高阻故障的判别标准是使用万用表测量（　　）及以上的绝缘电阻。
A．100Ω　　　　　　B．500Ω　　　　　　C．1000Ω　　　　　 D．1500Ω

174. 电缆低阻故障的判别标准是使用万用表测量（　　）以下的绝缘电阻。
A．100Ω　　　　　　B．500Ω　　　　　　C．1000Ω　　　　　 D．1500Ω

175. 电缆红外测温的仪器测温精度为30℃±（　　）℃。
A．0.1　　　　　　B．0.2　　　　　　C．0.3　　　　　　D．0.4

176. 在电缆红外测温装置中，仪器维护周期为每（　　）年进行1次。
A．0.5　　　　　　B．1　　　　　　　C．1.5　　　　　　D．2

177. 在电缆设备护层环流检测装置中，仪器电流测量相对误差为（　　），维护周期为每（　　）年1次。
A．±3%　2　　　　B．±3%　1　　　　C．±2%　1　　　　D．±2%　2

178. 在电缆高频、超高频局部放电测量检测装置中，仪器维护周期为每（　　）年1次。
A．0.5　　　　　　B．1　　　　　　　C．1.5　　　　　　D．2

179. 5000V兆欧表测量大于（　　）MΩ的绝缘电阻，2500V兆欧表测量大于（　　）MΩ的底座绝缘。
A．2000　50　　　 B．2000　100　　　C．2500　50　　　 D．2500　100

180. 避雷器1mA下直流参考电压应和出厂值进行对比，误差不超过±5%，避雷器75%直流参考电压下的泄漏电流值应小于（　　）μA。
A．20　　　　　　　B．30　　　　　　　C．40　　　　　　　D．50

181. 电缆接地系统的主接地电阻应不大于（　　）Ω。
A. 1　　　　　　　B. 4　　　　　　　C. 10　　　　　　D. 15

182. 护层保护器的绝缘电阻要求：使用 1000V 兆欧表测量，绝缘电阻应大于（　　）MΩ。
A. 1　　　　　　　B. 10　　　　　　C. 20　　　　　　D. 50

183. 避雷器的绝缘电阻要求：当采用 5000V 兆欧表测量时，绝缘电阻应大于（　　）MΩ，采用 2500V 兆欧表测量时，底座绝缘应大于（　　）MΩ。
A. 2500　100　　B. 2500　200　　C. 5000　100　　D. 5000　200

184. 在（　　），应进行避雷器运行中的持续电流检测。
A. 每年"迎峰度夏"来临前　　　　B. 过负荷后
C. 每年雷雨季节来临前　　　　　D. 故障后

185. 电缆外护套、绝缘接头外护套、绝缘夹板对地直流耐压试验方法：先将护层保护器断开，在交叉互联箱中将一侧的所有电缆金属护套都接地，然后在每段电缆金属屏蔽或金属护层与地之间加（　　）kV 的直流电压，加压时间为（　　）s，对地不应发生击穿现象。
A. 5　10　　　　B. 5　60　　　　C. 10　10　　　　D. 10　60

186. 护层保护器的直流参考电压应符合设备技术要求，用（　　）V 兆欧表测量时，护层保护器及其引线对地的绝缘电阻值不应低于（　　）MΩ。
A. 500　10　　　B. 500　100　　C. 1000　10　　　D. 1000　100

187. 电缆接地装置的接地电阻不应大于（　　）Ω。
A. 4　　　　　　　B. 5　　　　　　　C. 10　　　　　　D. 12

188. 额定电压为 0.6/1kV 的电缆线路中，应用（　　）V 兆欧表进行导体对地绝缘电阻代替耐压试验，试验时间为 1min。
A. 500　　　　　B. 1000　　　　　C. 2500　　　　　D. 5000

189. 避雷器在 75% 直流参考电压下的泄漏电流值应（　　）。
A. 小于 50μA　　B. 小于 60μA　　C. 小于 80μA　　D. 小于 100μA

190. 在电缆主绝缘直流耐压试验中，三相之间的泄漏电流不平衡系数不应大于（　　）。
A. 1.5　　　　　B. 2　　　　　　C. 2.5　　　　　D. 3

191. 当发现接地装置接地电阻偏大的缺陷时，应增设接地桩，接地电阻不应大于（　　）Ω。
A. 10　　　　　B. 4　　　　　　C. 20　　　　　D. 15

192. 找到外护套故障点后，将故障点与两侧（　　）mm 内的外护套用砂纸打毛，先绕包绝缘带、防水带，然后用半导电带恢复外电极，最后绕包 PVC 带。
A. 50　　　　　B. 100　　　　　C. 150　　　　　D. 200

一级 / 高级技师

193. 当避雷器计数器的电流表为零时，经检查发现电流表发生故障，此时需要进行（　　）检修。
A. A 类　　　　B. B 类　　　　C. C 类　　　　D. D 类

194. 某电缆线路发生外护套故障时，用电桥法测量故障距离，测量臂电阻为 11Ω，比例臂电阻为13Ω，电缆故障段外护套长300m，测试端至故障点的距离为（   ）。

  A．150   B．200   C．250   D．275

195．（   ）的缺点是测试信号来自高压回路，仪器与高压回路有电耦合，高压信号易导致仪器损坏，出现人身伤害。

  A．脉冲电流法 B．脉冲电压法 C．跨步电压法 D．低压脉冲法

196．关于故障检测类型和方法说法，不正确的是（   ）。

  A．低压脉冲法可测试低阻与断路故障

  B．二次脉冲法可测试高阻与闪络性故障

  C．冲闪法可测试高阻与闪络性故障

  D．电桥法可测试低阻与闪络故障

197．声测定点法利用与（   ）相同的高压设备，使故障点击穿放电。故障间隙放电时产生的机械振动传到地面，利用声电传感器检测，可以比较准确地对电缆进行定位。

  A．直流闪络法   B．冲击闪络法

  C．脉冲电流法   D．多次脉冲法

198．声测法比较灵敏、可靠，较为常用。当接地电阻小于（   ）Ω时，声测法的效果会受到限制。

  A．1   B．10   C．50   D．100

199．单芯电缆金属屏蔽（金属护套）在线路中至少有一点直接接地，任一点非直接接地处的正常感应电压应符合要求，采取防止人员任意接触金属屏蔽（金属护套）的安全措施时，感应电压不得大于（   ）V。

  A．50   B．100   C．200   D．300

200．单芯电缆金属屏蔽（金属护套）在线路上至少有一点直接接地，任一点非直接接地处的正常感应电压应符合要求，未采取防止人员任意接触金属屏蔽（金属护套）的安全措施时，感应电压不得大于（   ）V。

  A．50   B．100   C．200   D．300

201．电缆隧道净高不宜小于（   ）mm，与其他沟道交叉的局部隧道净高不得小于（   ）mm。

  A．2000 1500 B．2000 1400 C．1900 1500 D．1900 1400

202．电缆沟每隔一定的距离应采取防火隔离措施，可采用回填土回填，回填深度距顶部不小于（   ）mm。

  A．50   B．100   C．150   D．200

203．电缆线路的交叉互联箱和接地保护箱箱体不得选用（   ），固定牢固、密封，满足长期浸水的要求。

  A．铁磁材料   B．非铁磁材料

  C．碳纤维材料   D．非碳纤维材料

204．设备本身及周围环境出现不正常情况时，一般不威胁设备的安全运行时，可列入小修计划进行处理的缺陷为（   ）。

A．一般缺陷　　　　B．严重缺陷　　　　C．危急缺陷　　　　D．重大缺陷

205．设备处于异常状态时，可能发展为事故，但设备仍可在一定时间内继续运行，须加强监视并进行大修处理的缺陷为（　　）。

A．一般缺陷　　　　B．严重缺陷　　　　C．危急缺陷　　　　D．重大缺陷

206．严重威胁设备的安全运行时，若不及时处理，随时有可能导致事故的发生的缺陷为（　　）。

A．一般缺陷　　　　B．严重缺陷　　　　C．危急缺陷　　　　D．重大缺陷

207．可能造成人身重伤事故、一般电网事故和设备事故的事故隐患为（　　）。

A．一般事故隐患　　　　　　　　B．危急事故隐患
C．严重事故隐患　　　　　　　　D．重大事故隐患

208．可能造成人身死亡事故、重大及以上电网设备事故，以及因供电原因导致重要用户发生严重生产事故的事故隐患属于（　　）。

A．一般事故隐患　　　　　　　　B．危急事故隐患
C．严重事故隐患　　　　　　　　D．重大事故隐患

209．当电力电缆线路的局部放电量明显增大时，应在（　　）或6个月内用相同试验方法复查局部放电量。

A．1个月　　　　　B．2个月　　　　　C．3个月　　　　　D．4个月

210．在中性点直接接地或经低电阻接地系统中，当接地保护动作在（　　）min 内切除故障时，系统电压不应低于使用回路的工作相电压。

A．1　　　　　　　B．2　　　　　　　C．3　　　　　　　D．4

211．在中性点直接接地或经低电阻接地系统中，当接地保护动作在1min内切除故障时，系统电压不应低于（　　）回路工作相电压。

A．20%　　　　　　B．50%　　　　　　C．80%　　　　　　D．100%

212．在（　　）℃以上的高温场所，应选用耐热聚氯乙烯、交联聚乙烯或乙丙橡皮绝缘等耐热性电缆。

A．20　　　　　　　B．50　　　　　　　C．60　　　　　　　D．100

213．在（　　）℃以上的高温环境，宜选用矿物绝缘电缆。

A．20　　　　　　　B．50　　　　　　　C．60　　　　　　　D．100

214．对（　　）kV及以上的交联聚乙烯绝缘电缆，应选用内、外半导电屏蔽层与绝缘层三层共挤工艺。

A．6　　　　　　　　B．10　　　　　　　C．35　　　　　　　D．110

215．电缆承受较大压力或有机械损伤危险时，应具有加强层或（　　）铠装。

A．铜丝　　　　　　B．铜带　　　　　　C．钢丝　　　　　　D．钢带

216．在流砂层、回填土地带等可能出现位移的土壤中，电缆应有（　　）铠装。

A．铜丝　　　　　　B．铜带　　　　　　C．钢丝　　　　　　D．钢带

217．在地下水位较高的地区，应选用（　　）外护套。

A．聚乙烯　　　　　　　　　　　　B．聚氯乙烯

C．交联聚乙烯　　　　　　　　　　D．乙丙橡胶

218．在地下客运、商业设施等安全性要求高且鼠害严重的场所，塑料绝缘电缆应具有金属包带或（　　）铠装。

A．铜丝　　　　B．铜带　　　　C．钢丝　　　　D．钢带

219．当电缆位于高落差受力条件时，多芯电缆宜具有（　　）铠装。

A．铜丝　　　　B．铜带　　　　C．钢丝　　　　D．钢带

220．当有环境保护要求时，不得采用（　　）外护层。

A．聚乙烯　　　B．聚氯乙烯　　C．交联聚乙烯　D．乙丙橡胶

221．当相导体截面大于（　　）mm² 时，可选用单芯电缆，其回路的中性导体和保护导体的截面应符合标准。

A．120　　　　B．185　　　　C．240　　　　D．320

222．移动式电气设备的单相电源电缆应选用（　　）芯软橡胶电缆。

A．二　　　　　B．三　　　　　C．四　　　　　D．五

223．移动式电气设备的三相三线制电源电缆应选用（　　）芯软橡胶电缆。

A．二　　　　　B．三　　　　　C．四　　　　　D．五

224．移动式电气设备的三相四线制电源电缆应选用（　　）芯软橡胶电缆。

A．二　　　　　B．三　　　　　C．四　　　　　D．五

225．多芯电力电缆铜导体的最小截面不宜小于（　　）mm²。

A．2　　　　　B．2.5　　　　C．3　　　　　D．4

226．多芯电力电缆铝导体的最小截面不宜小于（　　）mm²。

A．2　　　　　B．2.5　　　　C．3　　　　　D．4

227．电缆上的防火涂料、阻火包带等覆盖层的厚度应大于（　　）mm。

A．1　　　　　B．1.5　　　　C．2　　　　　D．2.5

228．当采用多芯电缆作为干线时，中性导体和保护导体合一的铜导体截面积不应小于（　　）mm²。

A．2　　　　　B．2.5　　　　C．3　　　　　D．4

229．绝缘接头中绝缘环两侧的耐受电压不得低于所连接电缆护层绝缘水平的（　　）倍。

A．2　　　　　B．2.5　　　　C．3　　　　　D．4

230．一条 750m 的电缆发生单相断线故障，用低压脉冲法测量时不知传播速度，测得完好相时间为 8.72μs，故障相时间为 4.1μs，故障点距测量端的距离为（　　）m。

A．298.52　　　B．313.65　　　C．352.63　　　D．392.54

231．用压降比较法测量电缆外护层绝缘损坏点时，某电缆长 2250m，测得电压分别为 15mV 和 25mV，该电缆外护层绝缘损坏点距测量端约（　　）m。

A．652.5　　　B．763.4　　　C．843.7　　　D．981.3

232．截取一段 50cm 长的铜芯电缆时，剥除绝缘后称得一相芯线质量为 1068g，该电缆的导体截面积为（　　）。已知铜的密度为 8.9g/cm³。

A．240　　　　B．250　　　　C．260　　　　D．270

233. 某铜导线的长度为 100m，截面积为 0.1mm²，温度为 50℃时，导线电阻为（　　）Ω。已知在 50℃时铜导线电阻的温度系数 α=0.0041（1/℃）。

　　A．18.02　　　　B．18.26　　　　C．19.35　　　　D．16.5

234．如下图所示，C_1=0.2μF，C_2=0.3μF，C_3=0.8μF，C_4=0.2μF，当开关 S 断开时，A、B 两点间等效电容是（　　）。

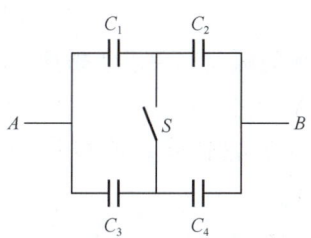

　　A．0.92μF　　　B．0.27μF　　　C．0.14μF　　　D．0.28μF

235．如下图所示，C_1=0.2μF，C_2=0.3μF，C_3=0.8μF，C_4=0.2μF，当开关 S 闭合时，A、B 两点间等效电容是（　　）。

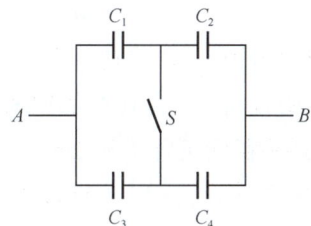

　　A．0.23μF　　　B．0.33μF　　　C．0.15μF　　　D．0.16μF

236．计算 10kV 铝芯 3×240mm² 高压电缆在系统短路时的允许短路电流是（　　）。短路时间为 1s，铝导体短路温度为 220℃，热稳定系数为 91.9。

　　A．22.056kA　　B．23.891kA　　C．25.234kA　　D．21.091kA

237．110kV 电缆不设保护器时，在冲击过电压作用下，金属护套不接地端所受的电压为（　　）。已知电缆芯线和金属护套间的波阻抗为 17.8Ω，金属护套与大地间的波阻抗为 100Ω，架空线的波阻抗为 500Ω，沿线路袭来的雷电的波幅值为 700kV。

　　A．226.5kV　　　B．238.1kV　　　C．252.4kV　　　D．210.91kV

二、多选题

五级/初级工

1．电缆附属设备是指（　　）等电缆线路附属装置的统称。

　　A．避雷器　　　B．接地装置　　　C．供油装置　　　D．在线监测装置

2．运维人员应经过技术培训并取得相应的技术资质，认真做好所管辖电缆及通道的（　　）工作，建立健全技术资料档案，档案应齐全、准确，与现场实际相符。

　　A．巡视　　　　B．维护　　　　　C．设计　　　　　D．缺陷管理

3．电缆通道运维单位应参与的工作包括（　　）。

　　A．电缆及通道的规划　　　　　　B．路径选择

C．设计审查 D．设备选型及招标

4．运维单位应全面做好电力电缆和通道的（　　）工作，并根据设备运行情况，制订维护计划。

A．巡视检查 B．安全防护

C．状态管理 D．维护管理

E．验收

5．单芯电缆线路接地电流应同时满足的要求包括（　　）。

A．接地电流绝对值小于100A

B．接地电流与负荷电流比值小于20%

C．与历史数据比较无明显变化

D．单相接地电流最大值与最小值的比值小于3

6．电缆线路的载流量应根据（　　）进行确定。

A．电缆导体的允许工作温度 B．电缆各部分的损耗和热阻

C．运行方式 D．并列回路数

E．环境温度以及散热条件

7．电缆固定应满足的要求是（　　）。

A．垂直敷设或超过45°倾斜敷设时，电缆刚性固定间距应不大于2m

B．在桥架敷设时，电缆刚性固定间距应不大于2m

C．水平敷设的电缆在电缆首末两端及转弯、电缆接头的两端处固定

D．当对电缆间距有要求时，应每隔5～10m进行固定

E．交流单芯电缆的固定夹具应采用非铁磁性材料

F．裸铅（铝）套电缆的固定处应加软衬垫保护

8．下列属于电缆敷设要求的是（　　）。

A．原则上66kV以下与66kV及以上电压等级的电缆宜分开敷设

B．电力电缆和控制电缆不应配置在同一层支架上

C．同通道敷设的电缆应按电压等级从下向上分层布置，不同电压等级的电缆间宜设置防火隔板等防护措施

D．重要变电站和重要用户的双路电源电缆不宜同通道敷设

9．（　　），电缆应有一定机械强度的保护管或保护罩。

A．电缆进入建筑物、隧道，或穿过楼板、墙壁处

B．从沟道引至铁塔（杆）、墙外表面或屋内行人容易接近处

C．垂直距离不超过2m的保护管埋入非混凝土地面的深度不小于100mm

D．伸出建筑物散水坡的电缆长度不小于250mm

10．电缆进入下列地点时，出入口应封堵的有（　　）。

A．电缆沟 B．隧道

C．竖井 D．建筑物

E．盘（柜）

11．在单芯电缆的金属护套或屏蔽层中，在线路上至少有一点直接接地，且在金属护套或屏蔽层上任一点非接地处的正常感应电压应符合的要求是（   ）。

A．未采取防止人员任意接触金属护套或屏蔽层的安全措施时，满载情况下不得大于50V

B．未采取防止人员任意接触金属护套或屏蔽层的安全措施时，满载情况下不得大于100V

C．采取了防止人员任意接触金属护套或屏蔽层的安全措施时，满载情况下不得大于50V

D．采取了防止人员任意接触金属护套或屏蔽层的安全措施时，满载情况下不得大于100V

12．电缆终端与接头的选型应符合电缆的（   ）等参数要求。

A．电压　　　　　　B．芯数　　　　　　C．截面　　　　　　D．护层结构

13．电缆附件应有（   ）信息。

A．铭牌　　　　　　　　　　　　　　B．标明型号

C．规格　　　　　　　　　　　　　　D．制造厂家

E．出厂日期

14．电缆接地装置技术要求有（   ）。

A．接地保护箱、交叉互联箱内的连接应与设计相符，铜牌连接螺栓应拧紧，连接螺栓无锈蚀现象。箱体完整，门锁完好，开关方便

B．接地保护箱、交叉互联箱内的电气连接部分应与箱体绝缘。箱体本体不得选用铁磁材料，并应密封良好，固定牢固可靠，满足长期浸水要求，防护等级不低于 IP68

C．电缆护层过电压限制器配置应符合相关规定的要求。限制器和电缆金属护层的连接线宜在 5m 内，连接线应与电缆金属护层的绝缘水平一致

D．如果接地保护箱、交叉互联箱置于地面上，则安装时箱体基础应预埋平整，膨胀螺栓安装稳固，箱内接地缆出线管口与电缆空隙应用防火泥封堵

15．电力电缆在线监测装置应有（   ）措施。

A．防水　　　　　　B．防潮　　　　　　C．防尘　　　　　　D．防腐蚀

16．金属电缆支架的要求有（   ）等。

A．满足承载能力要求　　　　　　　　B．焊接牢固

C．良好接地　　　　　　　　　　　　D．防腐工艺符合要求

17．应根据电缆盘的（   ）等情况选择合适的吊装方式，并在吊装施工时做好相关的安全措施。

A．规格　　　　　　B．材质　　　　　　C．结构　　　　　　D．截面

18．终端站、终端塔应设置围墙或围栏，终端站宜采取（   ）措施，内部地坪应采用水泥硬化。

A．防盗　　　　　　B．防火　　　　　　C．报警　　　　　　D．防腐

19．电缆标示牌应装在（   ）。

A. 电缆终端、电缆接头处 B. 电缆隧道上方
C. 电缆拐弯处、夹层内 D. 隧道及竖井的两端、工井内

20. 防火设施技术要求有（　　）。

A. 电缆在穿过竖井、变电站夹层、墙壁、楼板、电气盘、柜的孔洞时，应做防火封堵

B. 在隧道、电缆沟、变电站夹层等电缆密集区域应采用阻燃电缆或采取防火措施

C. 在重要电缆沟和隧道中有非阻燃电缆时，宜分段或用软质耐火材料设置阻火隔离，孔洞应封堵

D. 当未采用阻燃电缆时，电缆接头两侧及相邻电缆 2～3m 长的区段应采取涂刷防火涂料、缠绕防火包带等措施

21. 下列符合直埋技术要求的有（　　）。

A. 直埋电缆的埋设深度不应小于 0.7m，穿越农田或在车行道下时的埋设深度不应小于 1m

B. 电缆引入建筑物、与地下建筑物交叉及绕过建筑物时，应采取保护措施，不可浅埋

C. 电缆敷设于冻土地区时，宜埋入冻土层以下

D. 电缆周围不应有石块等其他硬质杂物以及酸、碱强腐蚀物等，沿电缆全线上下各铺设 50mm 厚的细土或沙层，并加盖保护板，保护板覆盖宽度应超过电缆两侧各 25mm

22. 在选择电缆排管的路径时，遵循的技术要求有（　　）。

A. 尽可能取直线 B. 在转弯和折角处应增设工井
C. 两工井之间的距离不宜大于 150m D. 在排管连接处应设立管枕

23. 根据综合管廊电缆舱技术要求，电缆舱应具有（　　）等措施。

A. 排水 B. 防积水 C. 防污水倒灌 D. 防磁

24. 综合管廊电缆舱应符合（　　）的技术要求。

A. 电缆舱的建设应综合考虑各电压等级电缆敷设、运行、检修的技术条件

B. 电缆舱内可以有热力管道、燃气管道等其他管道

C. 通信线缆与高压电缆应分开设置，并采取有效的防火隔离措施

D. 电缆舱具有排水、防积水、防污水倒灌等措施

25. 下列属于竣工验收的是（　　）。

A. 资料验收 B. 现场验收 C. 交接试验 D. 投运后测试

26. 现场验收包括（　　）的验收。

A. 电缆本体和附件 B. 附属设备和附属设施
C. 电缆通道 D. 图纸资料

27. 电缆工程现场验收包括（　　）验收项目。

A. 电缆本体和附件 B. 附属设备和附属设施
C. 变电站土建 D. 电缆通道

28. 应在气候剧烈变化、自然灾害、外力影响、异常运行、对电网安全稳定运行有特殊要求时进行特殊巡视，巡视的范围视情况可分为（　　）。

A. 全线 B. 特定区域 C. 某一路径 D. 个别组件

29．应加强电缆和通道周边施工行为的巡视，已开挖且暴露的电缆线路应缩短巡视周期，可采取的措施有（　　）。

A．分时监控　　　　　　　　　　　B．安装移动视频监控进行实时监控

C．断续监控　　　　　　　　　　　D．安排人员看护

30．在进行电缆局部放电检测时，一般在（　　）处安装传感器。

A．电缆终端　　　B．电缆本体　　　C．接头的交叉互联线　　　D．接地线

31．电缆接地系统的外观检查包括（　　）。

A．检查接地保护箱与交叉互联箱的箱体、基础、支架外观

B．检查接地保护箱与交叉互联箱内部的电气连接，并检查护层过电压限制器外观

C．检查接地电缆、同轴电缆、回流线

D．检查接地极

32．电缆本体巡视检查要求包括检查电缆本体（　　）。

A．是否变形　　　　　　　　　　　B．表面温度是否过高

C．是否存在破损情况　　　　　　　D．是否存在龟裂现象

33．电缆支架巡视检查要求包括（　　）。

A．电缆支架应稳固，无缺件、锈蚀、破损现象

B．电缆支架接地固定方式正确

C．电缆支架接地良好

D．电缆支架保护装置正常

34．电缆通道防火设施巡视检查要求包括（　　）。

A．变电所或电缆隧道出入口按设计要求进行防火封堵措施

B．防火槽盒无脱落

C．防火涂料无脱落

D．防火阻燃带无脱落

35．电缆线路的巡检项目包括（　　）。

A．通道检查　　　B．外观检查　　　C．工井检查　　　D．红外测温

36．对电缆和通道靠近热力管或其他热源、电缆排列密集处，应进行（　　）监测。

A．热源温度　　　　　　　　　　　B．土壤温度

C．电缆表面温度　　　　　　　　　D．电缆环境温度

37．排管巡视检查的内容包括（　　）。

A．排管包封是否破损、变形

B．排管包封混凝土层厚度是否符合设计要求

C．钢筋层结构是否裸露

D．预留管孔是否采取封堵措施

38．电缆桥架巡视检查内容包括（　　）。

A．电缆桥架保护管、沟槽是否脱开或锈蚀，盖板是否有缺损

B．电缆桥架主材是否存在损坏、锈蚀现象

C．电缆桥架是否出现倾斜、基础下沉、覆土流失等现象

D．桥架与过渡工井之间是否产生裂缝和错位现象

39．电缆的防火阻燃应采取的措施包括（　　）。

A．按设计要求采用耐火或阻燃型电缆

B．按设计要求设置报警和灭火装置

C．防火重点部位的出入口应按设计要求设置防火门或防火卷帘

D．改、扩建工程施工中，对于贯穿已运行的电缆孔洞、阻火墙，应及时恢复封堵

40．电缆线路评价状态分为（　　）。

A．"正常状态" B．"注意状态"

C．"异常状态" D．"严重状态"

41．电缆设备信息包括（　　）。

A．投运前信息　　　B．运行信息　　　C．检修试验信息　D．家族缺陷信息

42．状态评价中应收集的设备信息包括（　　）。

A．投运前信息　　　B．运行信息　　　C．检修试验信息　D．家族缺陷信息

43．家族缺陷信息是指经公司或各省（区、市）公司认定的（　　）的产品，由于设计、材质、工艺等共性因素导致缺陷的信息。

A．同厂家　　　B．同型号　　　C．同时间投运　D．同批次设备

44．运维单位应制定缺陷管理流程，对缺陷的（　　）等环节实行闭环管理。

A．上报　　　B．定性　　　C．处理　　　D．验收

45．金属护层接地电流测量重点检测（　　）。

A．电缆终端　　　B．电缆接头　　　C．交叉互联线　D．接地线

46．运维单位应对重要电缆、电缆附件等设备进行（　　）监测。

A．温度 B．湿度

C．局部放电 D．金属护层接地电流

47．运维单位应对重要电缆隧道进行监测，监测内容应包括（　　）。

A．变形、沉降　　B．水位　　　C．气体含量　　D．空气温湿度

48．通道维护主要包括（　　）工作。

A．通道修复　　　B．加固　　　C．保护　　　D．清理

49．下列属于生产管理资料的有（　　）。

A．状态评价资料 B．运行维护设备分界点协议

C．故障统计报表、分析报告 D．年度运行工作总结

50．电缆敷设施工记录包括（　　）。

A．电缆敷设日期　　B．天气状况　　　C．电缆检查记录

D．电缆生产厂家　　E．电缆盘号　　　F．电缆原始记录

51．被评价为"注意状态"的电缆终端渗漏油，油压异常缺陷，应采取的检修措施有（　　）。

A．更换外绝缘套管，充油式电缆终端同时更换绝缘油

B. 检查油位，缩短巡视周期，加强巡视，记录油压并阶段性拍照比对

C. 在带电距离足够的情况下，清除终端下方的油迹，便于观察是否持续渗漏油

D. 更换终端

52. （　　）属于电缆终端缺陷。

A. 设备线夹发热

B. 支柱绝缘子破损、碎裂

C. 引流线过紧

D. 终端下方电缆保护管破损，封堵材料缺失

53. 电缆终端产生局部发热的原因有（　　）。

A. 终端外绝缘破损　　　　　　　　　B. 热缩、冷缩电缆终端进水

C. 接地线、封铅虚焊　　　　　　　　D. 终端尺寸安装错误

54. 低压脉冲法可以探测的故障类型有（　　）。

A. 低阻故障　　　　　　　　　　　　B. 开路故障

C. 电缆外护套故障　　　　　　　　　D. 高阻故障

E. 闪络性故障

55. 电缆故障精确定位方法有（　　）。

A. 声测定点法　　B. 音频感应法　　C. 声磁同步法　　D. 高压电桥法

56. 脉冲法是用行波信号进行电缆故障测距的测试方法，主要分为（　　）等方法。

A. 低压脉冲法　　B. 直闪法　　　　C. 冲闪法　　　　D. 二次脉冲法

57. 电缆金属护层接地电流、感应电压异常的原因有（　　）。

A. 接地电缆缺失　　　　　　　　　　B. 护层过电压限制器击穿

C. 接地系统接线错误　　　　　　　　D. 接地装置的接地电阻偏大

58. 正常状态下，避雷器的 C 类检修中，绝缘套管的检修内容有（　　）。

A. 外观有无破损、污秽、异物附着　　B. 套管外绝缘有无污秽与放电痕迹

C. 均压环有无错位　　　　　　　　　D. 有无清扫均压环

59. 下列属于电缆附属设施的有（　　）。

A. 电缆支架　　　B. 标识标牌　　　C. 电缆竖井　　　D. 供油装置

60. 常用的电缆故障初测方法有（　　）。

A. 电桥法　　　　　　　　　　　　　B. 电压比较法

C. 低压脉冲法　　　　　　　　　　　D. 直闪法

E. 冲闪法

61. 低压脉冲法可以测寻（　　）。

A. 低阻故障　　　　　　　　　　　　B. 开路故障

C. 外护套故障　　　　　　　　　　　D. 高阻故障

E. 闪络性故障

62. 关于直流高压闪络法和冲击高压闪络法，说法正确的是（　　）。

A. 直流高压闪络法能测量闪络性故障和一切在直流电压下产生的突然放电故障

B．冲击高压闪络法通过向电容器充电，当储能电压达到设定值时，间隙击穿放电，向故障电缆加冲击高压脉冲，使故障点放电

C．直流高压闪络法在电缆上施加直流高压，当电压达到某一数值时，电缆被击穿，形成短路电弧

D．冲击高压闪络法接线中的阻波电感用于防止反射脉冲信号被储能电容短路，以便闪测仪提取反射的突跳电压波形

63．主绝缘故障精确定位的方法有（　　）。

A．声测法　　　　　B．声磁同步法　　　C．音频感应法　　D．跨步电压法

64．避雷器例行试验的内容有（　　）。

A．在 U_{1mA} 与 $0.75U_{1mA}$ 下的泄漏电流测量

B．避雷器底座绝缘电阻测量

C．放电计数器功能检查、电流表校验

D．计数器上引线绝缘检查

65．电缆本体外观检查包括（　　）。

A．检查电缆是否存在过度弯曲、过度拉伸、外部损伤等情况，检查充油电缆是否存在渗漏油情况

B．检查电缆抱箍、电缆夹具和电缆衬垫是否存在锈蚀、破损、缺失、螺栓松动等情况

C．检查电缆的蠕动变形是否使电缆本体与金属件、构筑物距离过近

D．检查变电站防火设施是否齐全

66．对电缆终端油补偿装置的检查包括（　　）。

A．检查终端套管外观有无破损

B．检查终端支架有无锈蚀

C．检查油补偿装置外观有无破损、渗漏油情况

D．检查油压表是否正常

67．电缆接头外观检查包括（　　）。

A．检查电缆接头外观有无异常

B．检查电缆接头托架、夹具有无偏移、锈蚀、破损、部件缺失等情况

C．检查电缆接头的防火设施是否完好

D．检查交叉互联系统接线是否正确

68．影响绝缘电阻的因素有（　　）。

A．温度　　　　　　　　　　　　B．湿度

C．被试设备剩余电荷　　　　　　D．感应电压

69．制作环氧树脂电缆终端和调配环氧树脂的过程中，应采取有效的（　　）措施。

A．防火　　　　　B．防水　　　　　C．通风　　　　　D．防毒

70．电力电缆设备的标识牌要与（　　）和电缆资料的名称一致。

A．电网系统图　　　　　　　　　　B．电缆接线图

C．电缆井位置图　　　　　　　　　D．电缆走向图

71．电力电缆的基本结构一般由（　　）三部分组成，6kV 及以上的电缆导体和绝缘层还应增加屏蔽层。

　　A．导体　　　　　　　B．绝缘体　　　　　　C．护层　　　　　　D．铠装层

72．（　　）接地前应充分放电。

　　A．电缆　　　　　　　B．导线　　　　　　　C．电容器　　　　　D．互感器

73．防止户内电缆终端电晕放电的常用方法有（　　）。

　　A．感应法　　　　　　B．等电位法　　　　　C．附加应力锥法　　D．均压法

74．电缆线路金属护套接地方式有（　　）。

　　A．一端直接接地，另一端保护接地　　　　　B．两端直接接地

　　C．两端保护接地　　　　　　　　　　　　　D．两端保护接地，中间直接接地

75．电缆线路技术管理有几类必备的技术资料，其中施工资料主要包括（　　）。

　　A．电缆线路图　　　　　　　　　　　　　　B．电缆接头和终端装配图

　　C．安装工艺和安装记录　　　　　　　　　　D．电缆线路接地装置图

　　E．电缆线路竣工试验报告

76．110kV 交联聚乙烯电缆为防止铝护套氧化和腐蚀，应在铝护套表面（　　）。

　　A．涂敷阻燃涂料　　　B．涂敷沥青　　　　　C．涂敷油漆　　　　D．缠绕塑料

77．根据组合预制绝缘件接头的安装技术要求，在电缆绝缘、绝缘屏蔽层和应力锥的内表面上应涂上（　　）。

　　A．电力脂　　　　　　B．绝缘油　　　　　　C．硅油　　　　　　D．硅脂

78．电缆附件的密封工艺有（　　）。

　　A．机械密封　　　　　B．搪铅　　　　　　　C．橡胶密封　　　　D．环氧树脂密封

79．根据高压电缆线路接地电流检测诊断标准，当测试结果满足（　　）任意条件之一时，应加强监视，并适当缩短周期。

　　A．50A≤接地电流绝对值≤100A

　　B．20%≤接地电流与负荷比值≤50%

　　C．3≤单相接地电流最大值与最小值之比≤5

　　D．5≤单相接地电流最大值与最小值之比≤10

80．高压电缆状态检测的专业无损技术手段有（　　）。

　　A．红外热成像检测　　　　　　　　　　　　B．局部放电检测

　　C．接地环流检测　　　　　　　　　　　　　D．介质损耗检测

81．高压电缆红外热像检测报告应记录被检设备的（　　）等参数。

　　A．实际负荷电流　　　　　　　　　　　　　B．电压

　　C．被检物温度　　　　　　　　　　　　　　D．环境参照体的温度值

82．正常状态下，电缆本体 C 类检修项目包括（　　）。

　　A．外观检查　　　　　B．例行试验　　　　　C．诊断性试验　　　D．带电检测

83．下列属于电缆附属设施的有（　　）。

　　A．电缆支架　　　　　B．标识标牌　　　　　C．电缆竖井　　　　D．供油装置

84. 电缆接头外观检查包括（   ）。

   A. 检查电缆接头外观有无异常

   B. 检查电缆接头托架夹具有无偏移、锈蚀、破损、部件缺失等情况

   C. 检查电缆接头防火设施是否完好

   D. 检查交叉互联系统接线是否正确

85. 电缆与通道的 A 类检修项目包括（   ）。

   A. 电缆整条更换　　　　　　　　B. 诊断性试验

   C. 电缆附件整批更换　　　　　　D. 带电检测

86. 按工作内容及工作涉及范围，将电缆及其通道检修工作分为 A、B、C、D 四类，其中属于 C 类检修的是（   ）。

   A. 外观检查　　　B. 周期性维护　　　C. 例行试验　　　D. 诊断性试验

87. 电缆线路接地系统外观检查包括（   ）。

   A. 检查计数器是否正常

   B. 检查接地保护箱、交叉互联箱的箱体、基础、支架外观

   C. 检查接地电缆、同轴电缆、回流线

   D. 检查接地极

88. 电缆高频局部放电测试中，内部放电信号一般出现在电压周期中的（   ），正负半周均有放电，放电脉冲较密且大多对称分布。

   A. 第一象限　　　B. 第二象限　　　C. 第三象限　　　D. 第四象限

89. 有防水要求的电缆应有（   ）阻水措施。

   A. 纵向　　　　　B. 径向　　　　　C. 横向　　　　　D. 上下

90. 一般规定采用（   ）敷设方式的电缆线路，其上方沿线土层内应铺设带有电力标识的警示带。

   A. 电缆沟　　　　B. 直埋　　　　　C. 排管　　　　　D. 隧道

91. 隧道内宜配置环境监控系统，采用在线实时监控模式对电缆隧道集中监控，系统宜具有的功能包括（   ）。

   A. 实时监测隧道的环境温度、火灾监控和报警设备

   B. 可燃气体、氧气、有害气体的浓度监测

   C. 实时监测电缆隧道内积水水位

   D. 监测电缆井盖状态

92. 接地保护箱的标识牌宜选用防腐、防晒、防水性能优良、使用寿命长、黏性强的粘胶带材制作，标识牌应包含（   ）等信息。

   A. 电压等级　　　B. 线路名称　　　C. 接地箱编号　　D. 接地类型

93. 接地保护箱、交叉互联箱箱体正面应有不锈钢设备铭牌，铭牌上应有（   ）等信息。

   A. 换位或接地示意图　　　　　　B. 额定短路电流

   C. 生产厂家、出厂日期　　　　　D. 安装人员

94. 对电缆及其通道靠近热力管或其他热源、电缆排列密集处，应进行（   ）监视测量，

防止环境温度或电缆过热对电缆产生不利影响。

A．电缆环境温度　　B．环境湿度　　C．土壤温度　　D．电缆表面温度

95．电力电缆通道的特殊巡视应在（　　）时进行。

A．气候剧烈变化　　　　　　　　B．自然灾害

C．有外力影响　　　　　　　　　D．异常运行

E．对电网安全稳定运行有特殊要求

96．电缆线路附属设置是对（　　）等的统称。

A．避雷器　　B．接地装置　　C．供油装置　　D．在线监测装置

97．电缆通道井盖应设置二层子盖，并具有防水、（　　）和防坠落等功能。

A．防盗　　B．防噪声　　C．防滑　　D．防位移

98．为获得电缆线路状态量而定期进行的停电试验称为（　　）。

A．交接试验　　B．巡检试验　　C．例行试验　　D．诊断性试验

99．电缆沟巡视检查的要求及内容包括（　　）。

A．电缆沟墙体是否有裂缝

B．附属设施是否有故障或缺失

C．竖井盖板是否缺失，爬梯是否锈蚀、损坏

D．电缆沟接地网接地电阻是否符合要求

100．电缆附属设施主要包括（　　）。

A．电缆支架　　　　　　　　　　B．标识牌

C．防火设施　　　　　　　　　　D．防水设施

E．电缆终端站

101．电缆附件安装完毕后应规范挂设安装牌，安装牌包括（　　）等信息。

A．安装单位　　B．安装人员　　C．安装日期　　D．安装方法

102．电缆敷设应符合的要求有（　　）。

A．电力电缆和控制电缆可以配置在同一层支架上

B．同通道敷设的电缆应按电压等级从下向上分层布置，不同电压等级的电缆之间宜设置防火隔板等防护措施

C．重要变电站和重要用户的双路电源电缆不宜同通道敷设

D．交流单芯电缆穿越的闭合管、闭合孔应采用非铁磁性材料

103．电缆本体巡视检查要点包括检查电缆（　　）。

A．是否变形　　　　　　　　　　B．表面温度是否过高

C．是否存在破损情况和龟裂现象　D．是否浸水

104．标识牌和警示牌应符合的要求包括（　　）。

A．规格宜统一　　　　　　　　　B．字迹清晰

C．防腐、不易脱落　　　　　　　D．挂装应牢固

105．电力舱不宜与（　　）紧邻布置。

A．天然气管道舱　　　　　　　　B．自来水管道舱

C．热力管道舱 D．弱电管道舱

106．密集区域（4回及以上）的110（66）kV及以上的电缆接头应选用（ ）等防火防爆隔离措施。

A．防火槽盒 B．防火隔板 C．防火毯 D．防爆壳

107．（ ）的机械强度和耐久性应符合设计和长期安全运行的要求，且无尖锐棱角。

A．电缆支架 B．固定金具 C．检修平台 D．排管

108．在电缆通道和夹层内使用的临时电源应满足（ ）要求，工作人员撤离时应立即断开电源。

A．防盗 B．绝缘 C．防火 D．防潮

109．110（66）kV及以上电压等级的电缆在（ ）敷设时应选用阻燃电缆，其成束阻燃性能等级应不低于C级。

A．隧道 B．电缆沟 C．变电站内 D．桥梁内

110．应合理安排电缆长度，尽量减少电缆接头的数量，严禁在（ ）等区域布置电力电缆接头。

A．变电站电缆夹层 B．出站沟道 C．桥架 D．竖井

111．应加强电力电缆及其电缆附件（ ）的全过程管理。

A．选型 B．订货 C．验收 D．投运

112．电缆沟必须采用的防火措施包括（ ）。

A．电缆接头用防火槽盒封闭

B．电缆及接头上绕包防火带等阻燃物

C．将电缆置于沟底并用黄沙将电缆覆盖

D．选用阻燃电缆

113．加热校直的温度宜控制在（ ）℃±3℃，保温时间宜大于（ ）h或按工艺要求进行保温。

A．75 B．80 C．2 D．4

114．关于工井描述正确的是（ ）。

A．应采用钢筋混凝土结构 B．设计使用年限不应少于50年

C．防水等级不应低于二级 D．设计使用年限不应少于30年

115．电缆路径应合法，满足安全运行要求。电缆路径、附属设备及设施（ ）等的设置应通过规划部门审批，电缆路径不应进入规划红线范围，不应邻近热力管线和腐蚀性介质管道。

A．互联箱 B．出入口 C．通风亭 D．余缆井

116．在电缆附件安装前应检查电缆状况，应满足的要求有（ ）。

A．电缆状况应良好，无受潮 B．电缆绝缘无偏心

C．电缆相位应正确 D．护层耐压试验合格

117．220kV及以上新建电缆工程应同步建立电缆本体监测系统，包括（ ）等。

A．分布式光纤测温系统 B．金属护层接地电流监测系统

C. 在线局部放电监测系统   D. 湿度检测系统

118. 电缆路径应合法，满足安全运行要求，应避免电缆通道邻近（　　）。
A. 热力管线   B. 易燃易爆管道
C. 采用腐蚀性介质的管道   D. 供水管道

119. 安装 110kV 电缆中间接头前，电缆应符合的要求有（　　）。
A. 电缆绝缘状况良好   B. 无受潮
C. 电缆绝缘偏心度满足设计要求   D. 电缆相位正确，护层绝缘合格

120. 套入交联聚乙烯绝缘电缆中间接头整体预制件时应注意（　　）。
A. 保持电缆绝缘层的干燥和清洁
B. 在施工过程中，避免损伤电缆绝缘
C. 在暴露的电缆绝缘表面上，清除所有半导电材料的痕迹
D. 涂抹硅脂或硅油时，应使用清洁的手套

121. 组合预制式中间接头增强绝缘处理的技术要求包括（　　）。
A. 保持电缆绝缘层的干燥和清洁
B. 在暴露电缆绝缘表面上，清除所有半导电材料的痕迹
C. 用色带做好橡胶预制件上的安装标记
D. 清洁电缆绝缘表面、环氧树脂预制件及橡胶制件的内、外表面

122. 在电缆终端剥除铅护套时，以下说法正确的是（　　）。
A. 用刀具在铅护套剥除位置环切一周，在需要剥除的铅护套上划两道相距 10mm 的轴向切口
B. 用尖嘴钳剥除铅护套，必须严格控制切口深度
C. 用尖嘴钳剥除铅护套，严禁切口过深而损坏电缆绝缘
D. 用其他方法剥除铅护套（如用劈刀剖铅）时，注意不能损伤电缆绝缘

123. 电缆终端尾管与金属护套进行接地连接时，可采用（　　）等方式。
A. 搪铅   B. 黏结   C. 地线焊接   D. 螺栓固定

124. GIS 电缆终端尾管与金属护套进行接地连接时，可采用（　　）等方式。
A. 搪铅方式   B. 接地线焊接   C. 螺丝固定   D. 焊接

125. 应力锥装配技术要求包括（　　）。
A. 保持电缆绝缘表面的干燥和清洁
B. 施工过程中应避免损伤电缆绝缘
C. 在安装前，应以正确的顺序把要装配的终端尾管、密封圈等部件套入电缆
D. 涂抹硅脂或硅油时，应使用清洁的手套

126. 线芯连接工艺包括（　　）。
A. 锡焊法   B. 点压法   C. 围压法   D. 冷轧法

127. 电缆隧道施工方法包括（　　）。
A. 明挖法   B. 暗挖法
C. 预制水泥管法   D. 爆破法

128. 在封闭型全干式交联电缆生产线上，采用三层同挤工艺的是（   ）。
    A．内衬层　　　　　　　　　　　　B．导体屏蔽
    C．绝缘层　　　　　　　　　　　　D．绝缘屏蔽
    E．外护套

129. 电力电缆导电线芯的导体截面包括（   ）等形状。
    A．圆形　　　　B．椭圆形　　　　C．半圆形　　　　D．扇形

130. 电缆附件的密封工艺有（   ）。
    A．热缩密封　　B．搪铅密封　　　C．橡胶密封　　　D．环氧树脂密封

131. 电缆搪铅应注意的事项有（   ）。
    A．搪铅时间不宜过长
    B．在铅封未冷却前，不得撬动电缆
    C．铝护套搪铅时，应先涂擦铝焊料
    D．充油电缆的搪铅应分两层进行，以增加铅封的密实性

132. 户外终端可采用（   ）进行密封。
    A．封铅　　　　B．环氧混合物　　C．玻璃丝带　　　D．压接方式

133. 用红外热像仪对所测电缆设备进行全面扫描时，应重点观察的部位有（   ）。
    A．电缆终端和中间接头　　　　　　B．交叉互联箱
    C．接地保护箱　　　　　　　　　　D．电缆金属护套接地点

134. 描述电力电缆局部放电物理现象的状态参数有（   ）。
    A．等效放电量　　B．放电重复率　　C．放电相位　　　D．放电检测频率

135. 避雷器的C类检修中，绝缘套管的检修内容有（   ）。
    A．检查外观有无破损污秽，有无异物附着　　B．套管外绝缘有无污秽及放电痕迹
    C．均压环有无错位　　　　　　　　　　　　D．均压环有无清扫

136. 电缆例行试验包括（   ）。
    A．主绝缘及外护套绝缘电阻测试　　B．主绝缘交流耐压试验
    C．接地电阻测试　　　　　　　　　D．交叉互联系统试验

137. 电缆巡视检查可以分为（   ）三类。
    A．定期巡视　　B．特殊巡视　　　C．计划巡视　　　D．故障巡视

138. 下列属于电缆敷设要求的有（   ）。
    A．原则上66kV以下与66kV及以上电压等级的电缆宜分开敷设
    B．电力电缆和控制电缆不应配置在同一层支架上
    C．同通道敷设的电缆应按电压等级从下向上分层布置，不同电压等级电缆间宜设置防火隔板等防护措施
    D．重要变电站和重要用户的双路电源电缆不宜同通道敷设
    E．在敷设桥架时，电缆刚性固定的间距应不大于2m

139. 电缆外护套表面应有（   ）信息。
    A．型号　　　　B．规格　　　　　C．码长

D．制造厂家　　　　　　E．出厂日期

140． 电缆线路的防火设施必须与主体工程（　　），防火设施未验收合格的电缆线路不得投入运行。

A．同时设计　　B．同批次采购　　C．同时施工　　D．同时验收

141． 在电缆敷设过程中，应严格控制（　　）。

A．施放速度　　B．牵引力　　C．侧压力　　D．弯曲半径

四级／中级工

142． 关于电缆支架要求描述正确的是（　　）。

A．平直、稳固、无扭曲

B．表面光滑无毛刺

C．不存在缺件、锈蚀、破损现象

D．托架支吊架的固定方式应按设计要求进行

143． 电缆绝缘表面应进行打磨抛光处理，对于110kV电缆，以下表述正确的是（　　）。

A．打磨抛光处理的重点部位是绝缘屏蔽断口附近的绝缘表面

B．打磨处理完毕后，应测量绝缘表面直径

C．在测量时，应多选择几个测量点，每个测量点宜测两次，确保绝缘表面的直径达到设计图纸所规定的尺寸范围

D．在测量完毕后，应再次打磨抛光测量点，以去除痕迹

144． 110kV电缆接头安装进行绝缘屏蔽层与绝缘层间的过渡处理时，以下表述正确的是（　　）。

A．打磨过绝缘屏蔽的砂纸或砂带可以再用来打磨电缆绝缘

B．打磨过绝缘屏蔽的砂纸或砂带不能用来打磨电缆绝缘

C．为了提高绝缘屏蔽断口处的电性能，可采用涂刷半导电漆或采用加热硫化方式

D．打磨处理完毕后，用塑料薄膜覆盖处理过的电缆绝缘及绝缘屏蔽表面

145． 制作110kV电缆预制式中间接头时，关于导体连接，以下表述正确的是（　　）。

A．导体宜采用机械压力连接

B．在导体压接前，应检查零部件的数量、安装顺序和方向

C．检查导体尺寸时，清除导体表面的污迹与毛刺

D．要求压接完毕后的电缆之间仍保持足够的笔直度

146． 220kV电力电缆预制式中间接头制作施工时的准备工作包括（　　）。

A．电缆中间接头安装时，必须严格控制施工现场的温度、湿度与清洁程度

B．施工现场应有足够的空间，满足电缆弯曲半径和安装操作需要

C．施工现场安全措施齐备

D．检查施工用工器具，确保所需工器具清洁齐全完好

147． 钳形电流表由（　　）组成。

A．电压表　　B．电流表　　C．电压互感器　　D．电流互感器

148． （　　）工作属于电力电缆施工的有限空间作业。

A．电缆沟 B．电缆隧道
C．变电站电缆夹层 D．工井内

149．电缆每相电感应为（　　）之和。
A．内感 B．外感 C．自感 D．互感

150．在套入预制橡胶绝缘件之前，应清洁粘在电缆绝缘表面上的灰尘和其他残留物，清洁方向为（　　）。
A．绝缘层向绝缘屏蔽层 B．绝缘层向导体
C．绝缘屏蔽层向绝缘层 D．导体向绝缘层

151．电缆终端产生局部发热的原因有（　　）。
A．终端外绝缘破损 B．热缩、冷缩电缆终端进水
C．接地线、封铅虚焊 D．安装尺寸错误

152．电缆金属护层接地电流、感应电压异常的原因有（　　）。
A．接地电缆缺失 B．护层过电压限制器击穿
C．接地系统接线错误 D．接地装置接地电阻偏大

153．电缆固定应符合的要求有（　　）。
A．垂直敷设或超过45°倾斜敷设时，电缆刚性固定间距应不大于6m
B．在桥架敷设时，电缆刚性固定间距应不大于2m
C．交流单芯电缆的固定夹具应采用非铁磁性材料
D．裸铅（铝）套电缆的固定处时应加软衬垫保护

154．关于电缆导体的最高允许温度，表述正确的是（　　）。
A．聚氯乙烯电缆为70℃ B．交联聚乙烯电缆为90℃
C．交联聚乙烯电缆为70℃ D．聚氯乙烯电缆为90℃

155．电缆线路工频参数包括（　　）。
A．正序参数 B．零序参数 C．互感参数 D．电阻值

156．电缆参数试验的内容包括（　　）。
A．直流电阻 B．正序阻抗 C．零序阻抗 D．互感阻抗

157．电缆绝缘过早老化的主要原因有（　　）。
A．选型不当，电缆长期过电压运行 B．靠近热源，电缆长期受热
C．电缆运行在腐蚀性环境中 D．电缆通道环境充分通风

158．关于交联聚乙烯绝缘电缆线路交接试验的一般要求，以下表述正确的是（　　）。
A．对电缆主绝缘进行耐压试验或绝缘电阻测量时，应分别在每一相上进行测量
B．对一相进行试验或测量时，其他两相的导体和金属屏蔽（金属护套）应一起接地
C．在试验结束后，应对被试电缆进行充分放电
D．对金属屏蔽（金属护套）一端接地，另一端装有护层电压限制器的单芯电缆主绝缘进行耐压试验时，应将护层保护器短接，使这一端的电缆金属屏蔽（金属护套）临时接地

159．在验收电缆隧道时，除需按照土建要求进行验收外，还需对（　　）等附属设施

进行验收。

A．照明 B．通风 C．排水 D．消防

160．安装电缆线路前，土建工作应具备的条件有（　　）。

A．预埋件符合设计要求，安置牢固

B．电缆沟、隧道、竖井及人孔等处的地面及抹面工作结束，电缆排水畅通

C．电缆夹层、电缆沟、隧道、竖井等处的施工临时设施模板、建筑废料清理干净

D．电缆线路敷设后，不能再进行的建筑工程应结束工作

161．在电缆工程设计中，必须预先对大截面电缆的热机械力采取技术防范措施，通常采取的措施包括（　　）。

A．大截面电缆采用分裂导体结构

B．电缆终端和中间接头的导体连接应有足够的抗张强度和刚度要求

C．电缆中间接头应避免靠近电缆线路的转弯处

D．电缆蛇形敷设的节距和幅值符合规定

162．在进行电缆绝缘表面的处理时，以下表述正确的是（　　）。

A．在处理电缆绝缘前，应测量电缆绝缘及应力锥尺寸，确认尺寸是否符合工艺图纸要求

B．电缆绝缘表面应进行打磨抛光处理，一般采用240～600号砂纸或砂带

C．电缆绝缘表面打磨抛光的重点处理部位是安装应力锥的部位，打磨处理完毕后应测量绝缘表面直径

D．电缆绝缘表面打磨处理完毕后，用塑料薄膜覆盖抛光过的绝缘表面，以免绝缘表面受潮或被污损

163．采用搪铅方式进行接地或密封时，应满足的技术要求有（　　）。

A．封铅要与电缆金属护套和电缆附件的金属护套管紧密连接，封铅致密性要好，不应有杂质和气泡

B．在搪铅时，不应损伤电缆绝缘，应掌握好加热温度，控制搪铅的操作时间

C．圆周方向的搪铅厚度应均匀，外形应美观

D．在搪铅时，不应损伤电缆绝缘，应掌握好加热温度，可适当延长搪铅的操作时间

164．属于C类检修的项目是（　　）。

A．电缆附件部分更换 B．周期性维护 C．例行试验 D．外观检查

165．电缆附属设备主要包括（　　）。

A．电缆支架 B．标识牌

C．防火设施 D．防水设施

E．电缆终端站

166．直埋电缆在（　　），应设置明显的路径标志或标桩。

A．直线段每隔30～50m处 B．电缆接头处

C．转弯处 D．进入建筑物处

167．电缆载流量优化措施有（　　）。

A．本体结构优化 B．人工冷却

C．布置优化　　　　　　　　　　　　D．局部热瓶颈点消除

168． 为了防止电缆火灾，可采取的措施有（　　）。

A．防火涂料　　B．防火包带　　C．防火槽盒　　D．防火隔断

169． 下列检修项目属于 D 类检修的是（　　）。

A．通道缺陷处理

B．专业巡检

C．带电检测

D．在线监测装置、综合监控装置检查维修

170． 制作安装电缆接头或终端时，对气象条件的要求有（　　）。

A．应在良好的天气下制作安装电缆

B．在制作安装电缆处，应有防止尘土和外来污物的措施

C．在雨天、风雪天或湿度较大的环境下，应采取有效的防护措施

D．安装电缆接头时，环境温度宜为 10～30℃

171． 绝缘接头是将电缆的（　　）在电气上断开的接头。

A．金属护套　　B．接地金属屏蔽　　C．绝缘屏蔽　　D．导体

172． 交联聚乙烯绝缘电力电缆导体表面应（　　）。

A．无油污

B．无损伤屏蔽及绝缘的毛刺、锐边

C．无凸起和断裂的单线

D．无焊接点

173． 当电缆的铅套或铝套不能满足短路容量的要求时，应采取的措施有（　　）。

A．增大导体截面　　　　　　　　　　B．增大金属护套厚度

C．增加铜丝屏蔽　　　　　　　　　　D．增加隔热层

174． 产生电力电缆故障的原因有（　　）等。

A．绝缘老化　　B．过电压　　C．绝缘受潮　　D．机械损伤

175． 电缆带电检测主要包括（　　）。

A．红外检测　　　　　　　　　　　　B．金属护层接地电流检测

C．局部放电检测　　　　　　　　　　D．变频谐振试验下的局部放电检测

176． 三相单芯电缆只敷设一根测温光缆时，可采取的布置方式有（　　）。

A. 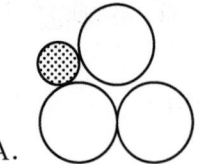 B.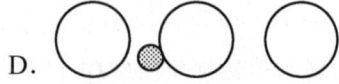

C.  D.

177. 挖掘出的电缆或接头盒下面需要挖空时,应采取的悬吊保护措施有（　　）等。

A. 应每 1～1.5m 悬吊一道电缆

B. 接头盒悬吊应平放,不准使接头盒受到拉力

C. 若电缆接头无保护盒,则应在电缆接头下方垫上加宽加长的木板后,方可悬吊

D. 悬吊电缆时,不准用铁丝或钢丝

178. 电缆接头按其功能不同,主要包括（　　）。

A. 直通接头　　　　　　　　　　B. 绝缘接头

C. 过渡接头　　　　　　　　　　D. 热缩接头

E. 软接头

179. 安装电缆接头前,应检查电缆附件材料,并应符合的要求包括（　　）。

A. 电缆接头规格应与电缆一致,零部件应齐全无损伤,绝缘材料不得受潮

B. 壳体结构附件应预先组装,内壁清洁,结构尺寸符合工艺要求

C. 各类消耗材料齐备,清洁绝缘表面的溶剂

D. 接头支架定位安装完毕后,确保作业面水平

180. 高压交联电缆的中间接头按照绝缘结构的不同,可分为（　　）。

A. 绝缘接头　　　　　　　　　　B. 直通接头

C. 组合预制绝缘接头　　　　　　D. 整体预制绝缘接头

181. 电缆终端安装质量应满足的要求是（　　）。

A. 导体连接可靠　　　　　　　　B. 接地与密封牢靠

C. 耐化学腐蚀性能良好　　　　　D. 绝缘恢复满足设计要求

182. 在安装应力锥时,应符合的要求是（　　）。

A. 安装应力锥前,确保电缆已固定牢靠,保证安装应力锥时电缆不会上下移动

B. 安装应力锥前,以正确的顺序把要装配的终端尾管、密封圈等部件套入电缆

C. 确保应力锥内表面无任何污染物,应力锥的外表面应均匀涂抹必要的润滑剂

D. 应力锥安装到位后,无须清除应力锥末端多余的润滑剂

三级/高级工

183. 全预制干式终端套装到定位标记后,应转动终端,消除终端套入时产生的（　　）。

A. 扭转应力　　　B. 拉伸力　　　C. 侧压力　　　D. 压缩力

184. 一般在安装完防火隔板后,可采用（　　）等防火封堵措施。

A. 填充防火包　　　　　　　　　B. 浇注无机防火堵料

C. 包裹有机防火堵料　　　　　　D. 缠绕防火包带

185. 安装电缆接头前,电缆应符合的要求是（　　）。

A. 电缆状况良好,无受潮　　　　B. 电缆绝缘偏心度满足标准要求

C. 电缆相位正确　　　　　　　　D. 外护套试验合格

186. 组合预制绝缘件接头安装的技术要求包括（　　）。

A. 检查弹簧紧固件与应力锥是否匹配

B. 先套入应力锥,再套入弹簧紧固件

C．在电缆绝缘、绝缘屏蔽层和应力锥的内表面涂上硅油

D．检查弹簧所在的螺栓是否有阻碍弹簧自由伸缩的部件

187．安装110kV交联聚乙烯绝缘电力电缆终端时，需要遵守的工艺要求有（　　）。

A．必须严格控制施工现场的温度、湿度、清洁程度

B．温度宜控制在 0～35℃

C．相对湿度应控制在 70% 及以下或以供应商提供的标准为准，当湿度较大时，应采取适当除湿措施或暂停施工

D．一般应搭建工棚，并采取适当的措施净化施工环境

188．下图为组合预制式中间接头示意图，各部分名称正确的是（　　）。

A．1 为压紧弹簧　　　　B．3 为环氧法兰　　　　C．5 为橡胶预制件

D．6 为压接管　　　　　E．8 为环氧元件　　　　F．10 为防腐带

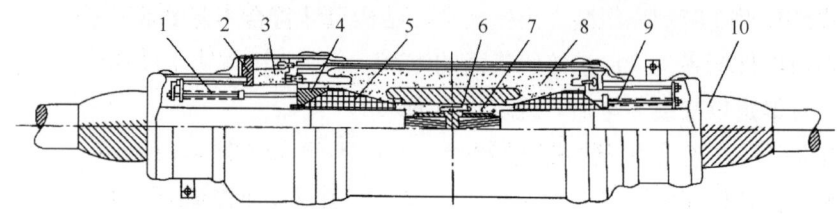

189．电缆接头安装质量应满足的要求是（　　）。

A．导体连接可靠　　　　　　　　　　B．绝缘恢复满足要求

C．接地牢靠　　　　　　　　　　　　D．密封牢靠

190．在锯电缆前，应做好的准备工作是（　　）。

A．核对电缆线路长度

B．确保电缆无电

C．在锯电缆前，必须核对电缆与图纸是否相符

D．用接地的带木柄的铁钉钉入电缆芯时，扶木柄的人应戴绝缘手套并站在绝缘垫上

191．在现场安装高压电缆附件之前，组装部件应试装配，安装现场的（　　）应符合安装工艺要求，严禁在雨、雾、风沙等有严重污染的环境中安装电缆附件。

A．温度　　　　　　B．湿度　　　　　　C．风速　　　　　　D．清洁度

192．关于110kV及以上电缆附件的安装环境要求，以下表述正确的是（　　）。

A．有可靠的防尘装置　　　　　　　　B．相对湿度应低于 80%

C．环境温度应高于 0℃　　　　　　　D．施工现场应保持通风

193．电缆终端的防污措施有（　　）。

A．针对性地清扫　　　　　　　　　　B．加装增爬裙

C．提高外绝缘的泄漏比距　　　　　　D．使用复合型终端套管

194．属于危急缺陷的有（　　）。

A．注油终端漏油　　　　　　　　　　B．电缆头开裂

C．终端套管破碎　　　　　　　　　　D．电缆分支箱体部分损坏

195．在设计土建构筑物时，应为电缆户外终端的（　　）提供必要的便利。

A．施工　　　　　　　B．运行　　　　　　　C．检修　　　　　　　D．试验工作

196．电缆终端施工所涉及的场地如（　　）等的建筑与安装工作，应在电缆终端安装前完成。

A．开关室　　　　　　B．电缆夹层　　　　　C．终端塔　　　　　　D．终端站

197．电缆常用的导体连接方法有（　　）。

A．锡焊连接　　　　　B．机械连接　　　　　C．绞合连接　　　　　D．熔焊连接

198．110kV及以上交联电缆中间接头按绝缘屏蔽层处理方式可分为（　　）。

A．绝缘接头　　　　　B．冷缩接头　　　　　C．直通接头　　　　　D．热缩接头

199．电缆桥架的组成结构应满足（　　）的要求。

A．强度　　　　　　　B．硬度　　　　　　　C．刚度　　　　　　　D．稳定性

200．影响绝缘电阻的因素主要包括（　　）。

A．温度的影响　　　　　　　　　　　　　　B．湿度和脏污的影响
C．放电时间的影响　　　　　　　　　　　　D．感应电压的影响

201．电力系统主要由（　　）组成。

A．发电厂　　　　　　B．电力网　　　　　　C．发电厂动力部分　　D．用户

202．施工机具和安全工器具应（　　），入库、出库、使用前应进行检查。

A．统一编号　　　　　B．专人领用　　　　　C．专人保管　　　　　D．统一放置

203．起重机停放或行驶时，其（　　）的前端或外侧与沟、坑边缘的距离不准小于沟、坑深度的1.2倍，否则应采取防倾、防坍塌措施。

A．车轮　　　　　　　B．支腿　　　　　　　C．履带　　　　　　　D．吊臂

204．（　　）等灾害发生时，禁止巡视灾害现场。

A．地震　　　　　　　B．台风　　　　　　　C．洪水　　　　　　　D．泥石流

205．在（　　）处，应装设不低于1050mm高的栏杆和不低于100mm高的护板。

A．升降口　　　　　　B．孔洞　　　　　　　C．楼梯　　　　　　　D．平台

206．在带电设备周围，禁止使用（　　）进行测量工作。

A．钢卷尺　　　　　　B．皮卷尺　　　　　　C．线尺　　　　　　　D．绝缘尺

207．起重用钢丝绳的检查质量标准包括（　　）。

A．绳扣可靠，无松动现象
B．钢丝绳无严重磨损现象
C．钢丝绳的断裂根数应在规程规定的允许范围内
D．绳子光滑、干燥、无磨损

208．（　　）应经过安全知识教育后，方可到现场参加指定的工作，并且不准单独工作。

A．新参加电气工作的人员　　　　　　　　　B．实习人员
C．临时参加劳动的人员　　　　　　　　　　D．指派人员

209．施工机具应定期进行（　　）。施工机具的转动和传动部分应保持润滑。

A．检查　　　　　　　B．试验　　　　　　　C．维护　　　　　　　D．保养

210．绝缘工具在存储、运输时不准与（　　）接触，并要防止阳光直射或雨淋。

A．酸 B．碱 C．油类 D．化学药品

211．垂直爬梯宜设置人员上下作业的（　　），并制定相应的使用管理规定。

A．防坠安全自锁装置　B．速差自控器　C．保护绳　D．防护网

212．同通道有多回线路，其中一回线路施工作业前，设备运维管理单位应向班组成员告知（　　）。

A．人员分工　　　　　　　　　B．现场电气设备接线情况
C．危险点　　　　　　　　　　D．安全注意事项

213．现场勘查应查看现场施工作业（　　）等。

A．需要停电的范围　　　　　　B．保留的带电部位
C．现场的环境条件　　　　　　D．环境及其他危险点

214．在使用安全帽前，应检查（　　）等附件完好无损。

A．帽壳 B．帽衬 C．帽箍 D．顶衬

215．使用安全工器具前，外观检查应包括绝缘部分有无（　　），固定连接部分有无松动、锈蚀、断裂等现象。

A．裂纹 B．老化 C．脱落 D．严重伤痕

216．使用工具前应进行检查，机具应按其出厂说明书和铭牌的规定使用，不准使用已（　　）的机具。

A．变形 B．破损 C．有故障 D．淘汰

217．工作许可手续完成后，工作负责人、专责监护人应向工作班成员交代（　　），并告知危险点，并履行确认手续。

A．工作内容　B．人员分工　C．带电部位　D．现场安全措施

218．在（　　）使用电焊、气焊时，应严格执行动火工作的有关规定，按有关规定填写动火工作票，备有必要的消防器材。

A．重点防火部位　　　　　　　B．存放易燃易爆物品的场所附近
C．存放易燃易爆物品的容器　　D．电气设备

219．电缆局部放电仪器设备应具备一定的检测数据存储能力，包括（　　）。

A．局部放电信号等效放电量　　B．局部放电信号相位
C．局部放电信号重复率　　　　D．电缆绝缘电阻值

220．维护人员在工作中应随身携带（　　）。

A．相关资料　B．工具　C．备品备件　D．个人防护用品

221．隧道内宜配置环境监控系统，采用在线实时监控模式，对电缆隧道集中监控，宜具有的功能有（　　）。

A．实时监测隧道环境温度、火灾监控

B．监测可燃气体浓度、氧气浓度、有害气体浓度

C．实时监控电缆隧道内积水水位

D．监测电缆井盖状态，有远程开启功能

222．（　　）设备属于电缆隧道在线监测设备。

A．视频监测　　　　B．水位监控　　　　C．噪声检测　　　D．接地环流监测

223．（　　）属于电缆沟中必要的防火措施。

A．将电缆接头用防火槽盒封闭

B．电缆和电缆接头上包绕防火带

C．将电缆置于沟底，再用黄沙将电缆覆盖

D．选用阻燃电缆

224．在施工前，进行现场勘察、编制附件安装施工方案时，应明确（　　）。

A．安全措施　　　B．组织措施　　　C．技术措施　　　D．专业措施

225．在竣工验收阶段，电缆运检部门根据（　　）进行验收，缺陷清单以书面形式反馈到建设单位，并督促按期整改。

A．缺陷照片　　　B．消缺单　　　C．竣工验收方案　D．土建复检结果

226．在处理绝缘时，应按照接头供应商提供的尺寸确定（　　）的长度。

A．导体　　　　　B．导体屏蔽　　　C．绝缘　　　　　D．绝缘屏蔽

227．加热校直的温度宜控制在（　　）℃±3℃，保温时间宜大于（　　）h，或按工艺要求进行保温。

A．75　　　　　　B．80　　　　　　C．2　　　　　　D．4

228．（　　）电缆应采取蛇形布置。

A．隧道　　　　　B．沟槽　　　　　C．排管　　　　　D．拖拉管

229．（　　）应始终在工作现场。

A．工作票签发人　B．工作许可人　　B．专责监护人　　D．工作负责人

二级/技师

230．一级高压电缆包括（　　）。

A．330kV 及以上高压电缆线路

B．政治供电保障特级直供线路所涉及的 110（66）kV 及以上高压电缆线路

C．一级客户直供线路所涉及的 110（66）kV 及以上高压电缆线路

D．220kV 及以上高压电缆线路

231．二级高压电缆包括（　　）。

A．政治供电保障特级相关线路所涉及的 110（66）kV 及以上高压电缆线路

B．一级客户相关线路所涉及的 110（66）kV 及以上高压电缆线路

C．330kV 及以上高压电缆线路

D．220kV 及以上高压电缆线路

232．一级高压电缆通道是指（　　）。

A．正常方式下，由通道原因可造成 4 级及以上电网事件的高压电缆通道

B．正常方式下，由通道原因可造成 220kV 及以上变电站全停的高压电缆通道

C．正常方式下，造成 3 座及以上 110kV 变电站全停的高压电缆通道

D．一级高压电缆线路所在的通道

233．二级高压电缆通道是指（　　）。

A．正常方式下，由通道原因可造成 2 座及以下 110kV 变电站全停的高压电缆通道

B．二级高压电缆线路所在的通道

C．有 2 回及以上 220kV 线路的通道

D．有 6 回及以上 110kV 线路的通道

234．电缆路径应合法，应满足安全运行要求，应避免电缆通道邻近（　　）。

A．热力管线　　　　　　　　　　B．易燃易爆管线（输油、燃气）

C．腐蚀性介质的管道　　　　　　D．供水管道

235．高压电缆线路的"六防"包括（　　）。

A．防火　　　　B．防水　　　　C．防过热　　　　D．防小动物

236．电缆接头安装质量要求有（　　）。

A．导体连接可靠　　　　　　　　B．绝缘恢复满足设计要求

C．接地牢靠　　　　　　　　　　D．密封牢靠

237．针对 110（66）kV 及以上电缆终端、接头检测绝缘缺陷的带电检测方法是（　　）。

A．高频局部放电

B．超高频局部放电

C．超声波局部放电

D．变频谐振试验下的局部放电

E．OWTS 振荡波电缆局部放电

238．关于金属护层接地电流检测的检测周期，说法正确的是（　　）。

A．当电缆线路负荷较重或迎峰度夏期间，应适当缩短检测周期

B．对运行环境差、陈旧及缺陷的设备，应按周期进行检测

C．可根据设备的实际运行情况和测试环境作适当的调整

D．金属护层接地电流在线监测可替代外护层接地电流的带电检测

239．用于描述电缆中发生局部放电物理现象的状态参数有（　　）。

A．等效放电量　　B．放电重复率　　C．放电相位　　D．放电检测频率

240．电缆局部放电检测设备的检验项目有（　　）。

A．出厂试验　　　B．形式试验　　　C．现场试验　　　D．特殊试验

241．电缆局部放电带电检测设备在介质强度试验期间，被试设备不应发生（　　）现象。

A．燃烧　　　　B．闪络　　　　C．击穿　　　　D．元器件损坏

242．在线监测装置应能实现被监测设备状态参量的（　　）的预处理功能，实现监测参量就地数字化，并进行缓存。

A．自动采集　　　B．信号调理　　　C．模数转换　　　D．数据存储

243．每回电缆及通道应有明确的运维管理界限，应与（　　）、架空线路和临近的运行管理单位明确划分分界点，不应出现空白点。

A．发电厂　　　　B．变电所　　　　C．开闭所　　　　D．开关所

244．直通接头和绝缘接头中的铜导体和铝导体之间宜采用（　　）连接。

A．螺栓　　　　B．压接　　　　C．熔焊　　　　D．机械

245. 隧道及竖井中的电缆应采取（　　）措施。
A．防火隔离　　　B．两侧布置　　　C．分段阻燃　　　D．涂刷防火涂料
246. 按照全寿命周期管理的要求，根据（　　）和环境合理选择电缆和附件结构。
A．线路输送容量　B．系统运行条件　C．电缆路径　　　D．敷设方式
247. 新建电缆沟盖板上下表面应（　　），表面、边缘、四角不能有磕碰损伤。
A．整洁光滑　　　　　　　　　　　B．干净平整、无弯折
C．无裂缝、无蜂窝麻面　　　　　　D．无漏筋
248. 可研方案应充分考虑电缆安全运行与运检需求，应充分考虑电缆交接试验的可行性，确保（　　）。
A．试验车辆进出通道　　　　　　　B．试验设备摆放及作业空间
C．GIS试验套管配备　　　　　　　D．人员操作空间
249. 接头工井尺寸应满足（　　）以及抢修的要求。
A．检修作业　　　B．接头作业　　　C．接头布置　　　D．敷设作业
250. 公路、铁道桥梁上的电缆应采取防止（　　）以及风力影响，金属护套因长期应力疲劳导致断裂的措施。
A．纵向压力　　　B．热伸缩　　　　C．振动　　　　　D．扰动
251. 电缆及其排管通道验收时，应做好（　　）资料的验收和归档。
A．电缆及其通道走廊、城市规划部门批准文件
B．工程施工监理文件、质量文件及各种施工原始记录
C．隐蔽工程中间验收记录及签证书
D．施工缺陷处理记录和附图、电缆及通道竣工图纸和路径图
252. 按工艺要求剥除电缆（　　）后，应将接头施工范围内的外护层表面的半导电层处理干净。
A．绝缘层　　　　B．外护层　　　　C．半导电层　　　D．铜屏蔽层
253. 安全防护、辅控系统、监测消防报警系统等附属设备的设置应满足要求。隧道应设置（　　）等装置，宜配置视频监测、水位监控等装置。
A．消防报警　　　　　　　　　　　B．通风
C．排水　　　　　　　　　　　　　D．通信
E．气体监测
254. 电缆GIS终端的（　　）应与变电设备相匹配。
A．结构　　　　　B．尺寸　　　　　C．电压等级　　　D．耐压等级
255. （　　）或局部电力走廊紧张等情况宜采用隧道形式敷设电缆。
A．变电站进出线　　　　　　　　　B．回路集中区域
C．电缆数量在18根及以上　　　　　D．多回重要线路
256. （　　）等应使用防盗螺栓。
A．接地保护箱　　　　　　　　　　B．户外金属电缆支架
C．电缆固定金具　　　　　　　　　D．弱电桥架

257．（　　）的外壳防护等级不应低于 IP56。

　　A．接地保护箱　　B．监控设备　　C．电源分电箱　D．低压配电箱

258．（　　）的工井井盖应设置门禁、视频监控、井盖监控等安全防护措施。

　　A．容易被盗的电缆通道　　　　　　B．电缆终端站

　　C．隧道出入口　　　　　　　　　　D．重要区域

259．安装电缆附件前，施工前应进行现场勘察，编制附件安装施工方案，明确（　　）。

　　A．安全措施　　B．组织措施　　C．现场措施　　D．技术措施

260．电缆隧道应建一套子站，并安装在相应的变电站内，以实现隧道的在线监测功能，实现监测数据的（　　）。

　　A．接入　　　　B．传输　　　　C．数据监控　　D．分析

261．在确定抽取的样品前，应核对电缆的（　　），并对供货合同、采购技术规范的相符性进行检查，如不相符则应重新进行抽样。

　　A．型号规格　　B．长度　　　　C．出厂试验报告　D．合格证

262．生产准备及验收阶段，隐蔽工程的验收应做到（　　）。

　　A．电缆运检部门应不定期对施工现场进行检查

　　B．现场应核查监理和施工单位关键工序的影像资料

　　C．对检查过程中发现的问题进行书面反馈并督促整改

　　D．电话联系施工负责人了解现场情况，不必到现场检查

263．安装 110kV 电力电缆组合预制式中间接头时，紧固所有预制件时应注意的是（　　）。

　　A．根据工艺和图纸要求，将环氧树脂预制件移动到规定位置

　　B．移动两边的橡胶预制件，使其与环氧树脂预制件相接触

　　C．紧固弹簧

　　D．确保橡胶预制件与环氧树脂预制件及电缆绝缘表面的压力在规定范围内

264．110kV 电缆接头安装工艺无明确要求时，加热校直的工具和材料主要有（　　）。

　　A．温度控制箱（含热电偶和接线）　　B．加热带

　　C．校直管宜采用半圆钢管或角铁　　　D．辅助带材与保温材料

265．起重工作中，（　　）时，应制定专门的安全技术措施，经本单位批准，作业时应有技术负责人在场指导，否则不准施工。

　　A．起重设备在带电导体下方或距带电体较近

　　B．两台及以上的起重设备抬吊同一物件

　　C．起吊重要设备、精密物件或在复杂场所进行大件吊装

　　D．爆炸品、危险品必须起吊

266．各式起重机应该根据需要安设（　　）、联锁开关等安全装置。

　　A．过卷扬限制器　　　　　　　　　B．欠负荷限制器

　　C．起重臂俯仰限制器　　　　　　　D．行程限制器

267．各种起重设备的（　　）、试验等，除应遵守本规程的规定外，应执行国家、行业有关部门颁发的相关规定、规程和技术标准。

A．安装 B．应用 C．检查 D．使用

268．起重机械吊装作业时，起吊100mm后应暂停作业，检查（　　），确认无误后方可继续起吊。

A．起重系统的稳定性 B．制动器的可靠性
C．物件的平稳性 D．绑扎的牢固性

269．起重滑车出现（　　）的情况之一时应报废。

A．裂纹
B．轮槽径向磨损量达钢丝绳名义直径的25%
C．轮槽壁厚磨损量达基本尺寸的10%
D．轮槽不均匀磨损量达3mm

270．严禁吊车超负荷吊装，满负荷吊装也要非常慎重，因为在（　　）时有可能发生事故。

A．变幅 B．回转 C．升臂 D．履带行走

一级／高级技师

271．有限空间内进行电缆作业的危害有（　　）。

A．中毒危害 B．缺氧危害 C．爆燃危害 D．雷击危害

272．常见的气体中毒包括（　　）。

A．煤气中毒 B．一氧化碳中毒 C．氨中毒 D．硫化氢中毒

273．防火电缆可分为（　　）。

A．阻燃电缆 B．单芯电缆 C．耐火电缆 D．多芯电缆

274．110kV及以上电缆接地系统由（　　）等构成。

A．接地箱 B．保护接地箱 C．交叉互联箱 D．接地极

275．电缆隧道排水宜采用机械排水方式，并应本着（　　）的原则进行排水设计、施工。

A．一防 B．二截 C．三排 D．四堵

276．运维单位应加强电力设施的保护宣传工作，建立线路、电缆通道安全（　　）机制，强化联防护线员培训，建立异常情况汇报及考核制度。

A．联防 B．联控 C．连接 D．联系

277．电缆终端减弱电晕的放电措施有（　　）。

A．改进电缆终端的设计，如利用等电位原理，在线芯绝缘表面上包一段金属带，并将各金属带互相连在一起
B．采用绕包应力锥或安装应力材料来改善电场分布
C．严格把控安装工艺，减小气隙
D．降低功率

278．串联谐振装置按照结构可分为（　　）。

A．调感式 B．调频式 C．调压式 D．调流式

279．工频串联谐振试验系统需用到的元件有（　　）。

A．变频电源 B．可变电感 C．励磁变压器 D．谐振电抗器

280．电力电缆产品用型号、规格、标准编号命名，电缆产品型号一般由（　　）的代

号构成。

    A．电压等级　　　　B．绝缘　　　　C．导体　　　　D．护层

281．在电缆线路进入（　　）的电缆孔洞处，应用防火材料严密封闭。

    A．电缆工井　　　　B．控制柜　　　　C．开关柜　　　　D．隧道

282．根据现场勘查结果，对危险性、复杂性、困难程度较大的作业项目，应制定（　　），经本单位批准后执行。

    A．组织措施　　　　B．技术措施　　　　C．安全措施　　　　D．施工措施

283．电力电缆线路的电气试验包括（　　）。

    A．交接试验　　　　B．预防性试验　　　　C．修后试验　　　　D．抽样试验

284．动火工作完毕后，（　　）应检查现场有无残留火种等。

    A．动火执行人　　　　　　　　　　　　B．消防监护人
    C．动火工作负责人　　　　　　　　　　D．运维许可人

285．运行中的电缆线路因其电缆结构特性，会使电缆线路产生（　　）等损耗。

    A．电缆导体　　　　　　　　　　　　　B．绝缘介质层
    C．金属护套接地　　　　　　　　　　　D．铠装层

286．选择电缆通道路径时，宜避开（　　）。

    A．地质不稳定区域　　B．油气管道　　C．湖泊　　D．火灾爆炸危险区

287．综合致热性设备是由（　　）引起发热的设备。

    A．电压效应　　　　B．电流效应　　　　C．电磁效应　　　　D．热传导作用

288．脉冲法是用行波信号进行电缆故障测距的测试方法，分为（　　）等方法。

    A．低压脉冲法　　　　B．直闪法　　　　C．冲闪法　　　　D．二次脉冲法

289．110kV及以上电缆通道优先选用（　　）形式。

    A．隧道　　　　B．排管　　　　C．沟道　　　　D．直埋

290．电缆隧道（　　）用低压配电系统应采用双电源供电，每路电源均应满足该供电范围内全部设备同时运行时的用电需求。

    A．照明　　　　B．通风　　　　C．排水　　　　D．监控

291．电缆隧道应同步建设（　　）。

    A．综合监控系统　　　　　　　　　　　B．火灾自动报警系统
    C．逃生系统　　　　　　　　　　　　　D．自动灭火系统

292．电缆中间接头区域（接头两侧各3m）的（　　）应涂刷防火涂料或绕包防火带，有改造条件的电缆接头应加装防爆盒。

    A．电缆本体　　　　　　　　　　　　　B．电缆接头
    C．接地线　　　　　　　　　　　　　　D．临近并行敷设的其他电缆

293．在电缆进出线集中的（　　）中，如未全部采用阻燃电缆，则应装设监控报警和固定自动灭火装置。

    A．隧道　　　　B．电缆夹层　　　　C．直埋　　　　D．竖井

294．采用了（　　）的同一生产批次的电缆应抽取两组样。

A．新技术　　　　　B．新材料　　　　　C．新部件　　　　　D．新工艺

295．电缆检测项目应至少包括（　　）。

A．结构和尺寸检查和绝缘热延伸试验

B．绝缘收缩试验（110kV 电缆）和绝缘老化前机械性能试验

C．护套老化前的机械性能试验、绝缘微孔杂质试验、半导电屏蔽层与绝缘层界面微孔和突起试验

D．导体直流电阻、成束燃烧试验和局部放电试验

296．隧道综合监控系统由三级构架组成，依次为（　　）。

A．建设统一子站

B．逐条电缆隧道建设子站

C．各供电分公司建设主站系统

D．统一接入输变电设备状态监测系统

297．依据高压电缆与通道的分级结果，合理调整巡检周期，落实差异化要求，二级高压电缆与通道（　　）。

A．红外成像、接地电流检测周期不应超过 90 天

B．每年宜开展 1 次局部放电检测工作

C．通道内部巡视周期不应超过 90 天

D．地面巡视周期不应超过 15 天

E．危急、严重缺陷随时发现随时处理，一般缺陷应在 180 天内处理

298．依据高压电缆与通道的分级结果，合理调整巡检周期，落实差异化要求，一级高压电缆与通道（　　）。

A．红外成像、接地电流检测周期不应超过 30 天

B．每年应至少开展 1 次局部放电检测

C．通道内部巡视周期不应超过 45 天

D．地面巡视周期不应超过 15 天

E．危急、严重缺陷随时发现随时处理，一般缺陷应在 90 天内处理

299．关于钳形电流表使用时的注意事项，说法正确的有（　　）。

A．由于钳形电流表测量时要接触被测线路，所以测量前一定要检测钳形电流表的绝缘性能是否良好

B．测量时应戴绝缘手套

C．钳形电流表不能测量裸导线的电流

D．严禁在测量过程中切换钳形电流表的挡位

300．在进行电缆外护层试验时，升压前应认真检查（　　）等。

A．接线是否正确　　　　　　　　　　B．调压器是否在零位

C．表计倍率是否恰当　　　　　　　　D．无关人员是否离开被试电缆

301．在进行电缆外护层试验时，每一相试验完成后，应（　　）。

A．将调压器调回零位　　　　　　　　B．切断电源

C．对被试相充分放电　　　　　　　D．直接更换接线

302．在电缆护层试验时，应注意（　　）。

A．在进行金属护层两端接地的电缆线路试验前，应将接地断开

B．在进行金属护层一端接地的电缆线路试验前，应将接地侧地线断开，将另一侧护层保护器断开

C．在进行金属护层中点接地的电缆线路试验前，应将中点接地断开，将两端护层保护器断开

D．在进行交叉互联的电缆线路试验时，应将接地点与护层保护器全部断开，试验一相电缆时，在交叉互联箱中将另外两相的电缆金属护层接地

303．电缆参数的主要测试设备有（　　）。

A．线路参数测试仪　B．三相调压器　C．单相隔离变压器　D．万用表

304．电缆接地系统接地电阻的测量包括测量（　　）。

A．电缆终端的接地电阻　　　　　B．绝缘接头交叉换位处的接地电阻

C．直通接头的接地电阻　　　　　D．沿线金属支架的接地电阻

305．在音频感应法的接线方式中，需在停电的情况下查找电缆路径的接法是（　　）。

A．相间接法　　B．相铠接法　　C．相地接法　　D．耦合线圈感应法

306．电缆路径探测方法有（　　）。

A．音谷法　　B．音峰法　　C．无极值法　　D．极大值法

307．一般接地电流在线监测系统由（　　）组成。

A．高压电缆金属护套接地环流在线监测终端　B．数据传输网络

C．集中监测平台或用户手机　　　　　　　　D．感温光纤

308．破坏高压电缆金属护套正确接地的原因有（　　）。

A．过电压或接地故障，使电缆金属护套外的绝缘护层击穿

B．接地保护器烧熔击穿

C．电缆护套受伤、破损，导致金属护套一点或多点接地

D．直接接地线开断

309．局部放电检测原理主要有（　　）。

A．脉冲电流法　　B．高频检测法　　C．超高频测量法　D．超声诊断法

310．电缆剥切、导体连接、绝缘与应力处理、密封防水保护层处理、相间和相对地距离应符合（　　）要求。

A．施工工艺　　B．设计　　C．运行规程　　D．投资

311．处理电缆孔洞时，要求（　　）位置的进出口封闭良好。

A．电缆沟　　B．隧道　　C．竖井　　D．建筑物

312．电缆线路发生故障时，根据线路跳闸、故障测距和故障寻址器动作等信息，对故障点位置进行初步判断，并组织人员进行故障巡视，重点巡视（　　）的连接处，确定有无明显故障点。

A．电缆通道　　B．电缆终端　　C．电缆接头　　D．其他设备

313．关于高压交联聚乙烯电缆加热校直的作用，表述正确的是（　　）。

A．利用加热来加速高压交联聚乙烯电缆沿导体轴向的绝缘回缩

B．增加电缆的柔韧性，便于安装

C．让电缆制造过程中存留在材料内部的热应力得到释放

D．消除电缆在电缆盘上的自然弯曲对安装质量的影响

314．在电缆出厂前进行抽检时，应主要检查（　　）同订货技术协议的符合性。

A．原材料　　　　　　B．组部件实物　　　　C．出入厂检验报告单　　　　D．销售记录

315．以湿式终端结构为例，其技术要求包括（　　）。

A．先套入密封底座，再安装应力锥

B．电缆导体处宜采用带材密封或模塑密封方式，防止终端内的绝缘填充剂流入导体

C．在电缆绝缘、绝缘屏蔽层和应力锥的内表面涂上硅脂

D．用手工或专用工具套入应力锥，套到规定位置后清除应力锥末端多余的硅脂

316．安装 110kV 电缆终端前，准备工作包括（　　）。

A．附件材料验收

B．工器具检查

C．终端支架定位安装完毕，确保作业面水平

D．必要时应进行附件试装配

317．安装电缆 GIS 终端前，应检查电缆，并满足（　　）等要求。

A．电缆状况良好，无受潮　　　　　　B．电缆绝缘偏心度合格

C．电缆相位正确　　　　　　　　　　D．护层耐压试验合格

318．除了满足 110kV 电力电缆终端安装的基本要求，安装 110kV 电力电缆封闭式 GIS 电缆终端前，应检查（　　）。

A．终端零件的形状

B．终端零件外壳是否损伤

C．终端零件件数是否正确

D．对各零部件尺寸按图纸进行校核，最好进行预装配

319．二级电缆隧道内敷设的 110（66）kV 及以上电缆本体时，应配置（　　）。

A．分布式光纤测温系统　　　　　　B．红外在线监测系统

C．护层接地电缆监测系统　　　　　　D．局部放电在线监测系统

320．红外热像检测方法主要针对（　　）缺陷。

A．连接不良　　　　　　B．受潮　　　　　　C．电缆接地系统　　　　　　D．绝缘

321．工程投运前，电缆运检部门应进行的工作包括（　　）。

A．配置相应的生产准备人员　　　　　　B．指定设备主人，制订培训计划

C．组织开展生产准备人员培训　　　　　　D．进行交接试验

三、填空题

五级 / 初级工

1. 采用两端 GIS 的电缆线路，GIS 侧应加装（　　）。
2. 未采取任何防护措施时，禁止在电缆通道两侧各（　　）m 内进行机械施工。
3. 地下电力电缆保护区的宽度为电缆线路地面标桩两侧各（　　）m 所形成两平行线内区域。
4. 有防水要求的电缆应有纵向和径向阻水措施。电缆接头的防水应采用铜套，必要时可增设（　　）外壳。
5. 电缆密集区域的在役接头应加装（　　）或采取其他防火隔离措施。
6. 电缆通道在道路下方的规划位置，宜布置在（　　）、非机动车道及绿化带下方。
7. 《电力电缆及通道运维规程》（Q/GDW 1512—2014）规定，工井设置在绿化带内时，其出口处高度应高于绿化带地面不小于（　　）mm。
8. 接地箱、交叉互联箱内的电气连接部分应与箱体绝缘。箱体不得选用铁磁材料，并应密封良好，固定牢固可靠，满足长期浸水要求，防护等级不低于（　　）。
9. 水底电缆应采用整根电缆。当电缆长度超过制造能力时，可采用（　　）连接。
10. 公路、铁道、桥梁上的电缆应采取防振、防（　　）及防风振措施，防止金属护套因长期应力疲劳导致断裂。
11. 交流单芯电缆单根穿管敷设时，不得采用未分隔（　　）的钢管。
12. 金属屏蔽（金属护套）接地电流测量应采用在线监测装置或钳形电流表，对电缆金属屏蔽（金属护套）接地电流和（　　）进行测量。
13. 电缆线路诊断性试验包括超声波检测、（　　）、特高频局部放电测试和振荡波局部放电测试。
14. 电缆通道结构检测工作应分三类，分别是日常巡视检查、（　　）和特殊性检测。
15. 高频局部放电测试是指对高频段的局部放电信号进行采集、分析、判断的检测方法，主要采用（　　）互感器、电容耦合传感器采集信号。
16. 标准脉冲发生装置是指用于局部放电检测校验的信号源，可输出近似（　　）波形的电压脉冲。
17. 局部放电表征参量是指在一定条件下，用于描述电力电缆局部放电物理现象的状态参数，包括基本参数，如等效放电量、（　　）、放电相位、放电检测频率等，以及累计参数，如平均放电电流、放电功率等。
18. 局部放电带电检测灵敏度是指经局部放电带电检测校验后，综合运用抗干扰技术手段，设备所能检测的（　　）等效放电量。
19. 电力电缆局部放电带电检测设备的接入不应影响被测设备的（　　）。
20. 两个测点之间的温差与其中较热点的温升之比叫（　　）。
21. 综合致热型设备是指由电压效应，或（　　），或由电磁效应引起发热的设备。
22. 决定便携式红外热像仪性能的两个重要参数是（　　）和空间分辨率。
23. 电缆线路局部放电的电气测试方法中最常用的是（　　）。

24. 高压电缆结构由内到外依次为导体、内半导电屏蔽层、绝缘层、（　　）、缓冲层、铝护套、外护套。

25. 交联聚乙烯绝缘电力电缆在额定负荷下，导体最高运行温度为（　　）℃。

26. 电缆采用蛇形敷设可有效释放（　　），使电缆的热膨胀被每个波形所吸收而不会集中在某一局部（如终端、接头），避免对附件的损伤。

27. 当电缆线路的（　　）评价为"正常状态"时，该条线路状态应为"正常状态"。

28. 工井正下方的电缆应采取（　　）保护措施。

29. 对自然灾害频发和外力破坏严重区域应采取（　　）策略，并制定有针对性的应急措施。

30. 桥梁敷设的电缆不宜选用（　　）电缆。

31. 不合格的电缆终端站接地装置接地电阻应（　　），必要时开展开挖检查及修复工作。

32. 在电缆线路交接试验中，主绝缘交流耐压试验采用频率范围为（　　）的交流电压。

33. 在电缆线路交接试验中，电缆外护套绝缘电阻不低于（　　）。

34. 局部放电带电检测校验是指通过（　　）注入，以设备实测的局部放电等效放电量，推算评估电缆内部实际放电量的方法。

35. 经局部放电带电检测校验后，综合运用抗干扰技术手段，设备所能检测的最小局部放电信号等效放电量称为局部放电带电检测（　　）。

36. 在正常试验环境中，局部放电带电检测设备交流电源回路对外壳在 500V 试验电压下的绝缘电阻不应小于（　　）MΩ。

37. 封铅是指将铅锡合金加热涂覆于金属护套和铜套之间，起到密封及提供（　　）通路作用的工艺。

38. 组合预制绝缘件接头是采用（　　）及预制环氧绝缘件现场组装的接头。

39. 加热校直的目的在于消除电缆生产和敷设过程中产生的（　　），保证电缆和附件的界面配合，也可减少电缆投运后因绝缘受热而导致的回缩。

40. 电缆线芯连接金具应采用符合有关标准的连接管和接线端子，其内径应与电缆线芯匹配，截面宜为导体截面的（　　）倍。

41. 电缆的导体屏蔽、绝缘和绝缘屏蔽应采用（　　）工艺制造。

42. 电缆终端（不包括电缆 GIS 终端和变压器终端）一般应垂直安装，当终端的轴线与垂直线的夹角超过（　　）时，应满足规定的弯曲耐受负荷。

43. （　　）高压电缆应采用金属支架。

44. 高压电缆超高频局部放电检测是指对频率介于（　　）的局部放电信号进行采集、分析、判断的检测方法，主要采用天线结构传感器采集信号。

45. 电缆红外检测时，电缆应带电运行，且运行时间应该在（　　）h 以上。

46. 超声波、高频、超高频局部放电检测时，新设备投运、解体检修应 1 周内完成检测，在运设备每（　　）年检测 1 次。

47. 电缆高频局部放电现场检测中，在某个测试点测试到异常信号时，应根据局部放电判定要素，对检测到的异常信号进行判断，如根据（　　）特征判断测量信号是否具备电源信号相关性。

48．电缆高频局部放电现场检测中，在某个测试点测试到异常信号时，应逐个对中间接头进行测试，找到离局部放电源位置最近的电缆附件，通过分析该电缆附件检测到的（　　），频率分布、反射波时间等信息，综合判断出局部放电源的位置。

49．电缆超高频局部放电现场检测中，检测相邻间隔的信号，根据各检测间隔的（　　）初步定位局部放电部位。

50．敷设 66kV 及以上的电缆时，电缆本体（护套、铠装等）不应出现明显变形，敷设最小弯曲半径为（　　）倍成品电缆标称半径。

51．敷设 66kV 及以上的电缆时，电缆本体（护套、铠装等）不应出现明显变形，电缆运行时的最小弯曲半径为（　　）倍成品电缆标称半径。

52．接地箱在电缆线路中是为降低电缆护层（　　），将电缆的金属屏蔽直接接地或通过过电压限制器接地的装置。

53．有防水要求的电缆应有（　　）和（　　）阻水措施。

54．电缆支架技术要求：（　　）kV 及以上电缆应采用金属支架，35kV 及以下电缆采用金属支架或抗老化性能好的复合材料支架。

55．巡视检查分为定期巡视、（　　）、（　　）三类。

56．定期巡视周期为：110（66）kV 及以上电缆通道外部与户外终端巡视每（　　）月巡视一次。

57．单电源、重要电源、重要负荷、网间联络等电缆及其通道的定期巡视周期不应超过（　　）月。

58．对电缆及其通道靠近热力管或其他热源、（　　）处，应进行电缆环境温度、土壤温度和电缆表面温度监视测量，防止过热对电缆产生不利影响。

59．海底电缆导管道保护区的范围：沿海宽阔海域为海底电缆导管道两侧各（　　）m，海湾等狭窄海域为海底电缆导管道两侧各（　　）m，海港区内为海底电缆导管道两侧各 50m。

60．在电缆通道附近和电缆通道保护区内直埋电缆两侧各（　　）m 以内，禁止倾倒酸、碱、盐及其他有害化学物品。

61．电缆与热管道（沟）、热力设备平行成交叉时，应采取（　　）措施。

62．在电缆通道、夹层内，使用的临时电源应满足绝缘、（　　）、防潮要求。

63．制作环氧树脂电缆和调配环氧树脂工作过程中，应采取（　　）和（　　）措施。

64．电力电缆设备的标识牌要与（　　）、（　　）和电缆资料的名称一致。

65．电缆线路状态评价分为（　　）评价和（　　）评价。当电缆线路的所有部件评价为"正常状态"，则该条线路状态评价为"正常状态"。当电缆任一部件状态评价为"注意状态""异常状态"或"严重状态"时，电缆线路状态评价为其中最严重的状态。

66．（　　）类检修是指电缆及其通道在不停电状态下进行的带电测试、外观检查和维修。

67．应利用红外测温技术，对电缆线路中因（　　）导致发热的部位进行温度测量。

68．66kV 及以上电缆线路中，在主绝缘交流耐压试验期间应同步开展（　　）。

69. 变电站夹层内不应布置（   ）。
70. 单电源、重要电源、重要负荷、网间联络等电缆及其通道的巡视周期不应超过（   ）。
71. 外护套以材料氧指数≥（   ）的聚烯烃制成，具有阻滞、延缓火焰沿着其外表面蔓延，使火灾不扩大的电缆称为阻燃电缆。
72. 并列敷设的电缆，有接头时应将（   ）。
73. 超高频局部放电测试主要适用于（   ）的检测。
74. 110（66）kV 电缆线路红外测温的周期应为（   ）。
75. 电力电缆蛇形布置转换成直线敷设的过渡部位时，宜采取（   ）固定。
76. 被评价为"严重状态"的电缆线路应立即安排（   ）类或（   ）类检修。
77. 在电缆通道、夹层内，动火作业应办理（   ），并采取可靠的防火措施。
78. 电力电缆及其通道运维单位应制定缺陷管理流程，对缺陷的上报、定性、处理、验收等环节实行（   ）。
79. 电缆及其通道资料应有专人管理，建立图纸、资料清册，做到目录齐全、分类清晰、（   ）、检索方便。
80. 进行外护套直流电压试验时，应对单芯电缆外护套与接头保护层施加（   ）直流电压，试验时间为（   ）min。
81. 进行金属屏蔽（金属护套）接地电流测量时，应采用（   ）对电缆金属屏蔽（   ）接地电流和负荷电流进行测量。
82. 在明敷电缆时，接头应用（   ）固定，接头两端应刚性固定，每侧固定点不少于（   ）处。
83. 电缆隧道内的支架同层横档应在同一水平面，水平间距为（   ）m。
84. 避雷器连接端子与引流线的热点温度不应超过（   ），相对温差不应超过（   ）。
85. 放电球间隙向电缆加冲击高压时，使故障点击穿产生闪络的方法称为（   ）。

四级／中级工

86. 利用与冲击闪络法相同的高压设备，使故障点击穿放电。故障间隙放电时，产生的机械振动传到地面，利用（   ）检测，可以比较准确地对电缆故障点进行定位。
87. 电缆支架是用于（   ）和固定电缆的装置。
88. 每回电缆及其通道应有明确的运维管理界限，应与发电厂、变电所、架空线路、开闭所和临近的运行管理单位明确划分（   ），不应出现空白点。
89. 电缆接头两侧与相邻电缆（   ）m 长的区段应采取涂刷防火涂料、缠绕防火包带等措施。
90. 电缆进入电缆沟、隧道、竖井、建筑物、盘（柜）以及穿入管子时，出入口应（   ），管口应（   ）。
91. 电缆接头的防水应采用（   ），必要时可增加（   ）。
92. （   ）及以上电压等级的电缆不应采用非开挖定向钻进拖拉管敷设方式。
93. 电缆终端上应有明显的（   ），且应与系统的相位一致。
94. 运维单位根据施工计划参与隐蔽工程（   ）和（   ）的中间验收。

95．新设备投运后，首次状态评价应在1个月内组织开展，并在（　　）个月内完成。

96．对66kV及以上电缆线路，在主绝缘交流耐压试验期间应同步开展（　　）。

97．对临近电缆通道的易燃、易爆设施应采取（　　）措施，防止易燃、易爆物渗入。

98．预制式电缆终端和接头应保持直线状态,特别避免附件（　　）部位受力弯曲变形。

99．电缆与热管道（沟）及热力设备平行、交叉时，应采取（　　）措施。

100．对于自身存在缺陷和隐患的电缆与通道，有条件时可对重要电缆线路采用（　　）或（　　）等技术手段进行状态监测。

101．在电力电缆通过（　　）后,应检查护层过电压限制器有无烧熔现象，交叉互联箱、接地箱内连接排接触是否良好。

102．隧道、竖井应做好防火隔断及封堵。阻火墙、阻火隔层、阻火封堵应满足耐火极限不低于（　　）的耐火完整性、隔热性要求。

103．对金属屏蔽或金属护套一端接地，另一端装有护层电压限制器的单芯电缆主绝缘进行耐压试验时，应将护层电压限制器（　　）。

104．电缆终端本体同部位相间温度差超过（　　）时，应加强监测，超过（　　）时，应停电检查。

105．电缆与公路边平行时的最小距离为（　　）m。

106．对（　　）kV及以上电压等级、单次采购长度大于20km的110（66）kV电压等级工程，（　　）应配合物资部门和建设部门做好设备及材料抽查。对不合格的设备、材料，应做好记录并上报相关管理部门，未经检验或检验不合格的设备、材料一律不得在工程中使用。

107．高压电缆附件安装人员应通过电缆附件安装培训与考核，对于重要高压电缆及其通道工程，电缆运检部门应对附件安装人员进行关键安装工艺水平的（　　）。

108．开展高压电缆附件安装关键工艺的旁站监督工作时，500kV高压电缆旁站监督工作由（　　）负责。

109．开展高压电缆附件安装关键工艺的旁站监督工作时，220kV及以下高压电缆旁站监督工作原则上由（　　）负责，或由各省运检部统一协调。

110．电缆运检部门应派人（　　）电缆交接试验。

111．金属护层采取交叉互联方式时，应逐相进行（　　），确保连接方式正确。

112．电缆金属护层（　　）、接地箱（互联箱）端子（　　）必须满足设计要求和相关技术规范要求。

113．电缆GIS终端出线杆采用围压压接法进行导体压接时，其压缩比应控制在（　　）。

114．尾管与金属护套接地连接采用封铅方式时，封铅要与电缆金属护套、电缆附件的金属护套管紧密连接，封铅致密性要好，不应有杂质和气泡，结合处厚度不应小于（　　）。

115．电缆GIS终端制作完毕后，应保持静止（　　）以上，才能做电缆交接试验。

116．绝缘处理完毕后，用工艺规定的清洁剂清洁绝缘表面，并及时用（　　）覆盖绝缘表面，防止灰尘和其他污染物黏附。

117．户外终端进行密封时，可采用封铅或（　　）等方式。

118. 110kV 交联聚乙烯绝缘电力电缆安装交叉互联换位箱、接地箱、接地线时，接地线与接地线端子的连接应采用（   ）方式，接地线端子与接头铜盒、接地铜排的连接宜采用不锈钢或热镀锌防腐螺栓连接方式。

119. 电缆绝缘表面应进行打磨抛光处理，110kV 及以上电缆应尽可能使用 600 号及以上砂纸，最低不应低于 400 号砂纸。初次打磨可使用打磨机或 240 号砂纸进行粗抛，并按照（   ）的顺序选择砂纸进行打磨。

120. 电缆接头安装质量应满足以下要求：导体连接可靠、（   ）满足设计要求、接地与密封牢靠。

121. 在套入预制橡胶绝缘件之前，应清洁粘在电缆绝缘表面上的灰尘或其他残留物，清洁方向应为（   ）和绝缘层向导体方向。

122. 整体预制式接头要求：交联聚乙烯电缆绝缘的外径和预制橡胶绝缘件的内径之间的界面应满足工艺规定的（   ）配合，安装预制绝缘件接头时宜使用专用的扩张工具或牵引工具。

123. 110kV 交联聚乙烯绝缘电力电缆导体连接方式宜采用机械压力连接方法。例如，进行压缩连接时，应采用（   ）压接法。

124. 110kV 交联聚乙烯绝缘电力电缆过程验收一般包括接头施工准备工作、绝缘处理、接线端子与导体连接、应力锥的安装、接头接地与密封处理、接头装置、施工与接头标识等项目。如果采取抽检方式，则抽样率宜大于（   ）。

125. 电缆绝缘表面打磨处理后，应测量绝缘表面直径，测量时至少选择（   ）个测量点，每个测量点应在同一平面至少测两次，确保绝缘表面的直径达到设计图纸所规定的尺寸范围。

126. 封铅是一种将铅锡合金加热涂覆于金属护套与终端尾管之间，起到密封与提供（   ）通路作用的工艺。

127. 加热校直可以消除电缆生产和敷设过程中产生的（   ），保证电缆和附件的（   ），也可减少电缆投运后因绝缘受热而导致的（   ）。

128. 安装高压交联电缆附件时，电缆弯曲半径不宜小于（   ）倍电缆外径。

129. 户外终端尾管与金属护套进行接地连接时，可采用（   ）方式或采用接地线焊接方式。

130. 非开挖定向钻拖拉管出入口 2m 范围内，应有（   ）保护措施。

三级 / 高级工

131. 综合管廊中的电缆舱内不得有（   ）等其他管道。

132. 电缆及其通道的检修工作应大力推行状态检测和状态评价，根据检测和评价结果动态制订（   ），确定检修和试验计划。

133. 在红外热成像检测中，最好在设备负荷高峰状态下进行，一般不应低于额定负荷的（   ）。

134. 金属护层接地电流现场检测前，钳型电流表应处于正确挡位，量程由大至小调节，测试接地电流，应记录当时的（   ）。

135. 电缆及其通道的检修工作应积极采用先进的材料、工艺、方法及（   ），确保检修工作安全，努力提高检修质量，缩短检修工期，以延长设备的使用寿命，提高安全运行水平。

136．检修策略的一般要求中，C类检修的正常周期宜与（　　）一致。

137．被评价为（　　）的电缆线路，根据评价结果确定检修类型，并适时安排C类或B类检修。

138．电缆终端站接地装置接地电阻不合格的应（　　），必要时进行开挖检查修复。

139．电缆线路交接试验中，主绝缘交流耐压试验采用频率为（　　）的交流电压。

140．电缆线路交接试验中，外护套直流电压试验的直流试验电压为（　　），试验时间为（　　）。

141．正常状态下电缆本体C类检修项目中，电缆本体外观检查包括检查电缆是否存在过度弯曲、过度拉伸、（　　）等情况，检查充油电缆是否存在（　　）情况。

142．检查电缆终端设备线夹发热温度时，同一线路相间温差不超过（　　）K，温度不超过（　　）℃。

143．安装电缆中间接头时，电缆弯曲半径不应小于电缆外径的（　　）倍。

144．安装电缆接头前，应对安装接头部分的电缆进行加热校直，应达到的工艺要求为：每600mm的弯曲偏移应不大于（　　）mm。

145．电缆GIS终端安装终端接地箱、接地线时，接地线与线端子的连接应采用（　　）方式。

146．电缆附属设备是避雷器、（　　）、供油装置、在线监测装置等电缆线路附属装置的统称。

147．应对完整的金属护层接地系统进行交接试验，包括电缆外护套、（　　）、接地电缆、接地箱、互联箱等交接试验。

148．对于单相多节串联结构的避雷器，泄漏电流测试应（　　）进行。

149．振荡波局部放电测试适用于（　　）kV及以下电缆线路的停电检测。

150．判断橡塑电缆外护套故障性质时，一般用（　　）V绝缘电阻表测量。

151．跨步电压法通过给被测电缆施加脉动或脉冲信号，沿电缆路径用测量设备测得信号的幅度和方向。如果被测位置检流计指针所指的方向（　　），则被测位置为电缆的故障点。

152．电缆及其通道的检修工作应大力推行（　　）和（　　），根据结果动态制定检修策略，确定检修和试验计划。

153．工作前应详细核对电缆（　　）与工作票所填写的内容是否相符，安全措施正确可靠后，方可开始工作。

154．变、配电站的钥匙与电力电缆附属设施的钥匙应（　　），使用时要登记。

155．沟槽开挖深度达到（　　）及以上时，应采取措施防止土层塌方。

156．移动电缆接头一般应停电进行。如必须带电移动时，则应先调查该电缆的历史记录，由有经验的施工人员在（　　）指挥下，平正移动。

157．电缆本体是指除去（　　）和（　　）等附件的电缆线段部分。

158．使用远控电缆割刀开断电缆时，刀头应（　　），周边其他施工人员应临时撤离，防止弧光和跨步电压伤人。

159. 电缆外护套损伤缺陷修复后，应再次测量外护套绝缘电阻，用（   ）V 兆欧表进行测量。当外护套的绝缘电阻低于（   ）时，应判断其是否破损进水，对于 110kV 及以上电缆，仅测量外护套绝缘电阻。

160. 电缆及其通道的检修中，"电缆整条更换""电缆附件整批更换"属于（   ）类检修。

161. 电缆通道附属设施应符合施工和运行要求，110（66）kV 及以上高压电缆应采用金属支架，工作电流大于（   ）的高压电缆应采用非导磁金属支架。

162. 运维人员负责电缆投运后的日常运维检修工作，需要参加电缆及其通道的（   ）、设备选型及招标等工作。

163. 运维人员应经过技术培训并取得相应的技术资质，认真做好所管辖电缆及其通道的（   ）工作，建立健全的技术资料档案，并做到齐全、准确。

164. 运维单位应加强电力电缆及其通道保护区管理，防止外力破坏。在邻近电力电缆及其通道保护区的（   ）等施工，运维单位应要求对方做好电力设施保护。

165. 110kV 及以上架空线入地，应保障抢修和试验车辆能到达终端站、终端塔（杆）现场，同一线路不应（   ）段入地（   ）。

166. （   ）电缆不可以配置在同一层支架上。

167. 原则上（   ）kV 以下与（   ）kV 及以上电缆宜分开敷设。

168. 同通道敷设的电缆应按电压等级（   ）分层布置，不同电压等级电缆间宜设置防火隔板等防护措施。

169. 重要变电站和重要用户的双路电源电缆（   ）同通道敷设。

170. 通信光缆应布置在（   ），且应设置防火隔槽等防护措施。

171. 交流单芯电缆穿越的闭合管、孔应采用（   ）材料。

172. 隧道技术要求隧道工井人孔内径应不小于（   ），在隧道交叉处设置的人孔不应垂直设在交叉处的正上方，应错开布置。

173. 运维单位应定期开展（   ）工作，及时掌握缺陷消除情况和缺陷产生的原因，并采取有针对性的措施。

174. 电缆及其通道资料应有（   ），做到目录齐全、分类清晰、一线一档、检索方便。

175. 允许在电缆及其通道保护范围内施工的运维单位应严格审查（   ）和（   ），并与施工单位签订保护协议书，明确双方职责。在施工期间，安排运维人员到现场进行监护，确保施工单位不得擅自更改施工范围。

176. 金属电缆支架全线均应有良好的（   ）。

177. 在水底电缆敷设后，应设立（   ）。

二级 / 技师

178. 在直埋、排管敷设的电缆上方，沿线土层内应铺设带有电力标识的（   ）。

179. 直埋电缆的埋深度要求：地面至电缆外护套顶部的距离不小于（   ）m；穿越农田或在车行道下时，不小于（   ）m；在引入建筑物、与地下建筑物交叉及绕过建筑物时，可浅埋且应采取保护措施。

180. 电缆在敷设于冻土地区时，宜埋入（   ）。当无法深埋时，可埋设在土壤排水性好的（　　）中，也可采取其他防止电缆受损的措施。

181．电缆周围不应有石块或其他硬质杂物以及酸、碱强腐蚀物等，沿电缆全线上下各铺设（　　）厚的细土或沙层，并在上面加盖保护板，保护板覆盖宽度应超过电缆两侧各（　　）。

182．110（66）kV及以上电压等级的电缆运行在潮湿或浸水环境中时，应有（　　）功能，电缆附件应密封防潮。

183．电力电缆局部放电带电检测设备时，一般由（　　）、传感器、（　　）与检测主机组成。

184．高频局部放电检测设备应具备检测校验功能，在一定的频率范围内通过比较（　　）与（　　），调整输入信号的传输阻抗修正系数，实现对检测回路的校正。

185．为便于对比分析高频局部放电检测设备的测量结果，等效放电量单位统一为（　　）。

186．排管的内径不宜小于电缆外径或多根电缆包络外径的（　　）倍，一般不宜小于（　　）mm。

187．封铅应与电缆金属护套和电缆附件的（　　）紧密连接，封铅致密性应良好，不应有杂质和气泡，且厚度不应小于（　　）cm。

188．户外终端绝缘处理时，打磨抛光处理的重点部位为（　　）。

189．间接头尾管与金属护套采用（　　）进行接地连接时，跨接接地线截面应满足系统短路接通电流要求。

190．装交叉互联箱、接地箱、接地线时，接地线与接地线端子的连接应采用（　　）方式，接地线端子与接头铜盒、接地铜排的连接宜采用（　　）连接方式。

191．Z型电缆GIS终端中，SF_6气体在20℃下的设计工作压力最大为（　　）Mpa。

192．电缆分割导体如果采用（　　），则应是非磁性的。

193．电缆检测时，在安全距离允许的范围内，红外仪器宜尽量靠近被测设备，使被测设备充满整个仪器的视场，以提高仪器对被测设备表面细节的分辨能力及测温精度，必要时，应使用（　　）镜头。

194．高压电缆线路终端、接头红外诊断测试结果相间温差≥（　　）℃时，结果判断为缺陷。

195．在金属护层接地电流检测中，金属护层接地电流在线监测可替代（　　）。

196．高压电缆超声波检测时，可在现场检测部位（　　）、（　　）、终端等处设置测试点。测试点的选取务必注意带电设备安全距离，并保持测试点位置的一致性，以便于进行比较分析。

197．回流线是指单芯电缆金属屏蔽或金属护套单端接地时，为抑制单相接地故障电流形成的磁场对外界的影响，降低金属屏蔽或金属护套上的感应电压，沿电缆线路敷设（　　）的接地线。

198．运维单位应开展电力设施保护宣传教育工作，建立和完善电力设施保护工作机制和责任制，加强电力电缆及其通道保护区管理，防止（　　）。

199. 采用两端 GIS 的电缆线路，GIS 应加装（　　），便于电缆试验。

200. （　　）及以上电压等级不应采用非开挖定向钻进拖拉管。

201. 非开挖定向钻拖拉管出入口角度不应大于（　　）。

202. 非开挖定向钻拖拉管出入口（　　）m 范围，应配有钢筋混凝土包封保护措施。

203. 电缆桥架钢材应平直，无明显扭曲、变形，并进行防腐处理，连接螺栓应采用（　　）。

204. 综合管廊电缆舱要求电缆舱具有（　　）等措施。

205. 水底电缆敷设时，电缆应平放于水底，不得悬空。当条件允许时，电缆应尽可能埋设在河床下，浅水区的埋深不宜小于（　　）m，深水航道的埋深不宜小于 2m。不能深埋电缆时，应有防止外力破坏的措施。

206. 电缆及其通道竣工图纸和路径图的比例尺一般为（　　），地下管线密集地段的比例尺为（　　），管线稀少地段的比例尺为 1∶1000。

207. 故障巡视应在电缆发生故障后立即进行，巡视范围为发生故障的（　　）。

208. 特殊巡视应在气候剧烈变化、自然灾害、外力影响、异常运行和对电网安全稳定运行有特殊要求时进行，巡视的范围视情况可分为（　　）。

209. 单电源、重要电源、重要负荷、网间联络等电缆与通道的巡视周期不应超过（　　）个月。

210. 电缆巡视应沿电缆逐个接头、终端建档进行，并实行（　　），不得出现（　　）。

211. 地下电力电缆保护区的宽度为地下电力电缆线路地面标桩两侧各（　　）m 所形成两平行线内的区域。

212. 江河电缆保护区的宽度要求：电缆敷设于二级及以上航道时，宽度为线路两侧各（　　）m 所形成的两平行线内的水域；敷设于三级及以下航道时，宽度为线路两侧各 50m 所形成的两平行线内的水域。

213. 电缆接头应加装（　　）或采取其他防火隔离措施。变电站夹层内不应设置电缆接头。

214. 运维单位应开展定期评价和动态评价。新设备投运后，首次状态评价应在 1 个月内组织开展，并在（　　）个月内完成。

215. 电缆隐患排查治理应纳入日常运维工作中，按照（　　）的流程形成闭环管理。

216. 通道维护主要包括（　　）等工作。

217. 66kV 及以上的电缆敷设和运行时的最小弯曲半径要求：敷设时不小于（　　）倍电缆外径，运行时不小于（　　）倍电缆外径。

218. 电缆本体（护套、铠装等）严重变形时可能伤及主绝缘。电缆本体遭受外力且弯曲半径≤（　　）倍电缆外径，出现异常变形时，属于严重缺陷。

一级／高级技师

219. 建设单位应在土建验收前（　　）周提出书面申请。

220. 电缆运检部门根据建设单位反馈的（　　），进行逐条复检，复检合格后，方可进行电气施工。

221. 对于首次中标的电缆敷设单位或附件厂家，运维单位应加强对厂家关键工艺的

（　　）和（　　），明确具体考核关键节点和需提供的技术资料。

222．某交联聚乙烯电缆的正常载流量为400A，短时过载温度为110℃，系数为1.15，此时过载电流为（　　）。

223．某电缆运行相电压最大值为64kV，切合空载电缆最大过电压倍数为1.9，护层过电压为（　　）。经验系数 k_1=0.153。

224．一条电缆零序阻抗的数据如下：U_0=7.2V，I=40.5A，P=280W，零序电抗为（　　）Ω。

225．有一刚体吊臂长6m（不计自重），已知此吊臂在60°时能起吊6吨物体。因现场空间限制，吊臂最大起吊角度为30°，在此情况下，能将一盘重约（　　）吨的电缆盘吊起。

226．在大电流接地系统中，配电系统可能出现的最大接地电流为4000A，这时接地网中的接地电阻值应为（　　）Ω。

四、判断题

五级／初级工

1．运维人员负责电缆投运后的日常运维检修工作，不需要负责电缆及其通道的规划、路径选择、设计审查、设备选型及招标等工作。（　　）

2．运维人员应经过技术培训并取得相应的技术资质，认真做好所管辖电缆及其通道的巡视、维护和缺陷管理工作，建立健全的技术资料档案。（　　）

3．运维单位应加强电力电缆及其通道保护区管理，防止外力破坏。在邻近电力电缆及其通道保护区的打桩、深基坑开挖等施工，运维单位应要求施工方做好电力设施保护。（　　）

4．110kV及以上架空线入地时，应保障抢修和试验车辆能到达终端站、终端塔（杆）现场，同一线路不应分多段入地。（　　）

5．电力电缆和控制电缆可以配置在同一层支架上。（　　）

6．交流单芯电缆的固定夹具应采用铁磁性材料。（　　）

7．隧道工井人孔内径应不小于500mm，在隧道交叉处设置的人孔不应垂直设在交叉处的正上方，应错开布置。（　　）

8．运维单位应定期开展缺陷统计分析工作，及时掌握缺陷消除情况和缺陷产生的原因，采取有针对性的措施。（　　）

9．电缆及其通道资料应有专人管理，建立图纸、资料清册，做到目录齐全、分类清晰、一线一档、检索方便。（　　）

10．允许在电缆及其通道保护范围内进行施工的项目，运维单位必须严格审查施工方案，制定安全防护措施，并与施工单位签订保护协议书，明确双方职责。施工期间，安排运维人员到现场进行监护，施工单位不得擅自更改施工范围。（　　）

11．接地箱、交叉互联箱内电气连接部分应与箱体绝缘。箱体不得选用铁磁材料，并应密封良好，固定牢固可靠，满足长期浸水要求，防护等级不低于IP68。（　　）

12．金属电缆支架全线均应有良好的接地。（　　）

13．敷设水底电缆后，应设立永久性标识和警示牌。（　　）

14．直埋、排管敷设的电缆上方沿线土层内，应铺设带有电力标识的警示带。（　　）

15. 运维单位应根据电缆及其通道特点划分区域,结合状态评价和运行经验确定电缆及其通道的巡视周期。同时依据电缆及其通道区段和时间段的变化,及时对巡视周期进行必要的调整。(   )

16. 电力电缆局部放电带电检测设备一般由标准脉冲发生装置、传感器、信号采集单元与检测主机组成。(   )

17. 高频局部放电检测设备应具备检测校验功能,在一定的频率范围内,通过输入的标准脉冲幅值与检出的等效放电量相比较,调整输入信号的传输阻抗修正系数,实现对检测回路的校正。(   )

18. 为了便于对比分析高频局部放电检测设备的测量结果,等效放电量单位统一为pC。(   )

19. 海底电力电缆的绝缘结构与陆上电缆很相似,可把陆地上使用的电力电缆敷设在海底使用。(   )

20. 排管的内径不宜小于电缆外径或多根电缆包络外径的1.5倍,一般不宜小于150mm。(   )

21. 对于城市排水系统泵站的供电电源电缆,应在每年汛期前进行全面巡视。(   )

22. 电缆线路交叉互联系统中,非线性电阻型护层电压限制器在进行交接试验时,对电阻片施加直流参考电流后,测量电阻片的压降,即直流参考电压,其值应在产品标准规定的范围之内。(   )

23. 封铅应与电缆金属护套和电缆附件的金属护套管紧密连接,封铅致密性应良好,不应有杂质和气泡,且厚度不应小于14cm。(   )

24. 处理户外终端绝缘时,打磨抛光的重点处理部位是安装应力锥的部位。(   )

25. 中间接头尾管与金属护套采用焊接方式进行接地连接时,跨接接地线截面应满足系统短路接通电流要求。(   )

26. 安装交叉互联换位箱及接地箱、接地线时,接地线与接地线端子的连接应采用机械压接方式,接地线端子与接头铜盒、接地铜排的连接宜采用不锈钢或热镀锌防腐螺栓连接方式。(   )

27. 在电缆 GIS 终端中,SF_6 气体在20℃下的设计工作压力不得大于0.75Mpa。(   )

28. 在电缆检测时,在安全距离允许的范围下,红外仪器应尽量靠近被测设备,使被测设备充满整个仪器的视场,以提高仪器对被测设备表面细节的分辨能力及测温精度,必要时,应使用中、长焦距镜头。(   )

29. 高压电缆线路终端、接头红外诊断测试结果相间温差≥4℃,结果判断为缺陷。(   )

30. 在金属护层接地电流检测的检测周期中,金属护层接地电流在线监测可替代外护层接地电流的带电监测。(   )

31. 高压电缆超声波现场检测时,电缆本体、中间接头、终端等处均可设置测试点。测试点的选取务必注意带电设备的安全距离,保持每次测试点的位置一致,以便于进行比较分析。(   )

32. 回流线是指单芯电缆金属屏蔽或金属护套单端接地时,为抑制单相接地故障电流形

成的磁场对外界的影响，降低金属屏蔽或金属护套上的感应电压，沿电缆线路敷设的一根阻抗较高的接地线。（　　）

33．运维单位应开展电力设施保护宣传教育工作，建立和完善电力设施保护工作机制和责任制，加强电力电缆及其通道保护区管理，防止外力破坏。（　　）

34．采用两端 GIS 的电缆线路，GIS 应加装试验套管，便于电缆试验。（　　）

35．在电缆进入建筑物、隧道、穿过楼板及墙壁处，电缆应有一定机械强度的保护管或加装保护罩，其中保护罩根部可以略微高出地面。（　　）

36．电缆支架应安装牢固，横平竖直，托架支吊架的固定方式应按施工方要求进行。（　　）

37．终端站、终端塔上相位牌的悬挂应正确，铭牌应规范悬挂。（　　）

38．电缆线路可以短时间过负荷运行。（　　）

39．电缆通道与煤气（或天然气）管道临近平行时，应采取有效的措施，及时发现煤气（或天然气）泄漏进入通道并及时处理。（　　）

40．110（66）kV 及以上电缆应采用金属支架，35kV 及以下电缆可采用金属支架或抗老化性能好的复合材料支架。（　　）

41．在隧道、电缆沟、变电站夹层、进出线等电缆密集区域，应采用阻燃电缆或采取防火措施。（　　）

42．危急缺陷的消除时间不得超过 48h，严重缺陷应在 30 天内消除，一般缺陷可结合检修计划尽早消除，但应处于可控状态。（　　）

43．超高频局部放电测试主要适用于电缆 GIS 终端的检测。（　　）

44．有防火要求的电缆除选用阻燃外护套外，还应在电缆通道内采取必要的防火措施。（　　）

45．综合管廊是指在城市地下建造的市政公用隧道空间，根据规划的要求，将电力、通信、供水等市政公用管线集中敷设在一个构筑物内，实施统一规划、设计、施工和管理。（　　）

46．电缆通道应布置在人行道、非机动车道及绿化带下方，设置在绿化带内时，工井出口处高度应高于绿化带地面不小于 300mm。（　　）

47．直埋、排管敷设的电缆上方沿线土层内，可以不铺设带有电力标识的警示带。（　　）

48．电缆接头应加装防火槽盒或采取其他防火隔离措施。（　　）

49．允许在电缆及其通道保护范围内施工的，运维单位必须严格审查施工方案，制定安全防护措施，并与施工单位签订保护协议书，明确双方职责。（　　）

50．电缆路径上应设立明显的警示标志，对可能发生外力破坏的区段应加强监视，并采取可靠的防护措施。对处于施工区域的电缆线路，应设置警告标识牌，标明保护范围。（　　）

51．电缆沟应合理设置接地装置，接地电阻应小于 5Ω。（　　）

52．电缆沟应有不小于 0.5% 的纵向排水坡度，并沿排水方向适当距离设置集水井。（　　）

53．电力设备高频局部放电带电检测最少由两人进行操作，并严格执行保证安全的组织措施和技术措施。（　　）

54．在电缆线路路径上存在可能使电缆受到机械性损伤的地段，应采取保护措施。（　　）

55．电力电缆长期允许的载流量除了与本身的材料与结构有关，还取决于电缆敷设方式和周围的环境。（   ）

56．电缆护层过电压限制器和电缆金属护层连接线宜在 5m 内，连接线应与电缆护层的绝缘水平一致。（   ）。

57．接地装置是与电缆金属屏蔽或金属护套层相连接，将接地电流进行分流的装置。（   ）

58．防火封堵是限制火灾蔓延的重要措施。电缆穿越楼板、墙壁、管道两端时，封堵材料厚度应不小于 100mm，并严实无气孔。（   ）

59．对电缆及其通道靠近热力管或其他热源、电缆排列密集处，应进行电缆环境温度、土壤温度、电缆表面温度监视测量，防止环境温度或电缆过热对电缆产生不利影响。（   ）

60．运维部门应保持电缆通道、夹层整洁、畅通，消除各类火灾隐患，通道沿线及其内部不得积存易燃易爆物品。（   ）

61．电缆通道临近易燃或腐蚀性介质的存储容器、输送管道时，应加强监视，及时发现渗漏情况，防止电缆损坏或导致火灾。（   ）

62．在电缆通道、夹层内使用的临时电源应满足绝缘、防火、防潮要求。工作人员撤离时，应立即断开电源。（   ）

63．在电缆通道、夹层内进行动火作业时，应办理动火工作票，并采取可靠的防火措施。（   ）

64．110（66）kV 变电站及以上主网电缆进出线口以及进出线电缆沟宜与 10kV 配网电缆出线口统一设置。（   ）

65．在红外检测时，电缆应带电运行，且运行时间应该在 24h 以上，并尽量移开或避开电缆与测温仪之间的遮挡物。（   ）

66．电缆主绝缘电阻测量应采用 2500V 及以上电压的兆欧表，外护套绝缘电阻测量宜采用 500V 兆欧表。（   ）

67．35kV～220kV 的排管和 18 孔及以上的 6kV～20kV 排管应采取（钢筋）混凝土全包封防护措施。（   ）

68．交接试验是指电力电缆线路安装完成后，为了验证线路安装质量，对电缆线路开展的各种试验。（   ）

69．电缆加上直流电压后，将产生充电电流、吸收电流和泄漏电流。随着时间的延长，有的电流很快衰减到零，这时微安表中通过的电流基本只有泄漏电流。（   ）

70．对于新设备投运及 A、B 类检修后的电缆接头，应在 2 个月内完成温度检测。（   ）

71．绿化带或人行道内的电缆通道改为慢车道或快车道时，应进行迁改。（   ）

72．同一户外终端塔的电缆回路数不应超过 4 回。在采用两端 GIS 的电缆线路中，GIS 应加装试验套管，便于电缆试验。（   ）

四级 / 中级工

73．在沿海宽阔海域，海底电缆导管道保护区的范围为海底电缆导管道两侧各 500m。（   ）

74. 单芯电缆的金属护套或屏蔽层至少有一点直接接地，在未采取能防止人员接触金属护套或屏蔽层的安全措施时，非接地处的正常感应电压在满载情况下不得大于50V。（　　）

75. 单芯电缆的金属护套或屏蔽层至少有一点直接接地，在已采取能防止人员任意接触金属护套或屏蔽层的安全措施时，非接地处的正常感应电压在满载情况下不得大于100V。（　　）

76. 35kV及以上单芯电缆金属护套或屏蔽层单点直接接地时，下列情况下宜考虑沿电缆平行敷设一根两端接地的绝缘回流线：在系统短路时，电缆金属护套或屏蔽层上的工频感应电压超过电缆金属护层绝缘耐受强度或过电压限制器的工频耐压。（　　）

77. 电缆外护套表面应有耐磨的型号、规格、码长、制造厂家、出厂日期等信息。（　　）

78. 电缆终端外绝缘爬距应满足所在地区污秽等级的要求。在高速公路、铁路等局部污秽严重的区域，应对电缆终端套管涂上防污涂料，或者适当增加套管的绝缘等级。（　　）

79. 户外电缆终端的正常使用条件为海拔高度不超过2000m。（　　）

80. 电缆终端、设备线夹、与导线连接部位不应出现温度异常现象，电缆终端套管相同位置的部件温差不宜超过4K。（　　）

81. 直埋电缆的埋设深度一般不小于0.7m，穿越农田或在车行道下时不小于1m。（　　）

82. 电缆线路接地电阻的测试结果不应大于10Ω。（　　）

83. 并列敷设电缆时，其接头的位置宜相互错开。（　　）

84. 在电缆终端法兰盘（分支手套）下，应有不小于1m的垂直段，且刚性固定应不少于2处。在电缆终端处，应预留适量电缆，长度不小于制作一个电缆终端的裕度。（　　）

85. 避雷器连接端子及引流线的热点温度不应超过70℃，相对温差不应超过20%。（　　）

86. 避雷器计数器上的引线应绝缘良好，前后两次测量值应明显下降。（　　）

87. 供油装置不应存在渗油、漏油情况，充油电缆压力箱供油量不得小于标称供油量的90%。（　　）

88. 金属护层接地电流相间最大值与最小值之比应大于3。（　　）

89. 在线监测装置试验分为出厂试验、形式试验、入网检测试验、现场试验和特殊试验五类。（　　）

90. 在耐压试验前后，绝缘电阻应无明显变化。电缆外护套绝缘电阻与电缆长度乘积不低于0.5MΩ·km。（　　）

91. 主绝缘交流耐压试验采用20～300Hz的交流电压对电缆线路进行耐压试验。（　　）

92. 进行外护套直流电压试验时，应对单芯电缆外护套与同接头外保护层施加10kV直流电压，试验时间为1min。（　　）

93. 进行66kV及以上电缆线路主绝缘交流耐压试验时，应同时开展局部放电测量。（　　）

94. 电缆线路红外测温周期应满足的要求为：330kV及以上电缆线路测试1个月。（　　）

95. 电缆线路红外测温周期应满足的要求为：220kV电缆线路测试2个月。（　　）

96. 电缆线路红外测温周期应满足的要求为：110(66)kV电缆线路应测试6个月。（　　）

97. 如果电缆导体或金属屏蔽（金属护套）与外部金属连接的同部位相间温度差超过4K，则应加强监测，如果超过10K时，则应停电检查。（　　）

98. 当终端本体同部位相间温度差超过 2K 时应加强监测,当超过 4K 时应停电检查。(　　)

99. 金属屏蔽(金属护套)接地电流测试周期应满足的要求为:330kV 及以上电缆线路应测试 1 个月。(　　)

三级 / 高级工

100. 金属屏蔽(金属护套)接地电流测试周期应满足的要求为:220kV 电缆线路应测试 3 个月。(　　)

101. 金属屏蔽(金属护套)接地电流测试周期应满足的要求为:110(66)kV 电缆线路应测试 12 个月。(　　)

102. 单芯电缆线路接地电流应满足的要求为:接地电流绝对值小于 100A 时,接地电流与负荷电流比值小于 20%,单相接地电流最大值与最小值之比小于 3。(　　)

103. 电缆线路的防火设施必须与主体工程同时设计、同时施工、同时验收,防火设施未验收合格的电缆线路不得投入运行。(　　)

104. 在例行试验中,主绝缘交流耐压试验采用 20～300Hz 的交流电压。(　　)

105. 交叉互联系统对地绝缘的直流耐压试验中,试验方法是在每段电缆金属屏蔽(金属护套)与地之间施加 5kV 直流电压,加压时间为 1min,交叉互联系统对地绝缘部分不应击穿。(　　)

106. 超声波局部放电检测设备技术参数应满足的要求是测量量程为 0～55dB,分辨率优于 1dB,误差在 1dB 以内。(　　)

107. 超声波局部放电检测时,一般通过接触式超声波探头,在电缆终端套管、尾管以及 GIS 外壳等部位进行检测。(　　)

108. 未采用阻燃电缆时,电缆接头两侧及相邻电缆 3～4m 长的区段应采取涂刷防火涂料、缠绕防火包带等措施。(　　)

109. 电缆通道宜布置在人行道、非机动车道及绿化带下方;工井设置在绿化带内时,出口处高度应高于绿化带地面不小于 200mm。(　　)

110. 能直接或间接产生明火的作业包括熔化焊接、压力焊、钎焊、切割、喷枪、喷灯、钻孔、打磨、锤击、破碎和切削等。(　　)

111. 应建立健全的消防档案管理制度。消防档案应包括消防安全的基本情况和管理情况。消防档案应翔实,全面反映消防工作的基本情况,并附有必要的图表,根据情况及时更新。单位应对消防档案统一保管。(　　)

112. 动火执行人、监护人应同时离开作业现场,间断时间应超过 30min,继续动火前,动火执行人、监护人应重新确认安全条件。(　　)

113. 在易燃易爆物品周围进行动火作业时,应保持足够的安全距离,确保通风、排风良好,使可能泄漏的气体能顺畅排走,如有必要应检测动火场所可燃气体含量是否合格。(　　)

114. 安装电缆中间接头时,电缆弯曲半径不应小于电缆外径的 20 倍。(　　)

115. 在安装电缆接头前,应对安装接头的电缆进行加热校直,并达到的工艺要求为:每 600mm 的电缆,弯曲偏移应不大于 1mm。(　　)

116. 加热校直的温度宜控制在75℃±3℃，保温时间宜大于2h或按工艺要求进行保温。校直管校直后，应自然冷却至常温。（ ）

117. 电缆绝缘表面应进行打磨抛光处理，一般宜采用240～600号的砂纸，110kV及以上电缆应尽可能使用600号及以上的砂纸，最低不应低于400号。（ ）

118. 初次打磨电缆绝缘表面时，可使用打磨机或240号砂纸进行粗抛，并按照由小至大的顺序选择砂纸进行打磨。每一号砂纸应从两个方向打磨10遍以上，直到上一号砂纸的痕迹完全消失。打磨过绝缘屏蔽的砂纸可以再用来打磨电缆绝缘。（ ）

119. 在打磨电缆绝缘表面后，应测量绝缘表面直径。测量时至少选择三个测量点，每个测量点应在同一平面上至少测量两次。（ ）

120. 在套入预制橡胶绝缘件之前，应清洁粘在电缆绝缘表面上的灰尘或其他残留物，清洁方向应分别由绝缘屏蔽层朝向绝缘层和绝缘层朝向导体。（ ）

121. 组合预制绝缘件接头安装技术要求为：检查弹簧紧固件与应力锥是否匹配，先安装应力锥，再套入弹簧紧固件。（ ）

122. 在机械扩张时，预制橡胶绝缘件经过扩张后套在专用衬管上的时间不应超过6h，且扩张过程必须在工艺要求的温度范围内进行。（ ）

123. 导体连接方式宜采用机械压力连接方法。如果接头供应商有特殊工艺要求时，则应按照工艺执行。（ ）

124. 用围压压接法进行导体压接前，检查压接管的平直度。围压压接时，每压一次，在压模合拢到位后应停留10～15s，使压接部位金属塑性变形达到稳定。压接完成后，应确认压接管延伸的长度符合工艺要求。（ ）

125. 用围压压接法进行导体压接前，压缩比宜控制在10%～25%。（ ）

126. 采用封铅方式进行接地或密封时，封铅应与电缆金属护套和电缆附件的金属护套管紧密连接，封铅致密性应良好，不应有杂质和气泡，且厚度不应小于10mm。（ ）

127. 采用环氧混合物、玻璃丝带方式密封时，应满足工艺要求。（ ）

128. 电力电缆线路的试验项目应包括的内容有：主绝缘与外护层绝缘电阻测量、主绝缘直流耐压试验与泄漏电流测量、主绝缘交流耐压试验、外护套直流耐压试验、检查电缆线路两端的相位、充油电缆的绝缘油试验、交叉互联系统试验、电力电缆线路局部放电测量。（ ）

二级/技师

129. 电缆正常运行时，导体允许的长期最高温度为90℃，在短路时（最长持续时间不超过5s），导体允许的最高温度为250℃。（ ）

130. YJLW02的名称是交联聚乙烯绝缘皱纹铝套聚氯乙烯护套电力电缆。（ ）

131. YJLW03-Z的名称是交联聚乙烯绝缘皱纹铝套或焊接皱纹铝套聚乙烯护套纵向阻水电力电缆。（ ）

132. 额定电压为64/110kV、单芯、铜导体标称截面积为630mm^2的交联聚乙烯绝缘皱纹铝套聚氯乙烯护套电力电缆表示为：YJLW02-64/110 1×630。（ ）

133. 标称截面积为600mm^2以上的导体应采用分割导体结构。（ ）

134. 标称截面积为800mm^2的导体可以采用紧压绞合圆形结构，也可以采用分割导体

结构。（　　）

135．各种绞合导体和分割导体不允许整芯或整股焊接。绞合导体中的单线允许焊接，但在同一层内，相邻两个接头之间的距离不应小于 200mm。（　　）

136．电缆导体表面应光洁、无油污、无损伤、无毛刺和锐边，以及无凸起或断裂的单线。（　　）

137．半导电屏蔽应采用交联型的半导电屏蔽塑料，且与其直接接触的其他材料应有良好的相容性，耐温等级应与交联聚乙烯绝缘适配。（　　）

138．挤包的半导电层应厚度均匀，并与绝缘层牢固黏结，且易于从导体上剥离。半导电层与绝缘层的界面应连续光滑，无明显绞线凸纹、尖角、颗粒、焦烧、擦伤的痕迹。（　　）

139．缓冲层应采用半导电弹性材料或具有横向阻水功能的半导电弹性阻水材料。（　　）

140．阻水带和阻水绳应具有吸水膨胀性能。缓冲层和纵向阻水材料应与其相接触的其他材料相容。（　　）

141．金属护套表面应涂有沥青或热熔胶防蚀层。（　　）

142．电缆应尽量避免露天存放，电缆盘不允许平放。（　　）

143．铅套电缆适用于腐蚀较严重的环境，但无硝酸、醋酸、有机质（如泥煤）及强碱性腐蚀质，且受机械力（拉力、压力、振动等）不大。（　　）

144．在现场安装 110（66）kV 及以上电缆附件之前，应进行试装配。（　　）

145．重要的电缆隧道应安装火灾探测报警装置，并应定期检测。（　　）

146．在进行线路停电作业前，应断开可能反送电的低压电源的断路器（开关）、隔离开关（刀闸）和熔断器。（　　）

147．应力锥的锥面形状是根据其表面轴向场强等于或小于允许的最大轴向场强进行设计的。（　　）

148．在开断电缆时，扶绝缘柄的人应戴绝缘手套并站在绝缘垫上，并采取防灼伤措施（如佩戴防护面具等）。（　　）

149．开启电缆井井盖、电缆沟盖板及电缆隧道人孔盖时，应使用专用工具，并注意立足位置，以免坠落。（　　）

150．在电缆隧道内巡视时，工作人员应携带便携式气体测试仪，在通风不良的环境中，还应携带正压式空气呼吸器。（　　）

151．电缆故障声测定点时，禁止直接用手触摸电缆外皮或冒烟的小孔。（　　）

152．高压交联电缆接头按其绝缘结构分为绕包型和预制型。（　　）

153．监护人应密切关注挖坑人员，防止煤气、硫化氢等有毒气体致人中毒及沼气等可燃气体爆炸。（　　）

154．高压线路不停电时，工作负责人应向全体人员说明线路上带电，并加强监护。（　　）

155．电力电缆沟（槽）开挖时，应将路面铺设材料和泥土分别堆置，堆置处和沟槽之间应保留通道，供施工人员正常行走。（　　）

156．对于全预制干式终端，可不设计检修平台，但终端下部 0.1m 处应有可靠的电缆固定装置，终端接线端子处应有附加的固定装置，如悬式绝缘子、支柱绝缘子、避雷器等。（　　）

157．终端支撑结构定位安装完毕后，应确保作业面水平。检查支撑结构是否有足够的空间安装电缆尾管，支撑支柱绝缘子的上下表面应平行。（　　）

158．电缆接头安装质量要求为：导体连接可靠、绝缘恢复满足设计要求、接地与密封牢靠。（　　）

159．电缆敷设方式应根据工程条件、环境特点、电缆类型、电缆数量等因素进行选择，能满足运行可靠、便于维护、经济合理的要求。（　　）

160．封闭式电缆终端分为 GIS 电缆终端和油中电缆终端两种。（　　）

161．最终附件验收资料应包括接头安装记录和质量评定记录、制造厂提供的产品合格证、试验证明及安装图纸等技术文件。（　　）

162．在整个电缆加热校直处理过程中，电缆绝缘屏蔽上不应有任何凹痕。（　　）

163．对于局部放电检测中发现异常信号的测试点（接头），应对两边相邻的电缆附件进行测试，并对 3 个测试点的检测信号进行比较分析。（　　）

164．电缆采用直埋敷设方式时，若覆土深度不够的缺陷达到严重状态，则应进行加固，如果加固后仍无法满足电缆运行要求，则应更换通道形式或进行迁改。（　　）

165．电缆线路的状态检修策略既包括年度检修计划的制订，也包括缺陷处理、试验、不停电的维修和检查等。检修策略应根据设备状态评价的结果动态调整。（　　）

166．低压脉冲法可以通过反射的方式检测电缆的断线、低阻接地、短路故障。（　　）

167．直流试验电压不能模拟交联聚乙烯电缆的运行工况，因此不能有效地发现交联聚乙烯电缆的绝缘缺陷。（　　）

168．压接工具的压力应能达到导线的蠕变强度，点压法、围压法都可采用。（　　）

169．接头尾管与金属护套接地时，可采用封铅方式或采用接地线焊接等方式进行接地连接。（　　）

一级 / 高级技师

170．环网柜、电缆分支箱等箱式设备宜设置验电、接地装置。（　　）

171．在开断电缆时，扶持绝缘柄的人应戴绝缘手套并站在绝缘垫上，并采取防灼伤措施（如佩戴防护面具等）。（　　）

172．电缆及其电容器接地前应逐相充分放电，星形接线电容器的中性点应接地。串联电容器及与整组电容器脱离的电容器应逐个多次放电，装在绝缘支架上的电容器外壳也应放电。（　　）

173．电缆线路接地系统的过电压保护器绝缘电阻测试要求使用 1000V 兆欧表测量，且不低于 10MΩ。（　　）

174．对于设备缺陷，根据缺陷性质，按照缺陷管理相关规定处理。如果同一设备存在多种缺陷，则应尽量安排在一次检修中处理，必要时可调整检修类别。（　　）

175．被评价为"严重"状态的电缆线路应立即安排 B 类或 A 类检修。（　　）

176．高压脉冲法故障测距是指当测试脉冲为电压波时，开路反射波形为正全反射。（　　）

177．高压脉冲法是一种不烧穿故障点的测距方法。（　　）

178. 避雷器计数器电流表指数为零时,应登塔检查。如果连接线外皮破损并接地,则应进行停电更换连接线。(   )

179. 被评价为"正常"状态的设备,检修周期应在基准周期的基础上延迟一个年度。(   )

180. 金属塑料复合护套电缆主要适用于受机械力(拉力、压力、振动等)不大,无腐蚀或腐蚀轻微,且不直接与水接触的一般潮湿场所。(   )

181. 聚氯乙烯外护套电缆敷设前 24h 的环境温度不应低于 5℃,在更低的环境温度下进行敷设时,应采取适当的加温措施。(   )

182. 铅套电缆的最小弯曲半径推荐为电缆直径的 15 倍,皱纹铝套和金属塑料复合护套电缆的最小弯曲半径推荐为电缆直径的 20 倍。(   )

4.2 技能操作

4.2.1 识图与设计

4.2.1.1 识图与设计(中压)

实操 1:10kV 电缆终端安装工艺图的纠错

试题类型	实操	实操等级	一级/高级技师
考试时限	50min	分数	100
任务描述	在规定时间内完成 10kV 电缆终端安装工艺图的纠错		
工作要求	(1)本实操为 10kV 电缆终端安装工艺图纠错,由单人进行操作; (2)图中共有 7 处描述错误或缺失的地方,请找出并改正; (3)图中缺失的尺寸数据无须作答,可用"一定长度"代替; (4)操作过程中需严格遵守安全规程		
否决项说明	严重危及人身安全		
场地要求	答辩室		
工器具要求	草稿纸、笔、尺子等		
设备设施要求	无		
耗材要求	无		
资料提供	10kV 电缆终端安装工艺图		
注意事项	无		

实操 2：10kV 及以下电缆终端附件检查

试题类型	实操	实操等级	二级 / 技师
考试时限	50min	分数	100
任务描述	在规定时间内完成 10kV 及以下电缆终端附件检查		
工作要求	（1）通过 10kV 及以下电缆终端安装工艺图，检查电缆终端附件，由单人进行操作； （2）现场的电缆终端附件共存在 8 处错误或缺失的地方，请发现问题并说明原因； （3）操作过程中需严格遵守安全规程		
否决项说明	严重危及人身安全		
场地要求	电力电缆实训场地		
工器具要求	钢尺、游标卡尺、手电筒、酒精纸、纸、笔等		
设备设施要求	10kV 三芯交联电缆冷缩式户内终端		
耗材要求	无		
资料提供	10kV 三芯交联电缆冷缩式户内终端安装工艺图		
注意事项	无		

实操 3：10kV 及以下电缆中间接头附件检查

试题类型	实操	实操等级	二级 / 技师
考试时限	50min	分数	100
任务描述	在规定时间内完成 10kV 及以下电缆中间接头附件检查		
工作要求	（1）通过相关安装工艺图，检查电缆中间接头附件，由单人进行操作； （2）现场电缆中间接头附件共存在 8 处错误或缺失的地方，请发现问题并说明原因； （3）操作过程中需严格遵守安全规程		
否决项说明	严重危及人身安全		
场地要求	电力电缆实训场地		
工器具要求	钢尺、游标卡尺、手电筒、酒精纸、纸、笔等		
设备设施要求	全冷缩三芯交联电缆直通接头		
耗材要求	无		
资料提供	全冷缩三芯交联电缆直通接头安装工艺图		
注意事项	无		

4.2.1.2　识图与设计（高压）

实操 1：110kV 电缆金属护套接地方式图纠错

试题类型	实操	实操等级	一级/高级技师
考试时限	30min	分数	100
任务描述	在规定时间内完成 110kV 电缆金属护套接地方式图纠错		
工作要求	（1）本项目为 110kV 电缆金属护套接地方式图纠错，由单人进行操作； （2）图中共有 5 处设计错误或缺失的地方，请找出并改正或补充完整； （3）图中错误或缺失的地方用圆圈圈出，并标示序号，按序号描述错误原因并改正，或补充图纸内容； （4）操作过程中需严格遵守安全规程		
否决项说明	严重危及人身安全		
场地要求	答辩室		
工器具要求	草稿纸、笔、尺子等		
设备设施要求	无		
耗材要求	无		
资料提供	110kV 电缆金属护套接地方式图		
注意事项	无		

实操 2：220kV 电缆金属护套接地方式图纠错

试题类型	实操	实操等级	一级/高级技师
考试时限	40min	分数	100
任务描述	在规定时间内完成 220kV 电缆金属护套接地方式图纠错		
工作要求	（1）本项目为 220kV 电缆金属护套接地方式图纠错，由单人进行操作； （2）图中共有 6 处设计错误或缺失的地方，请找出并改正或补充完整； （3）图中错误或缺失的地方用圆圈圈出，并标示序号，按序号描述错误原因并改正，或补充图纸内容； （4）操作过程中需严格遵守安全规程		
否决项说明	严重危及人身安全		
场地要求	答辩室		
工器具要求	草稿纸、笔、尺子等		
设备设施要求	无		
耗材要求	无		
资料提供	220kV 电缆金属护套接地方式图		
注意事项	无		

实操 3:110kV 电缆附件安装工艺图的纠错

试题类型	实操	实操等级	二级/技师
考试时限	100min	分数	100
任务描述	在规定时间内完成 110kV 电缆附件安装工艺图的纠错		
工作要求	(1) 本项目为 110kV 电缆附件安装工艺图的纠错,由单人进行操作; (2) 请辨识并用画圈标记图中 10 处错误,并在标记处标上序号; (3) 简要说明错误原因及正确的画法; (4) 操作过程中需严格遵守安全规程		
否决项说明	严重危及人身安全		
场地要求	答辩室		
工器具要求	草稿纸、笔、尺子等		
设备设施要求	无		
耗材要求	无		
资料提供	64/110kV 复合套管终端安装工艺图		
注意事项	无		

实操 4:220kV 电缆中间接头安装工艺图的纠错

试题类型	实操	实操等级	二级/技师
考试时限	120min	分数	100
任务描述	在规定时间内完成 220kV 电缆中间接头安装工艺图的纠错		
工作要求	(1) 本项目为 220kV 电缆中间接头安装工艺图的纠错,由单人进行操作; (2) 请辨识并用画圈标记图中 10 处错误,并在标记处标上序号; (3) 简要说明错误原因及正确的画法; (4) 操作过程中需严格遵守安全规程		
否决项说明	严重危及人身安全		
场地要求	答辩室		
工器具要求	草稿纸、笔、尺子等		
设备设施要求	无		
耗材要求	无		
资料提供	220kV 电缆中间接头安装工艺图		
注意事项	无		

实操 5：220kV 电缆终端安装工艺图的纠错

试题类型	实操	实操等级	一级 / 高级技师
考试时限	120min	分数	100
任务描述	在规定时间内完成 220kV 电缆终端安装工艺图的纠错		
工作要求	（1）本项目为 220kV 电缆终端安装工艺图的纠错，由单人进行操作； （2）请辨识并用画圈标记图中 10 处错误，并在标记处标上序号； （3）简要说明错误原因及正确的画法； （4）操作过程中需严格遵守安全规程		
否决项说明	严重危及人身安全		
场地要求	答辩室		
工器具要求	草稿纸、笔、尺子等		
设备设施要求	无		
耗材要求	无		
资料提供	220kV 电缆终端安装工艺图		
注意事项	无		

4.2.2 电缆敷设

4.2.2.1 电缆敷设（中压）

实操 1：电缆结构识别

试题类型	实操	实操等级	五级 / 初级工
考试时限	30min	分数	100
任务描述	在规定时间内阐述中、低压三芯电缆的结构及作用		
工作要求	（1）熟悉中、低三芯电缆的结构，并掌握各部分的材料及作用； （2）由 1 名考生独立完成考核； （3）考生着装规范，佩戴安全帽		
否决项说明	（1）电缆型号识别错误； （2）电缆的结构阐述错误		
场地要求	不小于 10m² 的电力电缆实操场地，2 套电力电缆水平固定支架（用于固定两种型号的电缆）		
工器具要求	无		
设备设施要求	1m 的 YJLV22-8.7/15kV-3×300 交联聚乙烯绝缘电缆		
耗材要求	无		
资料提供	无		
注意事项	工作开始前和完成后，考生需向考评员申请开工并汇报工作完毕		

实操2：电缆路径及埋深探测，绘制直向图和单相埋深断面图

试题类型	实操	实操等级	五级/初级工
考试时限	45min	分数	100
任务描述	使用电缆路径探测仪进行电缆路径探测及埋深探测，电缆敷设路径需至少有2个弯道，并在3个点进行埋深探测		
工作要求	（1）工作服、工作鞋、安全帽穿戴正确； （2）正确、规范地使用仪器仪表； （3）路径探测正确； （4）埋深探测正确		
否决项说明	弯道识别错误		
场地要求	不小于30m² 的电力电缆实操场地，深度不小于700mm的直埋电缆通道，直埋电缆至少有2个弯道		
工器具要求	安全帽、安全遮拦、标示牌		
设备设施要求	音频信号发生器、电缆路径探测仪、探棒、耳机、测试线、30m 的 YJV22 8.7/15kV-3×240 交联电缆		
耗材要求	无		
资料提供	无		
注意事项	（1）电缆路径、埋深绘制应正确； （2）绘制电缆路径图应标注必要的标志性（参考）建筑物； （3）工作开始前和完成后，考生需向考评员申请开工并汇报工作完毕		

实操3：牵引网套的使用

试题类型	实操	实操等级	四级/中级工
考试时限	45min	分数	100
任务描述	使用牵引网套对电缆进行绑扎固定，用于牵引电缆		
工作要求	（1）要求一人操作，考生就位经许可后可开始工作，规范穿戴工作服、工作鞋、安全帽、手套等； （2）电缆的绑扎段长度、绑扎段扣数、扣间距离符合要求； （3）绑扎时钢丝绳应平贴于电缆上； （4）应先在钢丝绳上绑扎2扎，然后在钢丝绳和电缆上共同绑扎2扎； （5）绑扎牢固； （6）在规定时间内完成操作，节约操作时间不加分，超时停止操作按所完成的内容计分，未完成部分均不得分		
否决项说明	无		
场地要求	不小于15m² 的电力电缆实操场地，可容纳电缆终端牵引网套以及各类作业工具		
工器具要求	钢丝钳、钢卷尺、牵引网套、防捻器、拉力计		
设备设施要求	10m 的 YJV22 8.7/15 3×240 交联电缆		
耗材要求	截面积为4mm²、长3m 的铜丝3卷		
资料提供	无		
注意事项	（1）防止扎丝头反弹伤人，要求操作过程熟练连贯，施工有序； （2）工器具、材料存放整齐，现场清理干净； （3）工作开始前，应向考评员申请开工，工作完成后，应向考评员汇报工作完毕		

实操 4：电缆验潮

试题类型	实操	实操等级	四级 / 中级工
考试时限	60min	分数	100
任务描述	对中压电缆进行验潮		
工作要求	（1）要求一人操作，可有辅助人员 1 名，辅助人员在作业期间不得有任何与技能操作工艺有关的提示行为；考生就位经许可后开始工作，规范穿戴工作服、工作鞋、安全帽、手套等； （2）严格遵守安全规程，根据具体任务开展标准化作业流程，确保人身与设备安全，若发生安全事故，则本项考核不合格； （3）回答应干练，表述清楚； （4）正确使用工器具与试验设备		
否决项说明	（1）操作过程中严重危及人身安全； （2）操作过程中着火或设备故障		
场地要求	不小于 10m² 的电力电缆实操场地，可容纳电力电缆水平固定支架，可摆放各类作业工具、设备		
工器具要求	（1）工器具齐备、完好，电动类工具及设备绝缘性能良好，禁止使用损坏的工器具； （2）工器具包括万用表、2500V 或 5000V 绝缘电阻表、加热毯、临时电源、绝缘垫、绝缘手套、美工刀、钳子、平口螺丝刀、手锯、绝缘剥切刀等		
设备设施要求	（1）10m 的 YJV22 8.7/15 3×240 交联电缆； （2）电力电缆水平固定支架		
耗材要求	干燥皱纹纸、PVC 带材、美工刀		
资料提供	（1）110kV 中压单芯电力电缆除电缆线芯尺寸为 630mm² 外，其余尺寸不限，考核时保证标称尺寸统一即可； （2）电缆的剥切处理尺寸不作规定		
注意事项	工作开始前，应向考评员申请开工，工作完成后，应向考评员汇报工作完毕		

实操 5：10kV 交联电缆直埋敷设

试题类型	实操	实操等级	三级 / 高级工
考试时限	45min	分数	100
任务描述	10kV 交联电缆直埋敷设		
工作要求	（1）辅助人员在作业期间不得有任何与技能操作工艺有关的提示行为； （2）考生需穿戴工作服、工作鞋、安全帽、手套等； （3）采用直埋方式敷设电缆； （4）在规定时间内完成操作，节约操作时间不加分，超时停止操作，按所完成的内容计分，未完成的部分不得分		
否决项说明	无		
场地要求	电力电缆实操场地		
工器具要求	钢卷尺、铁锹等		
设备设施要求	2m 的 YJV22 8.7/15 3×240 交联电缆、直埋标桩		
耗材要求	2m 的电缆警示带、细砂、细土		
资料提供	直埋图纸		
注意事项	（1）由于场地、人员的限制，不对牵引电缆部分进行实操； （2）工器具、材料摆放整齐，现场清理干净； （3）工作开始前，应向考评员申请开工，工作完成后，应向考评员汇报工作完毕		

4.2.2.2 电缆敷设（高压）

实操 1：电缆外观、尺寸检查及结构辨识

试题类型	实操	实操等级	五级/初级工
考试时限	30min	分数	100
任务描述	在规定时间内检查电缆的外观、结构，剥开电缆的每层结构并检查尺寸，对电缆的结构材料、物理性能、电气性能、作用进行阐述		
工作要求	（1）本项工作由考生独立完成； （2）严格遵守安全规程，根据具体任务，开展标准化作业流程，确保人身与设备安全，若发生安全事故，则本项考核不合格； （3）回答应干练，表述清楚； （4）正确使用工器具		
否决项说明	严重危及人身安全		
场地要求	不小于 10m² 的电力电缆实操场地，可容纳 1 套电力电缆水平固定支架，能摆放各类作业工具		
工器具要求	（1）工器具齐备、完好，禁止使用损坏的工器具； （2）美工刀、钳子、平口螺丝刀、手锯、卷尺、游标卡尺、绝缘剥切刀等		
设备设施要求	1m 的 YJLW02 64/110 1×630 高压单芯电缆、水平电缆固定专用支架		
耗材要求	PVC 带材、美工刀		
资料提供	110kV 高压单芯电力电缆除电缆线芯尺寸为 630mm² 外，其余尺寸不限，考核时保证标称尺寸统一即可		
注意事项	（1）电缆各层结构的剥切长度不做具体规定，仅要求能清晰辨别每层结构； （2）本考核操作时间共 30min，每超时 2min 扣 1 分，超时 5min 此项操作不合格； （3）工作开始前，应向考评员申请开工，工作完成后，应向考评员汇报工作完毕		

实操 2：110kV 电力电缆夹具安装及固定

试题类型	实操	实操等级	五级/初级工
考试时限	30min	分数	100
任务描述	110kV 电力电缆夹具安装及固定		
工作要求	（1）本项考核可配置专职监护人员，但仅对作业人员的操作技能进行考评； （2）作业过程中必须严格执行安全规程，按照标准化作业流程实施操作，确保人员及设备安全，若发生安全事故则判定本项考核不合格； （3）作业流程的规范性将作为重要考评指标； （4）正确使用工器具		
否决项说明	操作过程中严重威胁人身安全		
场地要求	不小于 20m² 的电力电缆实操场地，可容纳 2 套电力电缆水平固定支架、1 套电力电缆垂直固定支架，能摆放各类作业工具		
工器具要求	工器具齐备、完好，禁止使用损坏的工器具；工器具包括力矩扳手套组、活口扳手、美工刀、钳子等		
设备设施要求	（1）6m 的 YJLW02 64/110 1×630 高压单芯电缆； （2）2 套水平电缆固定支架； （3）1 套垂直电缆固定支架		
耗材要求	各类尺寸的橡胶垫、美工刀		
资料提供	（1）110kV 高压单芯电力电缆除电缆线芯尺寸为 630mm² 外，其余尺寸不限，考核时保证标称尺寸统一即可； （2）110kV 电缆固定所用支架及夹具保证配套统一，具体尺寸不做要求		
注意事项	（1）本考核操作时间共 30min，每超时 3min 扣 1 分，超时 5min 此项操作不合格； （2）工作开始前，应向考评员申请开工，工作完成后，应向考评员汇报工作完毕； （3）此项考评不涉及登高作业，仅在地面完成电缆垂直部分的夹具安装工作		

实操 3：110kV 电力电缆验潮

试题类型	实操	实操等级	四级/中级工
考试时限	60min	分数	100
任务描述	110kV 电力电缆验潮		
工作要求	（1）本项考核可设专人配合操作，仅对作业人员进行考评； （2）严格遵守安全规程，根据具体任务，开展标准化作业流程，确保人身与设备安全，若发生安全事故，则本项考核不合格； （3）回答应干练，表述清楚； （4）正确使用工器具与工器具		
否决项说明	（1）操作过程中严重威胁人身安全； （2）操作过程中着火或设备故障		
场地要求	不小于 10m² 的电力电缆实操场地，可容纳 1 套电力电缆水平固定支架，能摆放各类作业工具、设备		
工器具要求	（1）工器具齐备、完好，电动类工具、设备绝缘性能良好，禁止使用损坏的工器具； （2）万用表、2500V 或 5000V 绝缘电阻表、加热毯、临时电源、绝缘垫、绝缘手套； （3）美工刀、钳子、平口螺丝刀、手锯、绝缘剥切刀		
设备设施要求	（1）1m 的 YJLW02 64/110 1×630 高压单芯电缆； （2）电缆固定支架		
耗材要求	干燥皱纹纸、PVC 带材、美工刀		
资料提供	（1）110kV 高压单芯电力电缆除电缆线芯尺寸为 630mm² 外，其余尺寸不限，考核时保证标称尺寸统一即可； （2）电缆的剥切处理尺寸不作规定		
注意事项	（1）电缆各层结构的剥切长度不做具体规定； （2）本考核操作时间共 60min，每超时 3min 扣 1 分，超时 5min 此项操作不合格； （3）工作开始前，应向考评员申请开工，工作完成后，应向考评员汇报工作完毕		

实操 4：110kV 电缆外护套耐压试验

试题类型	实操	实操等级	三级/高级工
考试时限	60min	分数	100
任务描述	110kV 电缆外护套耐压试验		
工作要求	（1）本项考核可设专人配合操作，仅对作业人员进行考评； （2）严格遵守安全规程，根据具体任务，开展标准化作业流程，确保人身与设备安全，若发生安全事故，则本项考核不合格； （3）作业流程是否按正确步骤开展将列入考评内容； （4）正确使用工器具与试验设备		
否决项说明	（1）操作过程中严重威胁人身安全； （2）操作过程中设备故障		
场地要求	不小于 10m² 的电力电缆实操场地，可容纳 2 套电力电缆水平固定支架，能摆放各类作业工具、设备		
工器具要求	（1）工器具齐备、完好，电动类工具、设备绝缘性能良好，禁止使用损坏的工器具； （2）万用表、2500V 或 5000V 绝缘电阻表、直流耐压设备、临时电源、验电器、放电棒； （3）美工刀、钳子、平口螺丝刀、手锯、榔头、绝缘垫、绝缘手套		
设备设施要求	（1）3 根 10m 的 YJLW02 64/110 1×630 高压单芯电缆； （2）2 套电力电缆水平固定支架、2 套挠性固定支架		

续表

耗材要求	玻璃片、防水带、PVC 带材、钉子、美工刀
资料提供	（1）110kV 高压单芯电力电缆除电缆线芯尺寸为 630mm² 外，其余尺寸不限，考核时保证标称尺寸统一即可； （2）110kV 电缆的剥切处理尺寸不作规定
注意事项	（1）本考核操作时间共 60min，每超时 3min 扣 1 分，超时 5min 此项操作不合格； （2）工作开始前，应向考评员申请开工，工作完成后，应向考评员汇报工作完毕

实操 5：布置排管内敷设 110kV 电缆工作

试题类型	实操	实操等级	三级 / 高级工
考试时限	150min	分数	100
任务描述	布置排管内敷设 110kV 电缆工作		
工作要求	（1）本项考核可设专人配合操作，仅对参加考评的指挥人员进行考评； （2）严格遵守安全规程，根据具体任务，开展标准化作业流程，确保人身与设备安全，若发生安全事故，则本项考核不合格； （3）该项目由 1 名考生独立完成布置任务，配合若干名施工人员； （4）正确布置排管内的电缆敷设，能合理使用电缆牵引设备和输送设备，能合理指挥工作现场人员，能有效把握电缆施放的质量； （5）工作地段应装设安全围栏，挂标示牌； （6）作业流程是否正确将列入考评内容		
否决项说明	（1）操作过程中严重威胁人身安全； （2）操作过程中设备故障		
场地要求	（1）新建排管及对应 2 处工井的所在区域无安全隐患； （2）工井及排管满足敷设电缆要求； （3）地面平整，不存在交通安全隐患，可摆放各类作业工具、设备		
工器具要求	（1）工器具齐备、完好，电动类工具、设备绝缘性能良好，禁止使用损坏的工器具； （2）所需牵引机、输送机、拉力表、牵引器、钢丝绳、钢丝绳放线架、钢丝退扭器具（防捻器）、通信设备、转角地滑轮、管道疏通棒，管口用喇叭口、电源集控箱等由考评方提供		
设备设施要求	（1）1 根 50m 的 YJLW02 64/110 1×630 高压单芯电缆，电缆无破损，两端均密封处理； （2）若干大容量电源箱； （3）若干工井内通风、排水设备		
耗材要求	无		
资料提供	（1）110kV 高压单芯电力电缆除电缆线芯尺寸为 630mm² 外，其余尺寸不限，考核时保证标称尺寸统一即可； （2）作业区域的排管、工井的竣工图，包括路径图、断面图等		
注意事项	（1）本考核操作时间共 150min，每超时 5min 扣 1 分，过 10min 后此项操作不合格； （2）工作开始前，应向考评员申请开工，工作完成后，应向考评员汇报工作完毕		

实操 6：110kV 电缆敷设后的蛇形摆放

试题类型	实操	实操等级	三级 / 高级工
考试时限	120min	分数	100
任务描述	110kV 电缆敷设后的蛇形摆放		
工作要求	（1）本项考核可设专人配合操作，仅对参加考评的作业人员进行考评； （2）严格遵守安全规程，根据具体任务，开展标准化作业流程，确保人身与设备安全，若发生安全事故，则本项考核不合格； （3）该项目由 1 名考生独立完成指挥任务，配合若干施工人员； （4）工作地段应装设安全围栏，挂标示牌； （5）作业流程是否正确将列入考评内容		
否决项说明	（1）操作过程中严重威胁人身安全； （2）操作过程中设备故障		
场地要求	沟道所在区域无安全隐患，沟道满足敷设电缆的要求；沟道内地面平整，可摆放各类作业工具、设备		
工器具要求	（1）工器具齐备、完好，电动类工具、设备绝缘性能良好，禁止使用损坏的工器具； （2）高压电缆打弯机、电缆挠性固定夹具、衬垫、螺栓等由考评方提供； （3）力矩扳手组套、线尺、活口扳手、钳子		
设备设施要求	1 根 15m 的 YJLW02 64/110 1×630 高压单芯电缆，电缆无破损，两端均密封处理，已完成敷设		
耗材要求	无		
资料提供	（1）110kV 高压单芯电力电缆除电缆线芯尺寸为 630mm² 外，其余尺寸不限，考核时保证标称尺寸统一即可； （2）沟道内支架分布图纸		
注意事项	（1）本考核操作时间共 120min，每超时 3min 扣 1 分，超时 10min 后此项操作不合格； （2）工作开始前，应向考评员申请开工，工作完成后，应向考评员汇报工作完毕		

实操 7：110kV 交联聚乙烯电力电缆牵引头制作

试题类型	实操	实操等级	二级 / 技师
考试时限	120min	分数	100
任务描述	制作 110kV 交联聚乙烯电力电缆牵引头		
工作要求	（1）本项考核可设专人配合进行搪铅熔料环节，其余环节由考生独立完成； （2）严格遵守安全规程，根据具体任务，开展标准化作业流程，确保人身与设备安全，若发生安全事故，则本项考核不合格； （3）作业流程是否正确将列入考评内容		
否决项说明	（1）操作过程中严重威胁人身安全； （2）操作过程中设备故障		
场地要求	不小于 10m² 的电力电缆实操场地，可容纳 1 套电力电缆水平固定支架，能摆放各类作业工具		
工器具要求	（1）工器具齐备、完好，电动类工具、设备绝缘性能良好，禁止使用损坏的工器具； （2）拉环套、螺钉、帽盖、密封圈、锥形钢衬管、锥形帽罩、搪铅料、热缩管由考评方提供； （3）美工刀、平口螺丝刀、钳子、手锯、绝缘剥切刀由考生自行携带		
设备设施要求	1 根 2m 长的 YJLW02 64/110 1×630 高压单芯电缆，电缆无破损，两端均密封处理		
耗材要求	封铅焊料、底焊料、扎带等		
资料提供	（1）110kV 高压单芯电力电缆除电缆线芯尺寸为 630mm² 外，其余尺寸不限，考核时保证标称尺寸统一即可； （2）牵引头制作尺寸由考评方统一确定，此处不作具体要求		
注意事项	（1）本考核操作时间共 120min，每超时 1min 扣 1 分，过 10min 后此项操作不合格； （2）工作开始前，应向考评员申请开工，工作完成后，应向考评员汇报工作完毕		

4.2.3 电缆附件安装

4.2.3.1 电缆附件安装（中压）

实操 1：10kV 交联电缆附件检查

试题类型	实操	实操等级	五级／初级工
考试时限	45min	分数	100
任务描述	根据附件材料清单检查附件材料，根据附件工艺图纸检查附件尺寸		
工作要求	（1）正确检查附件材料； （2）正确检查附件尺寸		
否决项说明	清单检查错误，关键尺寸检查错误		
场地要求	电力电缆实训场地		
工器具要求	卷尺、记录笔、核查记录单		
设备设施要求	附件材料清单及附件材料，剥切完好的电缆终端或中间接头		
耗材要求	无		
资料提供	无		
注意事项	（1）检查前核对线路名称； （2）工作开始前，应向考评员申请开工，工作完成后，应向考评员汇报工作完毕		

实操 2：10kV 交联电缆冷缩户内终端制作

试题类型	实操	实操等级	四级／中级工
考试时限	120min	分数	100
任务描述	正确制作 10kV 交联电缆冷缩户内终端		
工作要求	（1）环境温度高于 0℃，相对湿度低于 70%，现场保持通风； （2）附件制作时确保导体连接良好、绝缘可靠、密封良好，有足够的机械强度； （3）戴安全帽、穿全棉长袖工作服、绝缘鞋； （4）辅助人员在作业期间不得有任何与技能操作工艺有关的提示行为； （5）作业人员应在规定时间内完成附件制作，超时停止作业，未完成制作不得分		
否决项说明	作业中受伤或伤及他人，终止作业		
场地要求	电力电缆实训场地		
工器具要求	电缆支架、钢锯、锯条、美工刀、锉刀、安全帽、扳手、手套		
设备设施要求	液压钳、模具、终端附件、电缆		
耗材要求	无		
资料提供	无		
注意事项	（1）搬运电缆与附件时，应相互配合，轻搬轻放，不得抛接； （2）用刀或其他切割工具时，正确控制切割方向； （3）附件制作尺寸符合工艺图纸要求； （4）工作开始前，应向考评员申请开工，工作完成后，应向考评员汇报工作完毕		

实操 3：10kV 交联电缆热缩户外终端制作

试题类型	实操	实操等级	四级/中级工
考试时限	120min	分数	100
任务描述	正确制作 10kV 交联电缆热缩户外终端		
工作要求	（1）环境温度高于 0℃，相对湿度低于 70%，现场保持通风； （2）附件制作时确保导体连接良好、绝缘可靠、密封良好，有足够的机械强度； （3）戴安全帽，穿全棉长袖工作服、绝缘鞋； （4）辅助人员在作业期间不得有任何与技能操作工艺有关的提示行为； （5）作业人员应在规定时间内完成附件制作，超时停止作业，未完成制作不得分		
否决项说明	作业中受伤或伤及他人，终止作业		
场地要求	电力电缆实训场地		
工器具要求	电缆支架、液化气罐、喷枪头、灭火器、钢锯、锯条、美工刀、锉刀、安全帽、扳手、手套等		
设备设施要求	液压钳、模具、终端附件、电缆		
耗材要求	无		
资料提供	无		
注意事项	（1）搬运电缆与附件时，应相互配合，轻搬轻放，不得抛接； （2）用刀或其他切割工具时，正确控制切割方向； （3）附件制作尺寸要符合工艺图纸要求； （4）使用喷枪时，注意动火安全，避免人身伤害，避免设备受损； （5）工作开始前，应向考评员申请开工，工作完成后，应向考评员汇报工作完毕		

实操 4：10kV 交联电缆冷缩中间接头制作

试题类型	实操	实操等级	四级/中级工
考试时限	120min	分数	100
任务描述	正确制作 10kV 交联电缆冷缩中间接头		
工作要求	（1）环境温度高于 0℃，相对湿度低于 70%，现场保持通风； （2）附件制作时确保导体连接良好、绝缘可靠、密封良好，有足够的机械强度； （3）戴安全帽，穿全棉长袖工作服、绝缘鞋； （4）辅助人员在作业期间不得有任何与技能操作工艺有关的提示行为； （5）作业人员应在规定时间内完成附件制作，超时停止作业，未完成制作不得分		
否决项说明	作业中受伤或伤及他人，终止作业		
场地要求	电力电缆实训场地		
工器具要求	电缆支架、钢锯、锯条、美工刀、锉刀、安全帽、扳手、手套等		
设备设施要求	液压钳、模具、中间接头附件、电缆（与附件尺寸匹配）		
耗材要求	无		
资料提供	无		
注意事项	（1）搬运电缆与附件时，应相互配合，轻搬轻放，不得抛接； （2）用刀或其他切割工具时，正确控制切割方向； （3）附件制作尺寸要符合工艺图纸要求； （4）工作开始前，应向考评员申请开工，工作完成后，应向考评员汇报工作完毕		

实操 5：10kV 交联电缆预制式户内终端安装

试题类型	实操	实操等级	四级 / 中级工
考试时限	120min	分数	100
任务描述	正确进行 10kV 交联电缆预制式户内终端安装		
工作要求	（1）环境温度高于 0℃，相对湿度低于 70%，现场保持通风； （2）附件制作时确保导体连接良好、绝缘可靠、密封良好，有足够的机械强度； （3）戴安全帽，穿全棉长袖工作服、绝缘鞋； （4）辅助人员在作业期间不得有任何与技能操作工艺有关的提示行为； （5）作业人员应在规定时间内完成附件制作，超时停止作业，未完成制作不得分		
否决项说明	作业中受伤或伤及他人，终止作业		
场地要求	电力电缆实训场地		
工器具要求	电缆支架、液化气罐、喷枪头、灭火器、钢锯、锯条、美工刀、锉刀、安全帽、扳手、手套等		
设备设施要求	液压钳、模具、终端附件、电缆（与附件尺寸匹配）		
耗材要求	无		
资料提供	无		
注意事项	（1）搬运电缆与附件时，应相互配合，轻搬轻放，不得抛接； （2）用刀或其他切割工具时，正确控制切割方向； （3）附件制作尺寸要符合工艺图纸要求； （4）使用喷枪时，注意动火安全，避免人身伤害，避免设备受损； （5）工作开始前，应向考评员申请开工，工作完成后，应向考评员汇报工作完毕		

实操 6：35kV 交联电缆冷缩中间接头制作

试题类型	实操	实操等级	三级 / 高级工
考试时限	120min	分数	100
任务描述	正确进行 35kV 交联电缆冷缩中间接头制作		
工作要求	（1）环境温度高于 0℃，相对湿度低于 70%，现场保持通风； （2）附件制作时确保导体连接良好、绝缘可靠、密封良好，有足够的机械强度； （3）戴安全帽，穿全棉长袖工作服、绝缘鞋； （4）辅助人员在作业期间不得有任何与技能操作工艺有关的提示行为； （5）作业人员应在规定时间内完成附件制作，超时停止作业，未完成制作不得分		
否决项说明	作业中受伤或伤及他人，终止作业		
场地要求	电力电缆实训场地		
工器具要求	电缆支架、钢锯、锯条、美工刀、锉刀、安全帽、扳手、手套等		
设备设施要求	液压钳、模具、中间接头附件、电缆（与附件尺寸匹配）		
耗材要求	无		
资料提供	无		
注意事项	（1）搬运电缆与附件时，应相互配合，轻搬轻放，不得抛接； （2）用刀或其他切割工具时，正确控制切割方向； （3）附件制作尺寸要符合工艺图纸要求； （4）工作开始前，应向考评员申请开工，工作完成后，应向考评员汇报工作完毕		

实操 7：35kV 交联电缆冷缩户内终端制作

试题类型	实操	实操等级	三级 / 高级工
考试时限	120min	分数	100
任务描述	正确制作 35kV 交联电缆冷缩户内终端		
工作要求	（1）环境温度高于 0℃，相对湿度低于 70%，现场保持通风； （2）附件制作时确保导体连接良好、绝缘可靠、密封良好，有足够的机械强度； （3）戴安全帽，穿全棉长袖工作服、绝缘鞋； （4）辅助人员在作业期间不得有任何与技能操作工艺有关的提示行为； （5）作业人员应在规定时间内完成附件制作，超时停止作业，未完成制作不得分		
否决项说明	作业中受伤或伤及他人，应终止作业		
场地要求	电力电缆实训场地		
工器具要求	电缆支架、钢锯、锯条、美工刀、锉刀、安全帽、扳手、手套等		
设备设施要求	液压钳、模具、35kV 交联电缆冷缩户内电缆终端附件、电缆（与附件尺寸匹配）		
耗材要求	无		
资料提供	无		
注意事项	（1）搬运电缆与附件时，应相互配合，轻搬轻放，不得抛接； （2）用刀或其他切割工具时，正确控制切割方向； （3）附件制作尺寸要符合工艺图纸要求； （4）工作开始前，应向考评员申请开工，工作完成后，应向考评员汇报工作完毕		

实操 8：35kV 三芯交联电缆分支箱终端制作安装

试题类型	实操	实操等级	三级 / 高级工
考试时限	150min	分数	100
任务描述	在规定时间内完成 35kV 三芯交联电缆分支箱终端的制作安装		
工作要求	（1）操作中可有一人辅助实施，但不得进行提示； （2）按照提供的图纸进行操作，尺寸、工艺应符合要求； （3）接线端子套入电缆线芯时不压接； （4）电缆穿入分支箱，电缆调整垂直后开始安装； （5）严格遵守安全规程		
否决项说明	（1）与图纸尺寸严重不符； （2）安装时严重违反工艺程序的制作步骤； （3）严重危及人身安全		
场地要求	电力电缆实训场地		
工器具要求	钢锯、卷尺、钢丝钳、扳手、螺丝刀、美工刀、工具、煤气包、喷枪等		
设备设施要求	35kV 三芯交联电缆（2m，240mm^2）、插入型螺栓连接式终端附件、电缆分支箱		
耗材要求	铜扎线、PVC 胶带、砂纸、清洁剂（纸）、纱手套		
资料提供	相关工艺图纸		
注意事项	（1）安全帽、工作服、工作鞋、手套等防护用品穿戴不规范，每项扣 2 分； （2）每超时 1min 扣 2 分		

实操 9：10kV 交联电缆肘型终端制作

试题类型	实操	实操等级	二级/技师
考试时限	120min	分数	100
任务描述	正确进行 10kV 交联电缆肘型终端的制作		
工作要求	（1）工作环境：环境温度高于 0℃，相对湿度低于 70%，现场保持通风； （2）附件制作时确保导体连接良好、绝缘可靠、密封良好，有足够的机械强度； （3）戴安全帽，穿全棉长袖工作服、绝缘鞋； （4）辅助人员在作业期间不得有任何与技能操作工艺有关的提示行为； （5）作业人员应在规定时间内完成附件制作，超时停止作业，未完成项不得分		
否决项说明	作业中受伤或伤及他人，应终止作业		
场地要求	电力电缆实训场地		
工器具要求	电缆支架、钢锯、锯条、美工刀、锉刀、安全帽、扳手、手套等		
设备设施要求	液压钳、模具、终端附件、电缆（与附件尺寸匹配）		
耗材要求	无		
资料提供	无		
注意事项	（1）搬运电缆与附件时，应相互配合，轻搬轻放，不得抛接； （2）用刀或其他切割工具时，正确控制切割方向； （3）附件制作尺寸要符合工艺图纸要求； （4）工作开始前，应向考评员申请开工，工作完成后，应向考评员汇报工作完毕		

实操 10：避雷器安装

试题类型	实操	实操等级	二级/技师
考试时限	120min	分数	100
任务描述	正确进行 35kV 避雷器的安装		
工作要求	（1）天气良好，无雨雪，风力不超过 6 级； （2）戴安全帽，穿全棉长袖工作服、绝缘鞋； （3）辅助人员在作业期间不得有任何与技能操作工艺有关的提示行为； （4）作业人员应在规定时间内完成安装，超时停止作业，未完成项不得分		
否决项说明	作业中受伤或伤及他人，应终止作业		
场地要求	电力电缆实训场地		
工器具要求	避雷器安装支架、安全帽、扳手、手套等		
设备设施要求	35kV 复合外套型避雷器（座式）、放电计数器、均压环、接地铜线		
耗材要求	无		
资料提供	无		
注意事项	（1）搬运电缆与附件时，应相互配合，轻搬轻放，不得抛接； （2）用刀或其他切割工具时，正确控制切割方向； （3）附件制作尺寸要符合工艺图纸要求； （4）工作开始前，应向考评员申请开工，工作完成后，应向考评员汇报工作完毕		

4.2.3.2　电缆附件安装（高压）

实操1：电力电缆运输、装卸和存储标准化作业要求

试题类型	书面	实操等级	五级/初级工
考试时限	60min	分数	100
任务描述	在规定时间内叙述电力电缆运输、装卸和存储标准化作业要求		
工作要求	（1）单人完成笔试考试； （2）叙述电力电缆运输、装卸和存储标准化作业要求； （3）时间到应立即停止书写，整理资料离开考试场地； （4）严格遵守考试规定		
否决项说明	无		
场地要求	考场教室		
工器具要求	无		
设备设施要求	无		
耗材要求	无		
资料提供	无		
注意事项	无		

实操2：110kV单芯电缆金属护层交叉换位箱的接线安装

试题类型	实操	实操等级	四级/中级工
考试时限	60min	分数	100
任务描述	在规定时间内完成110kV单芯电缆金属护层交叉换位箱的接线安装		
工作要求	（1）单人进行操作； （2）安装前需绘出110kV单芯电缆金属护层交叉互联示意图，可参照此示意图进行交叉换位箱的安装； （3）交叉换位箱的联板改用软线连接； （4）安装1相同轴电缆； （5）严格遵守安全规程		
否决项说明	（1）与图纸尺寸严重不符； （2）严重违反工艺程序制作步骤； （3）严重危及人身安全		
场地要求	电力电缆实训场地		
工器具要求	钢锯、扳手、钢丝钳、电工刀、螺丝刀		
设备设施要求	接地箱、接地线、同轴电缆、热缩套管		
耗材要求	防水密封条、防水带、相色带等		
资料提供	无		
注意事项	（1）安全帽、工作服、工作鞋、手套等防护用品穿戴不规范，每项扣2分； （2）每超时1min扣2分		

实操3：110kV 电力电缆线路金属护层接地系统的安装

试题类型	书面	实操等级	四级/中级工
考试时限	30min	分数	100
任务描述	在规定时间内描述 110kV 电力电缆线路金属护层接地系统的安装要求		
工作要求	（1）本项目为电力电缆线路金属护层接地系统的安装，本工作可有一人辅助实施，但不得进行提示； （2）为了免除环境影响，一般在户内进行操作； （3）施工尺寸见附件供应商提供的图纸； （4）事先告知电缆的型号和相位		
否决项说明	（1）与图纸尺寸严重不符； （2）严重违反工艺程序制作步骤； （3）严重危及人身安全		
场地要求	电力电缆实训场地		
工器具要求	验电器、兆欧表、扳手、钳子、螺丝刀、手锤、个人工具（包括安全帽、安全带等）		
设备设施要求	接地箱、接地线、回流线、同轴电缆、热缩套管		
耗材要求	防水密封条、防水带、相色带等		
资料提供	相关工艺图纸		
注意事项	（1）安全帽、工作服、工作鞋、手套等防护用品穿戴不规范，每项扣2分； （2）每超时1min 扣2分		

实操4：电缆中间接头连接管压接

试题类型	实操	实操等级	二级/技师
考试时限	60min	分数	100
任务描述	在规定时间内完成 35kV 电缆中间接头连接管的压接		
工作要求	（1）操作中可有一人辅助实施，但不得进行提示； （2）按提供的图纸进行操作，工艺应符合要求； （3）接管的规格尺寸应与模具匹配； （4）压接工艺符合规范		
否决项说明	（1）模具选择不正确，此项目不得分； （2）与图纸尺寸严重不符； （3）严重违反工艺程序制作步骤； （4）严重危及人身安全		
场地要求	电力电缆实训场地		
工器具要求	钢卷尺、钢锯、钢丝钳、螺丝刀、美工刀、压钳（模具）、扁锉等		
设备设施要求	35kV 交联电缆（1m，300mm^2）、电缆支架		
耗材要求	砂纸、细铜扎线、清洁剂（纸）等		
资料提供	相关工艺图纸		
注意事项	（1）安全帽、工作服、工作鞋、手套等防护用品穿戴不规范，每项扣2分； （2）每超时1min 扣2分		

实操 5：安装电缆牵引用钢丝网套

试题类型	实操	实操等级	二级/技师
考试时限	60min	分数	100
任务描述	在规定时间内正确安装电缆牵引用钢丝网套		
工作要求	（1）单人进行操作； （2）根据工作要求，选择正确的工具和相关材料； （3）正确安装电缆牵引装置； （4）时间到应立即停止操作，整理工具、材料、设备，离开操作场地； （5）严格遵守安全操作规程		
否决项说明	（1）与图纸尺寸严重不符； （2）严重违反工艺程序制作步骤； （3）严重危及人身安全		
场地要求	电力电缆实训场地		
工器具要求	钢丝绳、防捻器、钢丝网套、拉力表等		
设备设施要求	电力电缆、牵引设备地锚		
耗材要求	无		
资料提供	相关工艺图纸		
注意事项	（1）安全帽、工作服、工作鞋、手套等防护用品穿戴不规范，每项扣2分； （2）每超时1min扣2分		

实操 6：110kV 交联电缆中间接头连接管、屏蔽罩的安装

试题类型	实操	实操等级	二级/技师
考试时限	120min	分数	100
任务描述	在规定时间内进行110kV交联电缆中间接头连接管、屏蔽罩的安装		
工作要求	（1）本项目为110kV交联电缆中间接头连接管、屏蔽罩的安装，单人进行操作； （2）在110kV交联电缆中间接头连接管压接后，屏蔽罩可以改善其表面电场分布，应根据屏蔽罩结构尺寸进行操作，操作工艺符合要求； （3）采用专用剖切刀具进行操作，操作时应细心、谨慎、尺寸准确； （4）从剥除外半导电屏蔽层开始进行操作； （5）严格遵守安全规程		
否决项说明	（1）与图纸尺寸严重不符； （2）严重违反工艺程序制作步骤； （3）严重危及人身安全		
场地要求	电力电缆实训场地		
工器具要求	专用剖切刀具、卡尺、钢卷尺、直尺、螺丝刀		
设备设施要求	2段110kV交联电缆（1.5m，630mm^2，已具备连接管压接）、屏蔽罩、砂带机、4个电缆支架		
耗材要求	玻璃片、砂纸、PVC胶带		
资料提供	相关工艺图纸		
注意事项	（1）安全帽、工作服、工作鞋、手套等防护用品穿戴不规范，每项扣2分； （2）每超时1min扣2分		

实操 7：110kV 交联电缆铝波纹护套地线焊接

试题类型	实操	实操等级	二级/技师
考试时限	30min	分数	100
任务描述	在规定时间内完成 110kV 交联电缆铝波纹护套地线的焊接		
工作要求	（1）单人进行操作； （2）从清除电缆铝护套氧化层开始进行立式操作，由应试人独立完成； （3）按照提供的图纸和任务书进行操作； （4）操作前认真检查煤气包和喷枪接口无松动、漏气，使用现场不得存放易燃物品		
否决项说明	（1）与图纸尺寸严重不符； （2）严重违反工艺程序制作步骤； （3）温度控制不当，铜编织接地线或金属铝护套严重过热变色，以致焊面接触不牢； （4）严重危及人身安全		
场地要求	电力电缆实训场地		
工器具要求	煤气包、喷枪、钢卷尺、钢丝刷等		
设备设施要求	110kV 单芯交联电缆（1.6m，630mm²）		
耗材要求	封铅铝焊料、清洁布、硬脂酸、镀锡编织带、砂纸、焊锡膏、纱手套、棉纱等		
资料提供	相关工艺图纸		
注意事项	（1）安全帽、工作服、工作鞋、手套等防护用品穿戴不规范，每项扣2分； （2）每超时 1min 扣 2 分		

实操 8：110kV 交联电缆复合套管终端制作

试题类型	实操	实操等级	二级/技师
考试时限	240min	分数	100
任务描述	在规定时间内完成 110kV 交联电缆复合套管终端制作		
工作要求	（1）从剖切线芯绝缘和内半导电层开始操作，可有一人辅助实施，但不得进行提示； （2）按照提供的图纸和任务书进行操作，安装工艺必须符合要求； （3）统一使用现场所提供的工具、材料、设备、场地，操作前应认真进行检查； （4）出线杆采用支头螺丝固定，不进行压接		
否决项说明	（1）与外半导电层坡面端口交接部位处的绝缘严重凹缺，或经砂磨处理后的绝缘外径明显减小； （2）外导电层坡面端口严重残缺不齐，或坡面局部受损致绝缘外露； （3）剖切刀使用不当，导致绝缘层严重受损； （4）与图纸尺寸严重不符； （5）安装时严重违反操作程序及工艺要求； （6）严重危及人身安全		
场地要求	电力电缆实训场地		
工器具要求	刀架、钢卷尺、锯弓、美工刀、剖切刀、玻璃片、煤气包、喷枪、螺丝刀、扳手、钢丝钳等		
设备设施要求	110kV 交联电缆（1.6m，630mm²）、复合套管终端附件、电缆支架		
耗材要求	砂纸带（150号、240号、320号、400号）、清洁剂（纸）、金属屏蔽带、半导电带、乙丙橡胶自粘绝缘带、半导电漆、棉纱等		
资料提供	相关工艺图纸		
注意事项	（1）安全帽、工作服、工作鞋、手套等防护用品穿戴不规范，每项扣2分； （2）每超时 1min 扣 2 分		

实操 9：110kV 交联电缆中间接头制作

试题类型	实操	实操等级	二级/技师
考试时限	240min	分数	100
任务描述	在 240min 内完成 110kV 交联电缆中间接头制作（单相）		
工作要求	（1）本项目为 110kV 交联电缆中间接头制作，建议两人共同操作； （2）按照提供的图纸进行操作，安装尺寸、工艺必须符合要求； （3）统一使用现场所提供的工具、材料、设备、场地，操作前应认真进行检查； （4）电缆在加温校直固定后，不得随意转动； （5）连接管用支头螺丝固定，不得压接； （6）本项目在绝缘预制件定位后结束操作； （7）严格遵守安全规程		
否决项说明	（1）与外半导电层坡面端口交接部位处的绝缘严重凹缺，或经砂磨处理后的绝缘外径明显减小； （2）外导电层坡面端口严重残缺不齐，或坡面局部受损导致绝缘外露； （3）剖切刀使用不当，导致绝缘层严重受损； （4）与图纸尺寸严重不符； （5）严重违反工艺程序制作步骤； （6）严重危及人身安全		
场地要求	电力电缆实训场地		
工器具要求	电锯、削刀具、砂带机、钢丝钳、钢卷尺、钢锯、玻璃片、螺丝刀、支架、卡尺、平锉刀、场地盘、喷枪、煤气包等		
设备设施要求	2 段 110kV 交联电缆（2m，630mm²）、中间接头附件		
耗材要求	PVC 胶带、砂纸、清洁剂（纸）、锯条、塑料薄膜等		
资料提供	相关工艺图纸		
注意事项	（1）安全帽、工作服、工作鞋、手套等防护用品穿戴不规范，每项扣 2 分； （2）每超时 1min 扣 2 分		

实操 10：110kV 交联电缆 GIS 终端制作安装

试题类型	实操	实操等级	二级/技师
考试时限	240min	分数	100
任务描述	在 240min 内完成 110kV 交联电缆 GIS 终端制作安装		
工作要求	（1）从剖切线芯绝缘和内半导电层开始操作，可有一人辅助实施，但不得进行提示； （2）按照提供的图纸进行操作，尺寸工艺必须符合要求； （3）统一使用所提供的工具、材料、设备、场地，操作前需认真检查； （4）出线杆采用支头螺丝固定，不进行压接； （5）严格遵守安全规程		
否决项说明	（1）与外半导电层坡面端口交接部位处的绝缘严重凹缺，或经砂磨处理后的绝缘外径明显减小； （2）外导电层坡面端口严重残缺不齐，或坡面局部受损导致绝缘外露； （3）剖切刀使用不当，导致绝缘层严重受损； （4）与图纸尺寸严重不符； （5）严重违反工艺程序制作步骤； （6）严重危及人身安全		
场地要求	电力电缆实训场地		

续表

工器具要求	钢卷尺、钢锯、美工刀、剖切刀、玻璃片、煤气包、喷枪、螺丝刀、扳手、钢丝钳等
设备设施要求	110kV 交联电缆（1.6m，630mm²）、电缆 GIS 终端附件、电缆支架
耗材要求	砂纸、清洁剂（纸）、金属屏蔽带、半导电带、乙丙橡胶自粘绝缘带、半导漆、棉纱等
资料提供	相关工艺图纸
注意事项	（1）安全帽、工作服、工作鞋、手套等防护用品穿戴不规范，每项扣 2 分； （2）每超时 1min 扣 2 分

实操 11：110kV 交联电缆终端尾管封铅操作

试题类型	实操	实操等级	二级 / 技师
考试时限	60min	分数	100
任务描述	在 60min 内完成 110kV 交联电缆终端尾管封铅操作		
工作要求	（1）单人进行操作； （2）按照提供的图纸进行操作，尺寸、工艺必须符合要求； （3）封铅部位已设置温控设施，温度不得超过 90℃，如果达到 90℃，则必须停止操作，待温度下降后继续操作； （4）用燃气喷枪加温，操作前认真检查管接件无松动、漏气现象； （5）劳动防护用品应穿戴规范，注意安全文明操作； （6）准备工作和打底铅结束后开始计时		
否决项说明	（1）封铅未揉透，有虚焊、夹层、裂纹现象，造成封铅密封和机械性能严重下降，此项目不得分； （2）与图纸尺寸严重不符； （3）严重违反工艺程序制作步骤； （4）严重危及人身安全		
场地要求	电力电缆实训场地		
工器具要求	扁锉、钢卷尺、卡尺、钢丝刷、煤气包、燃气喷枪等		
设备设施要求	110kV 交联电缆（1.6m，630mm²）、终端尾管、温控仪、操作架、消防器材		
耗材要求	清洁布、铅锡焊条、锌锡底料、焊锡膏、硬脂酸、砂纸、棉纱、手套、铅皮等		
资料提供	相关工艺图纸		
注意事项	（1）安全帽、工作服、工作鞋、手套等防护用品穿戴不规范，每项扣 2 分； （2）每超时 1min 扣 2 分		

实操 12：电力电缆切割

试题类型	实操	实操等级	二级 / 技师
考试时限	60min	分数	100
任务描述	在 60min 内完成电力电缆的切割		
工作要求	（1）单人进行操作； （2）应根据工作要求，选择正确的工具和相关材料； （3）正确切割电力电缆； （4）时间到应立即停止操作，整理工具、材料、设备，离开操作场地； （5）严格遵守安全操作规程		

续表

否决项说明	（1）严重违反工艺程序制作步骤； （2）严重危及人身安全
场地要求	电力电缆实训场地
工器具要求	绝缘鞋、绝缘鞋、铺垫木板、撬杠、木柄榔头等
设备设施要求	带接地的铁钎、移动式发电机
耗材要求	无
资料提供	相关工艺图纸
注意事项	（1）安全帽、工作服、工作鞋、手套等防护用品穿戴不规范，每项扣 2 分； （2）每超时 1min 扣 2 分

实操 13：220kV 交联电缆中间接头连接管、屏蔽罩的安装

试题类型	实操	实操等级	一级 / 高级技师
考试时限	60min	分数	100
任务描述	在规定时间内完成 220kV 交联电缆中间接头连接管、屏蔽罩的安装		
工作要求	（1）本项目为 220kV 交联电缆中间接头连接管、屏蔽罩的安装，单人进行操作； （2）在 220kV 交联电缆中间接头连接管压接后，屏蔽罩可以改善其表面电场分布，应根据屏蔽罩结构尺寸进行操作，操作工艺符合要求； （3）采用专用剖切刀具进行操作，操作时应细心、谨慎、尺寸准确； （4）从剥除外半导电屏蔽层开始进行操作； （5）严格遵守安全规程		
否决项说明	（1）与图纸尺寸严重不符； （2）严重违反工艺程序制作步骤； （3）严重危及人身安全		
场地要求	电力电缆实训场地		
工器具要求	专用剖切刀具、卡尺、钢卷尺、直尺、螺丝刀、砂带机、玻璃片等		
设备设施要求	2 段 220kV 交联电缆（1.5m，1000mm²，具备连接管压接）、屏蔽罩、4 个电缆支架		
耗材要求	PVC 胶带、镀锌铁线、砂纸		
资料提供	相关工艺图纸		
注意事项	（1）安全帽、工作服、工作鞋、手套等防护用品穿戴不规范，每项扣 2 分； （2）每超时 1min 扣 2 分		

实操 14：220kV 交联电缆复合式终端制作安装（不包含套装工作）

试题类型	实操	实操等级	一级 / 高级技师
考试时限	240min	分数	100
任务描述	在 240min 内完成 220kV 交联电缆复合式终端制作安装（不包含套装工作）		
工作要求	（1）本项目为 220kV 交联电缆复合式终端制作安装，从剖切线芯绝缘和内半导电层开始操作，可有一人辅助实施，但不得进行提示； （2）按照提供的图纸和任务书进行操作，安装工艺必须符合要求； （3）统一使用所提供的工具、材料、设备、场地，操作前需认真检查； （4）出线杆采用支头螺丝固定，不进行压接		

续表

否决项说明	(1) 与外半导电层坡面端口交接部位处的绝缘严重凹缺，或经砂磨处理后的绝缘外径明显减小； (2) 外导电层坡面端口严重残缺不齐，或坡面局部受损导致绝缘外露； (3) 剖切刀使用不当，导致绝缘层严重受损； (4) 与图纸尺寸严重不符； (5) 严重违反工艺程序制作步骤； (6) 严重危及人身安全
场地要求	电力电缆实训场地
工器具要求	钢卷尺、锯弓、美工刀、剖切刀、玻璃片、煤气包、喷枪、螺丝刀、扳手、钢丝钳等
设备设施要求	220kV 交联电缆（3m, 1000mm²）、220kV 终端附件
耗材要求	砂纸、清洁剂（纸）、棉纱等
资料提供	相关工艺图纸
注意事项	(1) 安全帽、工作服、工作鞋、手套等防护用品穿戴不规范，每项扣 2 分； (2) 每超时 1min 扣 2 分

实操 15：220kV 交联电缆终端尾管封铅操作

试题类型	实操	实操等级	一级 / 高级技师
考试时限	60min	分数	100
任务描述	在 60min 内完成 220kV 交联电缆终端尾管封铅操作		
工作要求	(1) 本项目为 220kV 交联电缆终端尾管封铅操作，单人进行操作； (2) 按照提供的图纸进行操作，尺寸、工艺必须符合要求； (3) 封铅部位已设置温控设施，温度不得超过 90℃，如果达到 90℃，则必须停止操作，待温度下降后继续操作； (4) 用燃气喷枪加温，操作前必须认真检查管接件，应无松动、漏气； (5) 操作时只限在一侧进行，应规范穿戴劳动防护用品； (6) 准备工作和打底铅结束后开始计时，尾管封铅时间为 30min		
否决项说明	(1) 严重违反工艺程序的制作步骤； (2) 严重危及人身安全		
场地要求	电力电缆实训场地		
工器具要求	扁锉、钢卷尺、卡尺、钢丝刷、煤气包、燃气喷枪等		
设备设施要求	220kV 交联电缆（1.6m, 1000mm²）、终端尾管		
耗材要求	铅锡焊条、锌锡底料、焊锡膏、硬脂酸、砂纸、棉纱、手套、铅皮、清洁布等		
资料提供	相关工艺图纸		
注意事项	(1) 安全帽、工作服、工作鞋、手套等防护用品穿戴不规范，每项扣 2 分； (2) 每超时 1min 扣 2 分		

实操 16：220kV 交联电缆 GIS 终端制作安装

试题类型	实操	实操等级	一级 / 高级技师
考试时限	240min	分数	100
任务描述	在 240min 内完成 220kV 交联电缆 GIS 终端制作安装（单相）		
工作要求	（1）本项目为 220kV 交联电缆 GIS 终端制作安装，从剖切线芯绝缘和内半导电层开始操作，可有 1 人辅助实施，但不得进行提示； （2）按照厂家提供的图纸进行操作，尺寸、工艺必须符合要求； （3）统一使用现场所提供的工具、材料、设备、场地，操作前需认真检查； （4）出线杆用支头螺丝进行固定，不进行压接； （5）根据实训场地的实际情况，终端入电缆仓的组装部分可以口述； （6）严格遵守安全规程		
否决项说明	（1）与外半导电层坡面端口交接部位处的绝缘严重凹缺，或经砂磨处理后的绝缘外径明显减小； （2）外导电层坡面端口严重残缺不齐，或坡面局部受损导致绝缘外露； （3）剖切刀使用不当，导致绝缘层严重受损； （4）安装尺寸与图纸尺寸严重不符； （5）安装时严重违反工艺程序的制作步骤； （6）严重危及人身安全		
场地要求	电力电缆实训场地		
工器具要求	电锯、钢锯、钢卷尺、美工刀、剖切刀、玻璃片、螺丝刀、扳手、钢丝钳、煤气包、喷枪等		
设备设施要求	220kV 交联电缆（2m，1000mm^2）、电缆 GIS 终端附件、电缆支架		
耗材要求	砂纸（240 号、320 号、400 号、600 号、800 号）、清洁剂（纸）、金属屏蔽带、半导电带、乙丙橡胶自粘绝缘带、半导电漆、棉纱等		
资料提供	相关工艺图纸		
注意事项	（1）安全帽、工作服、工作鞋、手套等防护用品穿戴不规范，每项扣 2 分； （2）每超时 1min 扣 2 分		

4.2.4 电缆运行维护与检修

4.2.4.1 电缆运行维护与检修（中压）

实操 1：泡沫灭火器的使用

试题类型	实操	实操等级	五级 / 初级工
考试时限	60min	分数	100
任务描述	正确使用泡沫灭火器		
工作要求	（1）独立操作； （2）考试前预先燃起一堆火供灭火用； （3）无关人员退出考试现场； （4）灭火器械备齐后由主考人宣布开始并同时计时		
否决项说明	作业中受伤或伤及他人，应终止作业		
场地要求	电力电缆实训场地应有开放性场地，现场无易燃易爆物		
工器具要求	手提泡沫灭火器、火盆、点火枪		

续表

设备设施要求	考试用火堆由考评员点燃
耗材要求	汽油、柴油等
资料提供	无
注意事项	（1）考试现场有明火，注意消防安全； （2）考生靠近火源时注意风向，避免烧伤； （3）工作开始前，应向考评员申请开工，工作完成后，应向考评员汇报工作完毕

实操 2：电缆线路巡视

试题类型	实操	实操等级	五级/初级工
考试时限	30min	分数	100
任务描述	正确进行电缆线路巡视		
工作要求	（1）考察考生对电缆线路巡视的种类、周期、内容的掌握； （2）该项目由1名考生独立完成		
否决项说明	电缆通道内巡视未按照"先通风，再检测，后作业"要求进行		
场地要求	电力电缆实训场地		
工器具要求	照明灯具、气体检测仪、安全帽、安全带、标示牌、手套、安全围栏		
设备设施要求	10m 的电缆通道（直埋、电缆沟、隧道、排管等形式），通道内应敷设至少一回电缆线路		
耗材要求	无		
资料提供	无		
注意事项	工作开始前，应向考评员申请开工，工作完成后，应向考评员汇报工作完毕		

实操 3：红外测温

试题类型	实操	实操等级	五级/初级工
考试时限	30min	分数	100
任务描述	正确进行红外测温检测		
工作要求	（1）熟练使用红外热像仪，会设置参数，并能分析判断数据； （2）该项目由1名考生独立完成		
否决项说明	无		
场地要求	电力电缆实训场地，设有户外电缆终端或电缆通道内电缆中间接头		
工器具要求	红外热像仪		
设备设施要求	无		
耗材要求	无		
资料提供	无		
注意事项	（1）检测设备的温度前，应选择合适的距离和角度，注意与带电设备保持足够的安全距离； （2）工作开始前，应向考评员申请开工，工作完成后，应向考评员汇报工作完毕		

实操 4：10kV 电缆主绝缘电阻试验

试题类型	实操	实操等级	四级 / 中级工
考试时限	60min	分数	100
任务描述	正确对 10kV 电缆主绝缘电阻进行试验		
工作要求	（1）试验正确接线，电缆与试验设备应可靠接地； （2）加压时呼唱； （3）放电、更换试验接线动作要规范； （4）电缆线路已完成安全措施，配有安全围栏及标识； （5）辅助人员在作业期间不得有任何与技能操作工艺有关的提示行为		
否决项说明	作业中受伤或伤及他人，应终止作业		
场地要求	电力电缆实训场地		
工器具要求	电工个人组合工具、安全用具、验电器、接地线、绝缘手套、安全围栏、标示牌		
设备设施要求	≥ 2m 的 10kV 交联聚乙烯绝缘电缆，试验侧带接线端子，接线端子与接地极可靠连接		
耗材要求	2500 V 绝缘电阻表（手动摇表和电动摇表各一块）、试验用测试线包、计时秒表		
资料提供	无		
注意事项	（1）试验前后对被试电缆逐相进行充分放电，避免触电伤人； （2）工作开始前，应向考评员申请开工，工作完成后，应向考评员汇报工作完毕		

实操 5：接地电阻测量

试题类型	实操	实操等级	四级 / 中级工
考试时限	60min	分数	100
任务描述	正确进行接地电阻测量		
工作要求	（1）正确接线； （2）电缆线路已完成安全措施，配有安全围栏及标识； （3）该项目由 1 名考生独立完成		
否决项说明	作业中受伤或伤及他人，应终止作业		
场地要求	电力电缆实训场地		
工器具要求	电工个人组合工具、安全用具、验电器、接地线、绝缘手套、安全围栏、标示牌		
设备设施要求	接地电阻测试仪、被测接地体		
耗材要求	无		
资料提供	无		
注意事项	（1）试验前后对被试电缆逐相进行充分放电，避免触电伤人； （2）工作开始前，应向考评员申请开工，工作完成后，应向考评员汇报工作完毕		

实操6：变频谐振交流耐压试验

试题类型	实操	实操等级	三级/高级工
考试时限	60min	分数	100
任务描述	正确进行变频谐振交流耐压试验		
工作要求	（1）试验正确接线，电缆与试验设备应可靠接地； （2）加压时呼唱； （3）放电、更换试验接线动作要规范； （4）电缆线路已完成安全措施，配有安全围栏及标识； （5）辅助人员在作业期间不得有任何与技能操作工艺有关的提示行为		
否决项说明	触电伤人或伤及他人		
场地要求	电力电缆实训场地		
工器具要求	电工组合工具、验电器、标示牌若干、安全围栏、5000V 绝缘电阻表、变频谐振耐压试验仪器、放电棒、试验用线包		
设备设施要求	30m 的 10kV 交联聚乙烯绝缘电力电缆		
耗材要求	无		
资料提供	无		
注意事项	（1）试验前后对被试电缆逐相进行充分放电，避免触电伤人； （2）工作开始前，应向考评员申请开工，工作完成后，应向考评员汇报工作完毕		

实操7：超低频介质损耗检测试验

试题类型	实操	实操等级	三级/高级工
考试时限	60min	分数	100
任务描述	正确进行超低频介质损耗检测试验		
工作要求	（1）试验正确接线，电缆与试验设备应可靠接地； （2）加压时呼唱； （3）放电、更换试验接线动作要规范； （4）电缆线路已完成安全措施，配有安全围栏及标识； （5）辅助人员在作业期间不得有任何与技能操作工艺有关的提示行为		
否决项说明	触电伤人或伤及他人		
场地要求	电力电缆实训场地		
工器具要求	电工组合工具、验电器、标示牌若干、安全围栏、高压接地线、超低频介质损耗试验仪器、5000V 绝缘电阻表、放电棒、试验用线包		
设备设施要求	10kV 交联聚乙烯绝缘电力电缆		
耗材要求	无		
资料提供	无		
注意事项	（1）试验前后对被试电缆逐相进行充分放电，避免触电伤人； （2）工作开始前，应向考评员申请开工，工作完成后，应向考评员汇报工作完毕		

实操 8：停电电缆的识别与开断

试题类型	实操	实操等级	三级/高级工
考试时限	60min	分数	100
任务描述	正确进行停电电缆的识别与开断		
工作要求	(1) 辅助人员在作业期间不得有任何与技能操作工艺有关的提示行为； (2) 掌握工作服、工作鞋、安全帽等穿戴规范； (3) 履行工作票制度、工作许可制度； (4) 工器具选用满足施工需要，对工器具进行外观检查； (5) 正确接线； (6) 正确操作； (7) 正确识别电缆； (8) 开断电缆时，戴绝缘手套，站在绝缘垫上，铁钉打进缆芯时不用人扶； (9) 工器具、材料不随意乱放，爱护仪器仪表，轻拿轻放； (10) 安全文明生产，规定时间内完成作业		
否决项说明	作业中受伤或伤及他人，应终止作业		
场地要求	电力电缆实训场地		
工器具要求	电锯、绝缘手套、绝缘垫、接地线、木柄榔头、铁钉、铁钉套、燃气罐、燃气喷枪、灭火器、安全围栏、标示牌		
设备设施要求	10kV 交联聚乙烯绝缘电力电缆、电缆识别仪、试验线包		
耗材要求	热缩封端、相色标识带		
资料提供	无		
注意事项	(1) 识别电缆前，应核对停电线路名称，避免走错间隔； (2) 工作开始前，应向考评员申请开工，工作完成后，应向考评员汇报工作完毕		

实操 9：电缆故障性质判别

试题类型	实操	实操等级	三级/高级工
考试时限	60min	分数	100
任务描述	正确判别电缆故障性质		
工作要求	(1) 电缆正确接线； (2) 正确判断电缆故障性质； (3) 放电、更换试验接线动作规范； (4) 配有一定区域的安全围栏及标识； (5) 辅助人员在作业期间不得有任何与技能操作工艺有关的提示行为		
否决项说明	电缆故障性质判别错误		
场地要求	电力电缆实训场地		
工器具要求	安全帽、安全围栏、警示标志、试验线包		
设备设施要求	10kV 交联电缆（>30m）、绝缘电阻表、万用表		
耗材要求	无		
资料提供	无		
注意事项	工作开始前，应向考评员申请开工，工作完成后，应向考评员汇报工作完毕		

实操 10：10kV 电缆铜屏蔽层电阻与导体电阻比试验

试题类型	实操	实操等级	三级 / 高级工
考试时限	45min	分数	100
任务描述	测量 10kV 电缆铜屏蔽层电阻与导体电阻比，评估电缆铜屏蔽层和导体连接点的状态		
工作要求	(1) 试验正确接线，试验设备应可靠接地； (2) 测试时呼唱； (3) 更换试验接线动作要规范； (4) 电缆线路已完成安全措施，配有安全围栏及标识； (5) 辅助人员在作业期间不得有任何与技能操作工艺有关的提示行为		
否决项说明	触电伤人或伤及他人		
场地要求	电力电缆实训场地		
工器具要求	验电器、接地线、绝缘手套、双臂电桥或直流电阻测试仪、放电棒、接地短路线、安全围栏、温湿度计		
设备设施要求	100m 的 10kV 交联聚乙烯绝缘电力电缆，终端的铠装层和铜屏蔽层应分别用绝缘绞合的铜导线单独接地，铜屏蔽层接地线截面积不小于 25mm²，铠装层接地线截面积不小于 10mm²，两侧终端均有铠装层接地线和铜屏蔽层接地线，铠装层接地线和铜屏蔽层接地线应相互绝缘，且能相互分开		
耗材要求	无		
资料提供	无		
注意事项	工作开始前，应向考评员申请开工，工作完成后，应向考评员汇报工作完毕		

实操 11：10kV 电缆相位识别

试题类型	实操	实操等级	二级 / 技师
考试时限	60min	分数	100
任务描述	正确进行 10kV 电缆相序识别		
工作要求	(1) 辅助人员在作业期间不得有任何与技能操作工艺有关的提示行为； (2) 登杆动作规范、熟练，站位合适，安全带系绑正确； (3) 对登杆工具脚扣安全带进行冲击试验； (4) 杆上操作人员操作时戴绝缘手套； (5) 检查杆上遗留物，操作人员下杆，与地面辅助人员配合清理现场； (6) 在高处作业过程中不能失去安全带保护，不能出现高空落物等情况		
否决项说明	触电伤人或伤及他人		
场地要求	电力电缆实训场地		
工器具要求	电工组合工具、标示牌、安全围栏、高压接地线、绝缘手套、绝缘垫、试验用线包、传递绳、登高工具、安全用具		
设备设施要求	高压无线核相仪、10kV 交联聚乙烯绝缘电力电缆		
耗材要求	无		
资料提供	无		
注意事项	(1) 试验前后对被试电缆逐相进行充分放电，避免触电伤人； (2) 工作开始前，应向考评员申请开工，工作完成后，应向考评员汇报工作完毕		

实操 12：电缆外护套绝缘破损点修补

试题类型	实操	实操等级	二级 / 技师
考试时限	60min	分数	100
任务描述	正确进行电缆外护套绝缘破损点修补		
工作要求	（1）修补后的外护套恢复完整密封性，能可靠防止水分、潮气侵入； （2）从一端向另一端均匀烘烤、热缩电缆修补带，至溶胶叠层渗出时为止； （3）电缆修补带 1/2 搭接缠绕于破损段		
否决项说明	作业中受伤或伤及他人，应终止作业		
场地要求	电力电缆实训场地		
工器具要求	燃气喷枪、电缆刀、锉刀、平口螺丝刀		
设备设施要求	10kV 交联聚乙烯绝缘电力电缆		
耗材要求	240 号或 320 号砂纸、电缆清洁纸、自粘胶带、热缩修补带、燃气罐		
资料提供	无		
注意事项	工作开始前，应向考评员申请开工，工作完成后，应向考评员汇报工作完毕		

实操 13：电缆直流耐压及泄漏电流试验

试题类型	实操	实操等级	二级 / 技师
考试时限	60min	分数	100
任务描述	正确进行 10kV 电缆直流耐压及泄漏电流试验		
工作要求	（1）试验正确接线，电缆与试验设备应可靠接地； （2）加压时呼唱； （3）放电及更换试验接线动作要规范； （4）电缆线路已完成安全措施，配有安全围栏及标识； （5）辅助人员在作业期间不得有任何与技能操作工艺有关的提示行为		
否决项说明	触电伤人或伤及他人		
场地要求	电力电缆实训场地		
工器具要求	电工组合工具、验电器、标示牌、安全围栏、高压接地线、绝缘手套、绝缘垫、微安表、绝缘电阻表、放电棒、试验用线包		
设备设施要求	10kV 交联聚乙烯绝缘电力电缆、直流高压发生器		
耗材要求	无		
资料提供	无		
注意事项	（1）试验前后对被试电缆逐相进行充分放电，避免触电伤人； （2）工作开始前，应向考评员申请开工，工作完成后，应向考评员汇报工作完毕		

实操 14：声磁同步法精确定位电缆高阻故障

试题类型	实操	实操等级	二级 / 技师
考试时限	60min	分数	100
任务描述	使用声磁同步法精确定位电缆高阻故障		
工作要求	（1）正确接线，设备应可靠接地； （2）测试时呼唱； （3）电缆线路已完成安全措施，配有安全围栏及标识； （4）辅助人员在作业期间不得有任何与技能操作工艺有关的提示行为		
否决项说明	作业中受伤或伤及他人，应终止作业		
场地要求	电力电缆实训场地		
工器具要求	常用电工工具、安全帽、安全围栏、警示标志、工具包、绝缘手套、接地线、试验线包		
设备设施要求	交联电缆（长度不小于 30m）、低压脉冲测距仪、高压发生器、声磁同步测试原理的定点仪、绝缘电阻表、轮式测距仪		
耗材要求	无		
资料提供	无		
注意事项	工作开始前，应向考评员申请开工，工作完成后，应向考评员汇报工作完毕		

实操 15：电桥法定位故障点

试题类型	实操	实操等级	一级 / 高级技师
考试时限	45min	分数	100
任务描述	用电桥法定位 35kV 交联聚乙烯绝缘电力电缆的故障点		
工作要求	（1）试验设备应可靠接地； （2）试验时呼唱； （3）试验接线正确； （4）电缆线路已完成安全措施，配有安全围栏及标识； （5）辅助人员在作业期间不得有任何与技能操作工艺有关的提示行为		
否决项说明	触电伤人或伤及他人		
场地要求	电力电缆实训场地		
工器具要求	验电器、绝缘手套、短接线、围栏		
设备设施要求	100m 的 35kV 交联聚乙烯绝缘电力电缆，要求电缆有一相为故障相，至少有一相为完好相，故障相为单相接地故障，实训场地模拟接地故障需有可靠接地点与接地线		
耗材要求	无		
资料提供	无		
注意事项	工作开始前，应向考评员申请开工，工作完成后，应向考评员汇报工作完毕		

实操 16：振荡波局部放电试验

试题类型	实操	实操等级	三级 / 高级工
考试时限	60min	分数	100
任务描述	正确进行振荡波局部放电试验		
工作要求	（1）试验正确接线，电缆与试验设备应可靠接地； （2）加压时呼唱； （3）放电及更换试验接线时，动作要规范； （4）电缆线路已完成安全措施，配有安全围栏及标识； （5）辅助人员在作业期间不得有任何与技能操作工艺有关的提示行为		
否决项说明	触电伤人或伤及他人		
场地要求	电力电缆实训场地		
工器具要求	电工组合工具、验电器、标示牌、安全围栏、高压接地线、5000V 绝缘电阻表、振荡波局部放电试验仪器、低压脉冲测距仪、放电棒、试验用线包		
设备设施要求	10kV 交联聚乙烯绝缘电力电缆		
耗材要求	无		
资料提供	无		
注意事项	（1）被试电缆绝缘不小于 30MΩ； （2）试验前后对被试电缆逐相进行充分放电，避免触电伤人； （3）工作开始前，应向考评员申请开工，工作完成后，应向考评员汇报工作完毕		

实操 17：低压脉冲法定位电缆低阻接地故障

试题类型	实操	实操等级	一级 / 高级技师
考试时限	60min	分数	100
任务描述	使用低压脉冲法，对电缆低阻接地故障进行定位		
工作要求	（1）正确接线，设备应可靠接地； （2）测试时呼唱； （3）电缆线路已完成安全措施，配有安全围栏及标识； （4）辅助人员在作业期间不得有任何与技能操作工艺有关的提示行为		
否决项说明	触电伤人或伤及他人		
场地要求	电力电缆实训场地		
工器具要求	安全帽、安全围栏、警示标志、试验线包		
设备设施要求	10kV 交联电缆（不小于 30m）、低压脉冲测距仪、绝缘电阻表、万用表、轮式测距仪、安全围栏		
耗材要求	无		
资料提供	无		
注意事项	工作开始前，应向考评员申请开工，工作完成后，应向考评员汇报工作完毕		

4.2.4.2 电缆运行维护与检修（高压）

实操1：110kV 单芯电缆进行开断及剥除外护套处理

试题类型	实操	实操等级	五级/初级工
考试时限	30min	分数	100
任务描述	按照施工图纸要求，对110kV 单芯电缆进行开断及剥除外护套处理		
工作要求	（1）按照图纸要求，确认电缆开断部位及外护套剥除尺寸； （2）掌握电缆外护套剥除的工艺规范		
否决项说明	（1）进入现场不听从工作人员指挥，强行进行作业，严重违反考试规则； （2）严重违规违纪操作，发生严重不安全现象		
场地要求	电缆实训专用场地		
工器具要求	安全围栏、警示标志、灭火器、液化气罐、手锯、电工刀、喷枪、马刀锯		
设备设施要求	无		
耗材要求	110kV 单芯电缆、打火机、记号笔、抹布、硬脂酸		
资料提供	无		
注意事项	（1）使用马刀锯和手锯时注意不要伤人； （2）清理沥青时，防止喷枪烧伤人员； （3）注意现场作业纪律		

实操2：110kV 三芯交联聚乙烯电缆的结构

试题类型	实操	实操等级	五级/初级工
考试时限	20min	分数	100
任务描述	指出110kV 三芯交联聚乙烯电缆各部分的结构名称		
工作要求	熟悉掌握110kV 三芯交联聚乙烯电缆的结构		
否决项说明	（1）进入现场不听从工作人员指挥，强行进行作业，严重违反考试规则； （2）严重违规违纪操作，发生严重不安全现象		
场地要求	电缆实训专用场地		
工器具要求	安全围栏、"在此工作"标识牌		
设备设施要求	无		
耗材要求	110kV 三芯交联聚乙烯电缆		
资料提供	无		
注意事项	防止搬动电缆时砸伤人员		

实操 3：隧道排水系统运行维护

试题类型	实操	实操等级	五级 / 初级工
考试时限	30min	分数	100
任务描述	根据运维要求，对隧道排水系统进行运行维护		
工作要求	熟悉掌握隧道排水系统运行维护的要求及要点		
否决项说明	（1）进入现场不听从工作人员指挥，强行进行作业，严重违反考试规则； （2）严重违规违纪操作，发生严重不安全现象		
场地要求	电缆实训专用场地、排水设施		
工器具要求	照明工具、组合工具、有毒有害气体检测仪、防毒面具		
设备设施要求	无		
耗材要求	无		
资料提供	无		
注意事项	无		

实操 4：110kV 高压电缆护层故障测试

试题类型	实操	实操等级	三级 / 高级工
考试时限	60min	分数	100
任务描述	根据给定的运行环境，对 110kV 高压电缆护层故障进行测试，电缆护层采用交叉互联方式接地，需要判断故障所在的区段		
工作要求	正确使用仪器仪表，熟练掌握 110kV 高压电缆护层故障测试的操作方法、安全措施和注意事项		
否决项说明	（1）进入现场不听从工作人员指挥，强行进行作业，严重违反考试规则； （2）严重违规违纪操作，发生严重不安全现象		
场地要求	电缆实训专用场地		
工器具要求	110kV 单芯三相高压电缆线路及其附件、放电棒、绝缘垫、接地线、安全围栏、标示牌、绝缘手套、电源线盘		
设备设施要求	电缆故障测试仪、绝缘电阻表		
耗材要求	无		
资料提供	无		
注意事项	（1）防止感应电伤害； （2）注意现场作业纪律； （3）按规定办理工作票； （4）检测前，核对电缆线路状态； （5）绝缘测试前后要对电缆充分放电； （6）使用低压电源时设专人监护		

实操 5：110kV 高压电缆线路避雷器交接和预防试验

试题类型	实操	实操等级	二级/技师
考试时限	60min	分数	100
任务描述	根据给定的运行环境，对线路避雷器进行测试，需要判断线路避雷器的状态		
工作要求	正确使用仪器仪表，熟练掌握线路避雷器交接和预防试验的操作方法、安全措施和注意事项		
否决项说明	（1）进入现场不听从工作人员指挥，强行进行作业，严重违反考试规则； （2）严重违规违纪操作，发生严重不安全现象		
场地要求	电缆实训专用场地		
工器具要求	温湿度计、验电器、绝缘手套、绝缘垫、接地线、试验引线、安全围栏		
设备设施要求	直流发生器、放电计数器测试仪、绝缘电阻表		
耗材要求	无		
资料提供	无		
注意事项	（1）防止感应电伤害； （2）注意现场作业纪律； （3）按规定办理工作票； （4）检测前，核对电缆线路状态； （5）绝缘测试前后要对电缆充分放电； （6）使用低压电源时设专人监护		

实操 6：110kV 电力电缆户外终端红外热像仪测温

试题类型	实操	实操等级	五级/初级工
考试时限	30min	分数	100
任务描述	对 110kV 电力电缆户外终端金属连接板部位进行红外测温		
工作要求	正确使用红外热像仪，通过检测数据分析设备的状态		
否决项说明	（1）进入现场不听从工作人员指挥，强行进行作业，严重违反考试规则； （2）严重违规违纪操作，发生严重不安全现象		
场地要求	电缆实训专用场地、110kV 电力电缆户外终端		
工器具要求	红外热像仪、记录表、望远镜、"在此工作"标识牌、安全围栏		
设备设施要求	无		
耗材要求	无		
资料提供	无		
注意事项	防止触电，防止损坏设备		

实操 7：电缆路径与埋深探测，绘制电缆线路平面走向图、纵断面图

试题类型	实操	实操等级	三级 / 高级工
考试时限	30min	分数	100
任务描述	根据给定的电缆线路，探测电缆路径及埋深，并根据检测数据绘制电缆线路平面走向图、纵断面图		
工作要求	正确使用仪器仪表，熟练掌握电缆线路路径探测仪的操作方法、安全措施和注意事项		
否决项说明	（1）进入现场不听从工作人员指挥，强行进行作业，严重违反考试规则； （2）严重违规违纪操作，发生严重不安全现象		
场地要求	电缆实训专用场地		
工器具要求	无		
设备设施要求	电缆线路路径探测仪		
耗材要求	无		
资料提供	无		
注意事项	（1）注意现场作业纪律； （2）按规定办理工作票； （3）检测前，核对电缆线路名称		

实操 8：110kV 电力电缆接地箱接地环流测量

试题类型	实操	实操等级	三级 / 高级工
考试时限	30min	分数	100
任务描述	使用钳形电流表对 110kV 电力电缆进行接地箱接地环流测量		
工作要求	正确使用钳形电流表，并判断接地环流是否正常		
否决项说明	（1）进入现场不听从工作人员指挥，强行进行作业，严重违反考试规则； （2）严重违规违纪操作，发生严重不安全现象		
场地要求	电缆实训专用场地、110kV 电缆线路（包含两个终端、两个中间接头）		
工器具要求	钳形电流表、温湿度计、环流测量记录表、安全围栏、警示标志、气体检测仪、照明工具		
设备设施要求	无		
耗材要求	无		
资料提供	电缆线路名及负荷资料		
注意事项	防止中毒、触电、损坏设备		

实操 9：110kV 单芯电缆中间接头带材绕包

试题类型	实操	实操等级	二级 / 技师
考试时限	60min	分数	100
任务描述	在 110kV 单芯电缆中间接头上进行带材绕包，绕包顺序为：绝缘自粘带、防水自粘带、半导电自粘带、PVC 带		
工作要求	（1）区分不同带材及其使用特性； （2）掌握带材 1/2 搭接工艺； （3）掌握带材绕包顺序		
否决项说明	（1）进入现场不听从工作人员指挥，强行进行作业，严重违反考试规则； （2）严重违规违纪操作，发生严重不安全现象		
场地要求	电缆实训专用场地		
工器具要求	安全围栏、警示标志		
设备设施要求	110kV 单芯电缆		
耗材要求	酒精纸、绝缘自粘带、防水自粘带、半导电自粘带、PVC 带		
资料提供	无		
注意事项	防止中毒、触电、损坏设备		

实操 10：110kV 单芯电缆终端剥切绝缘线芯处理

试题类型	实操	实操等级	二级 / 技师
考试时限	60min	分数	100
任务描述	在 110kV 单芯电缆终端上进行绝缘剥切，露出线芯导体，削铅笔头		
工作要求	（1）熟练使用绝缘剥切刀； （2）绝缘剥切尺寸准确； （3）铅笔头满足图纸要求		
否决项说明	（1）进入现场不听从工作人员指挥，强行进行作业，严重违反考试规则； （2）严重违规违纪操作，发生严重不安全现象		
场地要求	电缆实训专用场地		
工器具要求	安全围栏、警示标志、绝缘剥切刀、记号笔、电工刀、锉刀、钢卷尺		
设备设施要求	110kV 单芯电缆		
耗材要求	PVC 带、砂纸、酒精纸		
资料提供	无		
注意事项	（1）防止割伤手指； （2）防止在固定电缆过程中砸伤人员		

实操 11：110kV 交联电缆外护套绝缘电阻测量

试题类型	实操	实操等级	二级 / 技师
考试时限	90min	分数	100
任务描述	按照工艺要求，对 110kV 交联电缆外护套绝缘电阻进行测量		
工作要求	仪器仪表正确使用，操作流程正确且符合要求，施工作业中确保人身安全，在规定时间完成操作		
否决项说明	（1）进入现场不听从工作人员指挥，强行进行作业，严重违反考试规则； （2）严重违规违纪操作，发生严重不安全现象		
场地要求	电缆实训专用场地		
工器具要求	电子式绝缘电阻表（500～5000V）、绝缘手套、放电棒、绝缘垫、安全围栏、"止步，高压危险！"标识牌、温湿度计、试验线夹、试验记录表		
设备设施要求	110kV 高压电缆（大于 2m、试验侧带接线端子）		
耗材要求	无		
资料提供	无		
注意事项	（1）防止高压伤人； （2）注意现场作业纪律		

实操 12：110kV 交联电缆整体预制中间接头安装

试题类型	实操	实操等级	二级 / 技师
考试时限	60min	分数	100
任务描述	110kV 交联电缆整体预制中间接头安装		
工作要求	（1）110kV 交联电缆的结构； （2）110kV 交联电缆整体预制中间接头的结构； （3）110kV 交联电缆整体预制中间接头的制作流程		
否决项说明	（1）进入现场不听从工作人员指挥，强行进行作业，严重违反考试规则； （2）严重违规违纪操作，发生严重不安全现象； （3）携带作弊工具经两次警告后，仍不终止违纪行为		
场地要求	电缆实训专用场地		
工器具要求	无		
设备设施要求	无		
耗材要求	无		
资料提供	无		
注意事项	无		